遥感科学与技术丛书

曲波特征加权遥感图像统计分割原理与方法

王 玉 周国清 刘立龙 李猛猛 编著

U0282768

北京邮电大学出版社
www.buptpress.com

内 容 简 介

本书以多尺度分析与统计建模相结合的高分辨率遥感图像分割方法理论与实践为主线，重点阐述贝叶斯框架下和能量框架下的特征加权分割模型、光谱特征分割模型和无权重特征分割模型以及各类分割模型的最优分割解，并对每类分割问题给出相应的高分辨率遥感图像分割实例，以体现其分割模型的有效性和实用性。针对上述内容，本书共5章，涉及高分辨率遥感图像分割问题、基础理论、关键技术和应用范例，具体的章节安排如下。第1章介绍了星载高分辨率遥感卫星的技术发展，论述了高分辨率遥感图像的特点及其分割问题，并根据高分辨率遥感图像的特征综述了目前高分辨率遥感图像的分割方法。第2章介绍了本书涉及的基础理论知识，包括多尺度分析理论中的小波变换和曲波变换、特征选择中的过滤方法和封装方法、统计建模中的贝叶斯定理和能量函数、统计模拟中的MC方法和MCMC方法等。第3章重点围绕高分辨率遥感图像中光谱、纹理和边缘这3个基本特征的提取方法进行展开，并对各方法给出相应的高分辨率遥感图像特征提取实例。第4章从建立高分辨率遥感图像分割模型的贝叶斯定理视角出发，重点讨论了特征加权贝叶斯分割算法、光谱特征贝叶斯分割算法和无权重特征贝叶斯分割算法。第5章介绍了能量函数框架下的特征加权能量分割算法、光谱特征能量分割算法和无权重特征能量分割算法，并对比分析了特征和特征权重在高分辨率遥感图像分割中的作用。

图书在版编目(CIP)数据

曲波特征加权遥感图像统计分割原理与方法 / 王玉等编著. -- 北京:北京邮电大学出版社，2020.5(2021.3重印)

ISBN 978-7-5635-6037-0

Ⅰ. ①曲… Ⅱ. ①王… Ⅲ. ①遥感图像—图像分割 Ⅳ. ①TP75

中国版本图书馆CIP数据核字(2020)第068775号

策划编辑：姚　顺　刘纳新　　**责任编辑**：孙宏颖　　**封面设计**：七星博纳

出版发行：北京邮电大学出版社
社　　址：北京市海淀区西土城路10号
邮政编码：100876
发 行 部：电话：010-62282185　传真：010-62283578
E-mail：publish@bupt.edu.cn
经　　销：各地新华书店
印　　刷：北京九州迅驰传媒文化有限公司
开　　本：787 mm×1 092 mm　1/16
印　　张：12
字　　数：259千字
版　　次：2020年5月第1版
印　　次：2021年3月第2次印刷

ISBN 978-7-5635-6037-0　　定价：38.00元

·如有印装质量问题，请与北京邮电大学出版社发行部联系·

前　言

随着遥感数据采集技术的持续创新，人们可方便、快捷地获取海量高性能（高空间、光谱、辐射、时间分辨率）遥感数据，这促使其应用领域不断扩展。与之相比，遥感数据的处理方法较为落后，无法满足应用领域对这些新型遥感数据提取和解译的要求。因此，当务之急是需研究并提出有效的遥感图像解译方法，以满足日益增长的遥感数据应用领域对这些海量高性能遥感数据的处理要求，以及解决对其蕴含信息的提取需求。

遥感图像分割是遥感数据处理任务中的基础工作之一，其结果将直接影响后续分析和解译任务的精准程度。因此，遥感图像分割是遥感数据精准解译的关键。在遥感图像分割中，根据图像特征将具有同质特征的各类地物目标或其部分进行划分。传统的遥感图像分割以像素为处理单元，依据同一地物内像素光谱特征或纹理结构特征的高度相似性实现区域分割；其分割模型是在像素的基础上建立的，至多融入邻域像素间的相互作用。与中、低空间分辨率遥感图像相比，高空间分辨率使得遥感图像中地物目标的主题内容更加明显，几何形状更加精准，细节特征更加突出。由此，高分辨率为遥感图像的精准分割提供了充分的特征信息基础。此外，高分辨率也导致遥感图像中像素光谱测度的空间相关性变得更加复杂，即同质区域差异性变大，异质区域差异性变小；细节特征的突出造成地物目标内的几何噪声增大。所有这些问题都为高分辨率遥感图像分割算法的设计带来了很大困难，使得适用于中、低分辨率遥感图像分割的传统分割算法无论是在算法效率上，还是在分割结果的精度上，都无法满足高分辨率遥感图像的分割要求，进而极大地限制了其应用。

高空间分辨率遥感图像蕴含着丰富的特征信息，其同质区域间的差异不仅在光谱特征上存在，在边缘、纹理等特征上同样也存在。为了更好地辨识高分辨率遥感图像的不同同质区域，可在高分辨率遥感图像分割设计方法中考虑特征。因此，如何定义、提取特征并探究其在图像分割中的作用成为高分辨率遥感图像精确分割的关键。

本书以多尺度分析与统计建模相结合的高分辨率遥感图像分割方法理论与实践为主线，重点阐述贝叶斯框架下和能量框架下的特征加权分割模型、光谱特征分割模型和无权重特征分割模型以及各类分割模型的最优分割解，并对每类分割问题给出相应的高分辨率遥感图像分割实例，以体现各分割模型的有效性和实用性。针对上述内容，本书共 5 章，涉及高分辨率遥感图像分割问题、基础理论、关键技术和应用范例，具体的章节安排如下。第一章介绍了星载高分辨率遥感卫星的技术发展，论述了高分辨率遥感图像的特点及其分割问题，并根据高分辨率遥感图像的特征综述了目前高分辨率遥感图像的分割方法。第 2 章介绍了本书涉及的基础理论知识，包括多尺度分析理论中的小波变换和曲波变换、特征选择中的过滤方法和封装方法、统计建模中的贝叶斯定理和能量函数、统计模拟中的 MC 方法和 MCMC 方法等。第 3 章重点围绕高分辨率遥感图像中光谱、纹理和边缘这 3 个基本特征的提取方法进行展开,并对各方法给出相应的高分辨率遥感图像特征提取实例。第 4 章从建立高分辨率遥感图像分割模型的贝叶斯定理视角出发,重点讨论了特征加权贝叶斯分割算法、光谱特征贝叶斯分割算法和无权重特征贝叶斯分割算法。第 5 章介绍了能量函数框架下的特征加权能量分割算法、光谱特征能量分割算法和无权重特征能量分割算法,并对比分析了特征和特征权重在高分辨率遥感图像分割中的作用。

本书提出了一种普适的遥感图像特征统计模型及其理论基础,并给出了将特征及其作用参数融入高分辨率遥感图像统计分割方法中的实施方案。本书内容将为基于高分辨率遥感图像的大规模土地覆盖及利用、地物目标辨识及其特征提取等应用提供有效手段,促进高分辨率遥感图像在国土资源调查、灾害预测、环境监测等领域的广泛应用。作为一种新技术和新方法,目前该领域的研究和应用还处于初始阶段,鲜有研究者对此开展系统性的研究工作。因此,本书也在试图填补这方面研究的空白。

本书由桂林理工大学出版基金资助,资助本书的基金项目包括广西创新驱动发展专项(科技重大专项,No. 桂科 AA18118038)、国家自然科学基金(No. 41664002; No. 41901370)、广西空间信息与测绘重点实验室基金、广西自然科学基金(No. 2018GXNSFBA050005; No. 2018GXNSFBA281075; No. 2017GXNSFDA198016;No. 2018GXNSFAA294045)、广西科技基地和人才专项(No. 桂科 AD19110057;No. 桂科 AD19110064)和桂林理工大学科研启动基金资助项目(No. GUTQDJJ2018065)。为了本书的系统化和完整性,本书融入了来自其他研究者的部分成果,并一一指出其出处,对此我们向其他研究者表示衷心的感谢。

高分辨率遥感图像是一种应用前景广阔的对地观测数据源,其处理和解译的理论和技术涉及物理学、地学、数学和信息论等众多学科和领域,且处于快速发展的阶段。本书仅试图将多尺度分析和特征及其作用参数引入解决高分辨率遥感图像分割问题的方案中。鉴于作者理论水平和对该类问题的研究深度有限,希望本书能够起到抛砖引玉的作用,启发更多研究者进入该领域的研究。此外,限于作者的学术水平,书中错误和疏漏之处在所难免,恳请广大读者批评指正。

本书可供遥感和地学领域研究人员和技术人员参考,也可作为大专院校相关专业研究生的参考书。

目　　录

第1章 绪　论

随着高空间分辨率遥感卫星的不断发射，可提供的高空间分辨率遥感卫星图像产品越来越多。这些产品被广泛应用于国土与资源调查、灾害监测与评估、生态环境监测等多个领域。本章主要介绍目前世界上应用较为广泛的星载高分辨率遥感卫星，总结高分辨率遥感图像的特点，并根据特征对现有的高分辨率遥感图像分割方法进行综述。

1.1 星载高分辨率遥感卫星

1957 年 10 月 4 日，苏联在拜科努尔发射场发射了世界上第一颗人造地球卫星，人类从此进入了利用航天器探索外层空间的新时代。

随后，美国、日本、法国以及中国等国家相继发射了人造地球卫星，遥感卫星已成为一种有效的对地观测手段。

1960 年，美国发射了 TIROS-1 和 NOAA-1 太阳同步气象卫星，由此开始了利用航天器观察、分析、描述我们所居住的地球环境。1972 年，美国发射了第一颗地球资源卫星(ERTS-1)，即陆地卫星(Landsat)，它是第一颗遥感专用卫星。该卫星搭载两种遥感传感器系统，分别为多光谱扫描仪(Multispectral Scanner，MSS)和反束光导摄像机(Return Beam Vidicon，RBV)，其中，MSS 的分辨率为 80 m。1986 年，法国发射了第一颗地面观测卫星(SPOT-1)，该卫星搭载 HRV 传感器系统。在此期间，人们普遍把 Landsat 系列和 SPOT 系列卫星获取的这些空间分辨率为 10～30 m 的遥感数据作为高分辨率遥感图像，并利用这些高分辨率遥感图像进行对地观测。20 世纪 90 年代初，IKONOS 和 QuickBird 卫星先后发射成功，并投入了商业服务，开辟了商业遥感卫星的新纪元，遥感图像的空间分辨率优于 10 m (杨秉新，2002)。近年来，随着高分辨率遥感卫星技术的日益成熟，高分辨率遥感图像的资源也日益丰富，加速其应用领域的扩展，在军事和民用领域有着巨大的应用潜力(汪凌等，2006)。本节主要介绍目前应用较为广泛的星载高分辨率遥感卫星。

(1) Landsat 系列卫星

Landsat 卫星是美国地球资源卫星系列的一类卫星，从 1972 年 7 月 23 日以来，已发射 8 颗。其中，第 6 颗发射失败；Landsat1～4 相继失效；于 2013 年 6 月 Landsat5 卫星停止服务。

1999 年 4 月 15 日，Landsat7 卫星在加利福尼亚范登堡空军基地发射升空。Landsat7

卫星运行在约 705 km 的太阳同步轨道上，轨道倾角为 98.2°，降交点为上午 10:00，重访周期为 16 天。该卫星携带增强型专题制图仪（Enhanced Thematic Mapper ，ETM＋）传感器，具有 8 个波段，其具体参数见表 1.1（易佳思，2017）。该卫星可向用户提供不同类型的图像，包括原始数据产品、辐射校正产品、系统几何校正产品、几何精校正产品和高程校正产品（易佳思，2017），具体说明见表 1.2。这些产品数据广泛应用到海洋监测、环境监测和土地监测等领域（高鹏 等，2011；刘春国 等，2016；席颖 等，2018）。

表 1.1 Landsat7 卫星的波段参数

波　段	波长范围/nm	分辨率/m
1	450～515	30
2	525～605	30
3	630～690	30
4	750～900	30
5	1 550～1 750	30
6	10 400～12 500	60
7	2 090～2 350	30
8	520～900	15

表 1.2 Landsat7 卫星数据产品表

产品名称	数据特征	图像类型	备　注
原始数据产品	经过格式化同步、按景分幅、格式重整等处理后得到的产品	全色数据、多光谱数据	产品格式为 HDF，其中包含用于辐射校正和几何校正处理的所有参数文件
辐射校正产品	辐射校正图像数据	全色数据、多光谱数据	没有经过几何校正的产品数据，并将卫星下行扫描行数据反转后按标称位置排列
系统几何校正产品	经过辐射校正和系统级几何校正处理的产品	全色及其增强型数据、多光谱数据	其地理定位精度误差为 250 m，一般可以达到 150 m 以内
几何精校正产品	采用地面控制点对几何校正模型进行修正	全色及其增强型数据、多光谱数据	其地理定位精度可达一个象元以内，即 30 m。产品可以是 FAST-L7A 格式、HDF 格式或 GeoTIFF 格式
高程校正产品	采用地面控制点和数字高程模型对几何校正模型进行修正	全色及其增强型数据、多光谱数据	产品可以是 FAST-L7A 格式、HDF 格式或 GeoTIFF 格式

2013 年 2 月 11 日，Landsat8 在加利福尼亚范登堡空军基地发射升空。Landsat8 卫星运行在约 705 km 的太阳同步轨道上，轨道倾角为 98.2°，降交点为上午 10:00，重访周期为 16 天。该卫星携带陆地成像仪（Operational Land Imager ，OLI）和热红外传感器（Thermal Infrared Sensor，TIRS）。OLI 包括 9 个波段，空间分辨率为 30 m，其中包括一个 15 m 的全色波段，具体说明见表 1.3；TIRS 包括 2 个单独的热红外波段，空间分辨率为 100 m。该卫星产品数据用于环境监测、灾害响应、城市建设规划等领域（初庆伟 等，2013；徐涵秋 等，2013；徐涵秋，2015）。

表 1.3 Landsat8 OLI 的波段参数

波 段	类 型	波长范围/nm	分辨率/m	主要作用
1	海岸波段	433～453	30	海岸带观测
2	蓝色波段	450～515	30	水体穿透，分辨植被
3	绿色波段	525～600	30	分辨植被
4	红色波段	630～680	30	观测道路/裸地/植被种类
5	近红外波段	845～885	30	观测道路/裸地/植被种类
6	短波红外波段 1	1 560～1 660	30	分辨道路/裸地/水
7	短波红外波段 2	2 100～2 300	30	分辨岩石/矿物，可监测植被覆盖度和识别湿润的土壤
8	全色波段	500～680	15	区分植被和无植被特征
9	卷云波段	1 360～1 390	30	具有对水汽吸收性较强的特性，可进行云检测

(2) SPOT 系列卫星

SPOT 系列卫星是法国空间研究中心研制的一种地球观测卫星系统，至今已发射 7 颗。SPOT-1 号卫星于 1986 年 2 月 22 日发射成功，于 2003 年 9 月停止服务。该卫星运行在约 832 km 的近极地圆形太阳同步轨道上，轨道倾角为 93.7°，重复覆盖周期为 26 天，是世界上首个具有立体成像能力的遥感卫星。该卫星载有两台完全相同的高分辨率可见光遥感器（High Resolution Visible remote sensor，HRV），它们是采用电荷耦合器件线阵的推帚式光电扫描仪，可提供地面分辨率为 10 m 的全色遥感图像和分辨率为 20 m 的多光谱遥感图像。

2002 年 5 月 3 日至 4 日，SPOT-5 卫星在库鲁的圭亚那航天中心成功发射，并于 2015 年 3 月 31 日停止服务。相较之前的 SPOT 系列卫星，SPOT-5 载有 2 台高分辨率几何成像装置（High Resolution Geometric，HRG）、1 台高分辨率立体成像装置（High Resolution Stereoscopic，HRS）和 1 台宽视域植被探测仪（Vegetation，VGT）等新成像系统，其技术参数见表 1.4（程三友 等，2010）。对不同海拔高度，其重访周期为 2～3 天。SPOT-5 卫星可提供 2.5 m 分辨率全色遥感图像、10 m 分辨率多光谱遥感图像和 DEM 产品，该卫星遥感数据主要应用于生态监测、城乡规划、油气勘探和自然灾害管理等领域（白光宇 等，2016；代华兵 等，2005；李晗 等，2019）。

表 1.4 SPOT-5 卫星不同传感器的技术参数

传感器类型	成像波段	波长范围/nm	分辨率/m	幅宽/km
HRS	全色	490～690	10	120
HRG	全色	490～690	2.5 或 5	60
	多光谱	490～610	10	60
		610～680	10	60
		780～890	10	60
		1 580～1 750	20	60
VGT	多光谱	430～470	1 000	2 250
		610～680	1 000	2 250
		780～890	1 000	2 250
		1 580～1 750	1 000	2 250

SPOT-6 卫星于 2012 年 9 月 9 日、SPOT-7 卫星于 2014 年 6 月 30 日在印度达万航天发射中心成功发射。两者具有相同的性能和指标：两颗卫星运行在 694 km 的太阳同步轨道上，重访周期为 1 天，两颗卫星上都载有 1 台新型 Astrosat 平台光学模块化设备，这两台设备可获得 60 km 的幅宽成像；两颗卫星每天的图像获取能力达到 6 000 000 km^2。SPOT-6 和 SPOT-7 卫星可提供 1.5 m 分辨率全色遥感图像和 6 m 分辨率多光谱遥感图像(高仁强 等，2019)，成像光谱波段包括全色波段(455～890 nm)、蓝色波段(455～525 nm)、绿色波段(530～590 nm)、红色波段(625～695 nm)和近红外波段(760～890 nm)。SPOT-6 和 SPOT-7 卫星可向用户提供的产品类型包括数字产品和图像产品，其中数字产品包括 1A、1B、2 级和 S 级的全色和多光谱遥感图像，图像产品包括胶片产品和相片产品(程三友 等，2010)。SPOT-6 和 SPOT-7 卫星的遥感数据主要应用于国防、农业、森林和环境等领域(方刚 等，2015；高仁强 等，2019；刘寒 等，2017)。

(3) IKONOS 卫星

1999 年 4 月 27 日，IKONOS-1 卫星发射失败。1999 年 9 月 24 日，IKONOS-2 卫星在美国加利福尼亚州的范登堡空军基地发射成功，这标志着遥感技术新时代的到来(文沃根，2001)。该卫星是世界上首颗分辨率优于 1 m 的商业遥感卫星，于 2015 年 3 月 31 日在超额服务后停止服务。IKONOS 卫星运行在约 681 km 的太阳同步圆形轨道上，轨道倾角为 98.1°，卫星前后左右侧摆，侧摆角为 26°(杨秉新，2002)，降交点地方时为 10:30，重访周期为 1～3 天，地面站日最大接收区域为 25 000 km^2。该卫星辐射分辨率为 11 bit，可提供 1 m 分辨率全色图像和 4 m 分辨率多光谱图像，成像光谱波段包括全色波段(450～900 nm)、蓝色波段(445～516 nm)、绿色波段(506～595 nm)、红色波段(632～698 nm)和近红外波段(757～853 nm)。IKONOS 卫星主要提供 1 m 分辨率全色图像、4 m 分辨率多光谱图像和 1 m 分辨率增强型彩色遥感图像的标准产品，还可以提供不同处理后的遥感数据产品(见表 1.5)(甄春相，2002)。IKONOS 卫星可快速获得大面积高分辨率遥感图像，能更方便快捷地生成数字高程模型（Digital Elevation Model，DEM）和数字正射图像（Digital Orthophoto Map，DOM）。该卫星遥感数据产品广泛应用于植被监测、城市规划和地质监测等领域（邓锟，2016；刘保生，2016；于守超 等，2016）。

表 1.5 IKONOS 卫星数据产品表

产品名称	数据特征	图像类型	供货范围	备注
原始图像存档数据	—	全色数据、多光谱数据	空间图像公司及其合作商	原始图像存档数据用于生成各种图像产品
辐射纠正图像数据	—	全色数据、多光谱数据	特定用户	初级产品、无特定地理位置精度的非地图产品，仅提供给某些特殊用户
几何纠正图像数据	几何改正	全色及其增强型数据、多光谱数据	商业用户	图像的位置精度完全取决于卫星本身，主要用于遥感解译
标准立体图像数据	核线重采样	全色及其增强型数据、多光谱数据	经特别批准用户	同时提供用于数字摄影测量的有理函数
精纠正立体图像数据	核线重采样及地面控制点区域改正	全色及其增强型数据、多光谱数据	经特别批准用户	同时提供用于数字摄影测量的有理函数，利用地面控制点进行区域改正，以改善其几何精度
正射纠正图像数据	正射纠正图像，用于各种精度的地理信息系统、测图和其他测量	全色及其增强型数据、多光谱数据	商业用户	通过 IKONOS 遥感卫星数据或者其他数据生成的数字地形模型进行地形纠正，精纠正图像数据及增强精纠正图像数据需地面控制点纠正
地图参考图像数据				
地图图像数据				
增强地图图像数据				
精纠正图像数据				
增强精纠正图像数据				自 IKONOS 遥感卫星立体图像获取高程数据
DEM	—	—		

（4）QuickBird 卫星

2001 年 10 月 18 日，QuickBird2 卫星在美国加利福尼亚州的范登堡空军基地成功发射，是目前世界上最先提供亚米级分辨率的商业卫星（Moran，2010）。2015 年 1 月 27 日，QuickBird 卫星停止服务。QuickBird 卫星运行在约 450 km 的太阳同步近极轨道上，轨道倾角为 98°，采用推扫式扫描成像方式，该卫星前后左右摆动，侧摆角为 30°，重访周期为 1～11 天。该卫星辐射分辨率为 8 bit 或者 16 bit，可提供 0.61 m（星下点）分辨率全色遥感图像和 2.44 m（星下点）分辨率多光谱遥感图像（王晓红 等，2004），成像波段包括全色波段（450～

900 nm)、蓝色波段(450～520 nm)、绿色波段(520～600 μm)、红色波段(630～690 nm)和近红外波段(760～900 nm)。QuickBird 卫星可向用户提供的数据产品类型包括全色、多光谱、全色增强等图像，还可以根据用户要求提供多种遥感数据产品(见表 1.6)。QuickBird 卫星具有引领行业的地理定位精度、海量星上存储等特点。该卫星遥感数据产品用于土地利用变化、农业和森林气候变化、环境变化等应用领域(Toutin et al.,2002; 李恒凯 等,2019; 刘昶,2019)。

表 1.6　QuickBird 卫星数据产品表

产品名称	数据特征	数据类型	备　注
基本图像	未被处理过的数据产品	全色，多光谱	由传感器模型提供，用于复杂的摄影测量处理，例如正射校正
标准图像	地理参考数据产品，进行辐射校正、传感器和平台引起的畸变校正和制图投影映射	全色，多光谱，彩色，全色增强数据产品	由图像元数据提供
正射图像	地形校正产品，进行辐射校正、传感器和平台引起的畸变校正和制图投影映射	全色，多光谱，彩色，全色增强数据产品	用于地理信息系统

(5) GeoEye-1 卫星

2008 年 9 月 6 日，GeoEye-1 卫星在加利福尼亚州范登堡空军基地成功发射，它是能力最强、分辨率和精度最高的商业遥感成像卫星。GeoEye-1 卫星运行在 684 km 的太阳同步轨道上，降交点地方时为 10:30，重访周期小于 3 天，可任意角度成像。该卫星辐射分辨率为 16 bit，可提供 0.41 m 分辨率全色遥感图像和 1.65 m 分辨率多光谱遥感图像，成像波段包括全色波段(450～800 nm)、蓝色波段(450～510 nm)、绿色波段(510～580 nm)、红色波段(655～690 nm)和近红外波段(780～920 nm)(张柯南 等,2010)。该卫星可向用户提供不同等级的图像，见表 1.7。该卫星最大的特点是小于 3 m 的平面定位精度，立体图像提供 4 m 的平面定位精度、6 m 的高程定位精度。该卫星的遥感数据用于地质、测绘等领域(吴芳,2014; 张海涛 等,2010)。

表 1.7　GeoEye-1 卫星产品数据

产品名称	数据特征	适用者	备　注
Geo 处理等级产品	经过辐射校正以及卫星系统校正处理，具有地图投影	低精度使用者	未进行正射处理，适用于不需要高空间精度的使用者
GeoProfessional 处理等级产品	提供高精度产品	高精度使用者	用于难以采集地面控制点的情况
GeoStereo 立体像对产品	提供 1 m 分辨率图像，带有 RPC 参数	高精度使用者	可萃取图像高程资料

(6) WorldView 系列卫星

WorldView 系列卫星是美国 DigitalGlobe 公司的商业卫星系统,目前已发射 4 颗。2007 年 9 月 18 日,WorldView-1 卫星在美国加利福尼亚州的范登堡空军基地成功发射。WorldView-1 卫星运行在 496 km 的太阳同步轨道上,降交点地方时为 10:30。WorldView-1 卫星可提供 0.46 m 分辨率全色遥感图像,成像波段为 450～800 nm,星下点重访周期为 1.7 天,并配备了最先进的地理定位系统。

2009 年 10 月 6 日,WorldView-2 卫星成功发射。该卫星运行在 770 km 高的太阳同步轨道上,重访周期为 1.1 天。WorldView-2 卫星可提供 0.46 m 分辨率全色图像和 1.8 m 分辨率多光谱图像,星载多光谱遥感器不仅具有 4 个标准波段(除红色波段、绿色波段、蓝色波段和近红外波段外),还新增了 4 个额外的波段(海岸带波段、黄波段、红边缘波段和近红外远端波段),见表 1.8(尚东,2009)。该卫星多样化的波段选择可为用户提供更加精确的变化检测和制图能力。

表 1.8 WorldView-2 卫星新增光谱波段

波段名称	波段范围/nm	用 途
海岸带波段	400～450	植被识别分析,还支持基于叶绿素和水穿透特性的水深研究、大气散射研究、大气校正技术的改进
黄色波段	585～625	识别"黄色"特征,重点在于植被应用,在人类视觉表现上可用于真彩色恢复的细微校正
红边缘波段	705～745	用于植被生长状况的分析,其指标直接与反映植被生长状况的叶绿素水平相关
近红外远端波段	860～1 040	不受大气的影响,有利于植被分析和生物量研究

2014 年 8 月 13 日,WorldView-3 卫星成功发射。该卫星运行在 617 km 的太阳同步轨道上,是唯一装载 CAVIS 装置(云、气溶胶、水汽和冰雪等气象条件下大气校正设备)的遥感卫星,WorldView-3 通过该装置可以监测各种气象条件及其数据校正。WorldView-3 卫星可提供 0.31 m 分辨率全色遥感图像、1.24 m 分辨率多光谱遥感图像、3.7 m 分辨率红外短波遥感图像和 30 m 分辨率 CAVIS 遥感图像(聂荣娟,2019)。成像波段除了包括与 WorldView-2 卫星相同的全色波段和 8 个多光谱波段,还包括 8 个短波红外波段(Short-wave Infrared,SWIR)和 12 个 CAVIS 波段。SWIR 主要用于穿透阴霾、尘雾、烟雾、粉尘和卷云,CAVIS 用于云、气溶胶、水汽和冰雪等气象条件下的大气校正。重访时间少于 1 天。WorldView-3 新增和加强的应用包括特征提取、变化监测、植被分析和土地分类等,具有较强的阴霾穿透能力。

2016 年 11 月 11 日,WorldView-4 卫星成功发射。该卫星运行在 617 km 的太阳同步轨道上,轨道周期为 97 min,重访周期少于 1 天,辐射分辨率为 16 bit 或 8 bit。WorldView-4 卫星可提供 0.31 m 分辨率全色遥感图像、1.24 m 分辨率多光谱遥感图像(云菲,2016),成像波段和分辨率见表1.9。WorldView-4卫星除了继承WorldView-3卫星的高分辨率之外，可以在更短的时间内获得高质量图像，实现精确地理定位，提供前所未有的精确视图，用于二维(2 Dimension，2D)或三维(3 Dimension，3D)绘图、变化检测和图像分析。

表1.9 WorldView-4卫星各波段及其分辨率

成像波段	波段范围/nm	卫星角度	分辨率/m
全色	450～800	星下点	0.31
		距星下点20°	0.34
		距星下点56°	1.00
		距星下点65°	3.51
多光谱	蓝:450～510	星下点	1.24
	绿:510～580	距星下点20°	1.38
	红:655～690V	距星下点56°	4.00
	近红外:780～920	距星下点65°	14.00

(7) 北京系列卫星

2005年10月27日，北京一号卫星在俄罗斯普列谢斯克卫星发射场发射成功。该卫星运行在686 km的太阳同步轨道上，轨道倾角为98.1725°，侧摆角为±30°，重访周期为5～7天。北京一号卫星提供4 m分辨率全色遥感图像和32 m分辨率多光谱遥感影像，成像波段包括全色波段(500～800 nm)、绿色波段(523～605 nm)、红色波段(630～690 nm)和近红外波段(774～900 nm)(童庆禧 等，2007)。该卫星可向用户提供的数据产品包括辐射校正产品、系统几何校正产品、几何精校正产品、正射校正产品、多光谱和全色遥感图像融合产品、镶嵌产品和立体3D可视化产品。

北京二号是由3颗高分辨率卫星组成的民用商业遥感卫星星座，于2015年7月11日在印度孟加拉湾的斯里赫里戈达岛发射成功。该卫星星座运行在651 km的太阳同步轨道上，重访周期为2天。北京二号星座可提供1 m全色遥感图像和4 m多光谱遥感图像，成像波段包括全色波段(450～650 nm)、蓝色波段(440～510 nm)、绿色波段(510～590 nm)、红色波段(600～670 nm)和近红外波段(760～910 nm)，可提供覆盖全球、空间和时间分辨率俱佳的遥感卫星数据和空间信息产品(李傲 等，2019)。该星座获取的遥感数据可为国土资源管理、农业资源调查、生态环境监测、城市综合应用等领域提供空间信息支持。

(8) 高分系列卫星

2013年4月26日，高分一号卫星在酒泉卫星发射基地成功发射，是我国首颗高分辨率卫星。该卫星运行在645 km的太阳同步轨道上，轨道倾角为98.050 6°，降交点地方时为10:30，重访周期为4～41天。高分一号卫星可提供2 m分辨率全色遥感图像和8 m分辨率多光谱遥感图像，成像波段包括全色波段(450～900 nm)和多光谱波段(蓝:450～520 nm。绿:520～590 nm。红:630～690 nm。近红外:770～890 nm)(李晓彤 等，2019)。该卫星的一大特点是宽覆盖，16 m 成像分辨率幅宽为 800 km，2 m 分辨率幅宽为 60 km(陆春玲 等，2014)。该卫星突破了高分辨率、多光谱与宽覆盖相结合的光学遥感等关键技术，为现代农业、防灾减灾和公共安全等领域提供服务和决策支持。

2014 年 8 月 19 日，高分二号卫星在太原卫星发射中心成功发射。该卫星运行在 631 km 的太阳同步轨道上，轨道倾角为 97.9°，降交点地方时为 10:30，重访周期为 5 天。高分二号卫星装载两台 1 m 全色/4 m 多光谱相机，以实现拼幅成像，是我国自主研制的首颗空间分辨率优于 1 m 的民用光学遥感卫星(王芳 等，2018)，标志着我国遥感卫星进入了亚米级高分时代。高分二号卫星可提供 0.8 m 分辨率全色遥感图像和 3.2 m 分辨率多光谱遥感图像(王芳 等，2019)，成像波段包括全色波段(450～900 nm)和多光谱波段〔包括蓝色波段(450～520 nm)、绿色波段(520～590 nm)、红色波段(630～690 nm)和近红外波段(770～890 nm)〕。高分二号卫星可向用户提供不同等级的数据，见表 1.10。高分二号卫星具有亚米级空间分辨率、高定位精度和快速姿态机动能力等特点，该卫星的遥感数据主要应用到国土资源、城乡建设、交通运输部和国家林业局等领域(东方星，2015)。

表 1.10 高分二号卫星数据产品

产品等级	产品特征	具体说明
1A 级	预处理级辐射校正图像产品	经数据解析、均一化辐射校正、去噪、MTFC、CCD 拼接、波段配准等处理的图像数据，并提供卫星直传姿轨数据生产的 RPC 文件
1C 级	高精度预处理级辐射校正图像产品	经数据解析、均一化辐射校正、去噪、MTFC、CCD 拼接、波段配准等处理的图像数据，并提供整轨精化的姿轨数据生产的 RPC 文件
2 级	系统级几何校正图像产品	经相对辐射校正、系统级几何校正后的图像产品
2A 级	预处理级几何校正图像产品	1A 级数据经几何校正、地图投影生成的图像产品
2C 级	高精度预处理级几何校正图像产品	1C 级数据经几何校正、地图投影生成的图像产品

(9) Sentinel-2A 卫星

2015 年 6 月 23 日，Sentinel-2A 卫星发射成功，是“全球环境与安全监测”计划的第二颗卫星。该卫星运行在 786 km 的太阳同步轨道上，轨道倾角为 98.5°，重访周期为 10 天。Sentinel-2A 卫星携带一个多光谱成像仪，从可见光和近红外到短波红外，具有不同的空间分辨率，见表 1.11(杨斌 等，2018)。在光学数据中，Sentinel-2A 数据是唯一一个在红边范围含有 3 个波段的数据，该卫星的遥感数据主要用于生态环境监测(杨斌 等，2018)。

表 1.11 Sentinel-2A 卫星波段及其分辨率

波段名称	波长范围/nm	空间分辨率/m	辐射分辨率/bit	时间分辨率/天	幅宽/km
深蓝	430～457	60			
蓝	440～538	10			
绿	537～582	10			
红	646～684	10			

续表

波段名称	波长范围/nm	空间分辨率/m	辐射分辨率/bit	时间分辨率/天	幅宽/km
红边 1	694～713	20			
红边 2	731～749	20			
红边 3	769～797	20	12	10	290
近红外	760～908	10			
窄近红外	848～881	20			
水汽	932～958	60			
卷云	1 337～1 412	60			
短波红外	1 539～1 682	20			
短波红外	2 078～2 330	20			

总结本节介绍的国内外高分辨率卫星及其主要技术性能指标，见表 1.12。

表 1.12　高空间分辨率卫星主要技术性能

卫　星	国　家	年　份	分辨率/m	波段/nm	重访周期/天	量化/bit	轨道高度/km	幅宽/km
Landsat	美国	1976	—	—	—	—	—	—
IKONOS	美国	1999	0.82(PAN) 4(MS)	PAN：450～900 MS：450～520 520～600 600～690 760～900	14	11	681	11.3
QuickBird	美国	2001	0.61(PAN) 2.44(MS)	PAN：450～900 MS：450～520 520～600 600～690 760～900	1～6	8/16	450	16.5
SPOT-5	法国	2002	2.5(PAN) 10(MS)	PAN：490～690 MS：490～610 610～680 780～890 1 580～1 750	2～3	11	822	60～80
SPOT-6/7	法国	2012	1.5(PAN) 6(MS)	PAN：455～745 MS：455～525 530～590 625～695 760～890	1	11	832	—
GeoEye-1	美国	2008	0.41(PAN) 1.65(MS)	PAN：450～800 MS：450～510 510～580 655～690 780～920	<3	11	684	15

续表

卫 星	国 家	年 份	分辨率/m	波段/nm	重访周期/天	量化/bit	轨道高度/km	幅宽/km
WorldView-1	美国	2007	0.46(PAN)	PAN：450～800	1.7	11	496	17.6
WorldView-2	美国	2009	0.46(PAN) 1.8(MS)	PAN：450～800 MS：400～1 040	1.1	11	770	16.4
WorldView-3	美国	2014	0.31(PAN) 1.24(MS) 3.7(SWIR)	PAN：450～800 MS：400～1 040 SWIR：1 195～2 365 CAVIS：405～2 245	<1	11(PAN,MS) 14(SWIR)	617	13.1
WorldView-4	美国	2016	0.31(PAN) 1.24(MS)	PAN：450～800 MS：450～510 510～580 655～690 780～920	<1	11	617	13.1
北京一号	中国	2005	4(PAN) 32(MS)	PAN：500～800 MS：520～600 630～699 760～900	5～7(PAN) 3～5(MS)	8/16	686	24
北京二号	中国	2015	0.8(PAN) 3.2(MS)	PAN：450～650 MS：440～510 510～590 600～670 760～910	2	10	651	24
高分一号	中国	2013	2(PAN) 8(MS)	PAN：450～900 MS：450～520 520～590 630～690 770～890	4～41	—	644	60/ 800
高分二号	中国	2014	0.8(PAN) 3.24(SM)	PAN：450～900 MS：450～520 520～590 630～690 770～890	5	—	631	45
Sentinel-2A	法国	2015	10	400～2 400	10/20/60	—	786	290

注：PAN(Panchromatic)，全色；MS(Multispectral)，多光谱。

SAR 是一种主动式的对地观测系统，可安装在飞机、宇宙飞船和卫星等飞行平台上，可全天时、全天候地对地进行观测，并具有一定的地表穿透能力。因此，SAR 系统在灾害监测、海洋监测和军事等方面的应用上具有独特的优势,越来越受到重视(韩传钊 等,2006),加拿大、日本、俄罗斯以及中国等国家先后发射了 SAR 卫星。随着遥感技术的发展,SAR 卫星的空间分辨率不断提高,其成像技术不断改进,下面介绍几个常用的 SAR 卫星。

(1) RadarSat 系列卫星

目前,RadarSat 系列卫星包括 2 颗卫星,分别为 RadarSat-I 卫星和 RadarSat-II 卫星。1995 年 11 月 4 日,RadarSat-I 卫星在加拿大成功发射,是世界上第一个商业化的 SAR 运行系统。该卫星运行在 796 km 的太阳同步轨道上,轨道倾角为 98.6°,重放周期为 24 天。RadarSat-I 卫星具有 7 种成像模式(见表 1.13),提供 8.5 m 分辨率 SAR 图像,在 C 波段(波长为 5.6 m)采用 HH 极化。该卫星的遥感数据主要用于海冰监测、灾害监测(彭顺风 等,2008; 赵庆平 等,2018)。

表 1.13 RadarSat-I 卫星成像模式

成像模式	分辨率距离×方位/(m×m)	幅宽/km	入射角范围/(°)
标准波束	25×28	100	20～50
宽幅波束	25×35	150	20～40
精细波束	8×10	50	37～48
窄幅 Scan SAR	50×50	300	20～40
宽幅 Scan SAR	100×100	500	20～50
超高入射角波束	25×28	75	50～60
超低入射角波束	25×28	75	10～23

2007 年 12 月 14 日,RadarSat-II 卫星在哈萨克斯坦拜科努尔基地成功发射。该卫星运行在 798 km 的太阳同步轨道上,重放周期为 24 天。RadarSat-II 卫星具有 11 种成像模式(见表 1.14),具有最高 1 m 的分辨率成像能力(狄宇飞,2019)。该卫星的遥感数据主要用于防灾、农业、制图、林业、水文、海洋和地质等(王睿馨 等,2018; 梅新 等,2019)。

表 1.14 RadarSat-II 卫星成像模式

<table>
<tr><th>成像模式</th><th>幅宽/km</th><th>分辨率/m</th><th>入射角/(°)</th><th colspan="2">极化方式</th></tr>
<tr><td>超精细波束</td><td>20</td><td>3×3</td><td>30～40</td><td>HH 或 HV</td><td rowspan="2">单极化</td></tr>
<tr><td>多视精细波束</td><td>50</td><td>11×9</td><td>30～50</td><td>VH 或 VV</td></tr>
<tr><td>全极化精细波束</td><td>25</td><td>11×9</td><td>20～41</td><td rowspan="2">HH、VV、HV、VH</td><td rowspan="2">四极化</td></tr>
<tr><td>全极化标准波束</td><td>25</td><td>25×28</td><td>20～41</td></tr>
<tr><td>精细波束</td><td>50</td><td>8×8</td><td>30～50</td><td></td><td rowspan="3">可选单或双极化</td></tr>
<tr><td>标准波束</td><td>100</td><td>25×28</td><td>20～49</td><td></td></tr>
<tr><td>宽幅波束</td><td>150</td><td>25×28</td><td>20～45</td><td></td></tr>
<tr><td>扫描 SAR(窄)</td><td>300</td><td>50×50</td><td>20～46</td><td></td><td rowspan="2">可选单或双极化</td></tr>
<tr><td>扫描 SAR(宽)</td><td>500</td><td>100×100</td><td>20～49</td><td></td></tr>
<tr><td>扩展波束(高入射角)</td><td>75</td><td>20×28</td><td>49～60</td><td></td><td rowspan="2">单极化</td></tr>
<tr><td>扩展波束(低入射角)</td><td>170</td><td>40×28</td><td>10～23</td><td>HH</td></tr>
</table>

(2) Sentinel-1 卫星

2014 年 4 月 3 日,Sentinel-1 卫星成功发射。该卫星是全天时、全天候的 C 波段雷达成像系统,重访周期为 12 天,提供 5 m 分辨率,具有双极化、短访问周期、快速产品生成的能力,可精确定位卫星位置和姿态角(杨魁 等,2015),主要提供环境监测、海上安全监测和地表变形监测等多种监测服务。Sentinel-1 卫星可向用户提供不同等级产品(见表 1.15),其产品可用于反演海洋和极地信息,双极化产品多用于农业、林业和地表覆盖分类。

表 1.15 Sentinel-1 卫星产品

产品名称	产品特征	备 注
Level-0 级产品	压缩、未聚焦的 SAR 原始数据,包含噪声、内部校准参数、回波数据包、轨道和姿态信息等	生产高层次数据产品的基础,作为存档数据进行长期保存
Level-1 级产品	包含单视复数图像(Single Look Complex,SLC)和地距图像(Ground Range Detected,GRD) SLC 包含聚焦的 SAR 数据、用卫星轨道和姿态参数来描述的地理参考,基于斜距模式来提供;GRD 包括经过多视处理、采用 WGS84 椭球投影至地距的聚焦数据	由条带成像、干涉宽幅、超宽幅模式提供
Level-2 级产品	从 Level-1 级产品衍生出来的经过地理定位的地区物理产品。针对风、海浪等海洋产品来源于 SAR 数据的地球物理信息:海洋风场、海洋膨胀光谱、表面径向速度	由条带成像、干涉宽幅、超宽幅和波浪模式提供

(3) 高分三号

2016 年 8 月 10 日,高分三号(GF-3)卫星在太原卫星发射中心成功发射,是中国首颗 1 m分辨率的 C 频段多极化 SAR 卫星。该卫星运行在 755 km 的太阳同步轨道上,具有 12 种成像模式(见表 1.16),是目前工作模式最多的 SAR 卫星。该卫星具有高分辨率、大成像幅宽、多成像模式和长寿命运行等特点,主要应用于海洋权益维护、灾害风险预警预报、水资源评价与管理、灾害天气和气候变化预测预报等(张庆君,2017)。

表 1.16 高分三号卫星成像模式

成像模式	幅宽/km	分辨率/m		入射角范围/(°)	极化方式
		方位向	距离向		
聚束	10×10	1.0～1.5	0.9～2.5	20～50	可选单极化
超精细条带	30	3	2.5～5	20～50	
精细条带 1	50	5	4～6	19～50	可选双极化
精细条带 2	100	10	8～12	19～50	
标准条带	130	25	15～30	17～50	
窄幅扫描	300	50～60	30～60	17～50	
宽幅扫描	500	100	50～110	17～50	

续 表

成像模式	幅宽/km	分辨率/m		入射角范围/(°)	极化方式
		方位向	距离向		
全极化条带 1	30	8	6～9	20～41	全极化
全极化条带 2	40	25	15～30	20～38	
波成像模式	5×5	10	8～12	20～41	
全球观测成像模式	650	500	350～700	17～53	可选双极化
扩展高入射角	80	25	20～30	10～20	
扩展低入射角	130	25	15～30	50～60	

表 1.17 总结了以上常用的 SAR 卫星的技术性能。

表 1.17　高分辨率 SAR 卫星

卫　星	RadarSat-1	RadarSat-2	Sentinel-1	高分三号
国家及地区	加拿大	加拿大	欧洲	中国
年　份	1995	2007	2014	2016
轨道高度/km	798	798	693	755
入射角/(°)	10～60	10～60	20～45	10～60
极　化	单极化	单极化/双极化/全极化	单极化/双极化	单极化/双极化/全极化
分辨率/m	9～100	3～100	5～20	1～500
工作频率/GHz	C 频段(5.3)	C 频段(5.3)	C 频段(5.3)	C 频段(5.3)
成像模式	7 种	10 种	4 种	12 种
成像幅宽/km	50～500	20～500	20～400	10～650

1.2　高分辨率遥感图像的特点

随着遥感技术的不断发展，遥感图像的空间分辨率越来越高。目前，遥感图像的空间分辨率已达到亚米级。与中低分辨率遥感图像相比，高分辨率遥感图像细节更加突出，像素光谱测度的空间相关性更加复杂。高分辨率遥感图像细节特征突出，导致地物目标内的几何噪声增大；像素光谱测度的空间相关性复杂，导致同一地物目标内像素光谱测度的相似性减弱，不同地物目标间像素光谱测度的相似性增强(张建廷　等，2017)。综上所述，高分辨率遥感图像所具有的特点为其分割和分类带来了巨大的挑战。

1.3　高分辨率遥感图像分割方法

随着遥感技术的不断发展，遥感图像的空间分辨率越来越高；高分辨率遥感图像所包含的特征信息也更为丰富，为此诸多学者将特征引入高分辨率遥感图像分割方法中，以提高其分割精度。根据图像分割方法中应用的特征将高分辨率遥感图像分割方法分为单一特征分割方法和多特征分割方法。

1.3.1 单一特征分割方法

单一特征分割方法是以某一特征信息为分割基础，利用数学理论方法将图像域划分成互不重叠的区域，从而实现图像分割的方法。

光谱特征作为高分辨率遥感图像的基本特征之一，对其分割至关重要。大部分研究者以该特征为分割依据，利用不同的数学理论实现高分辨率遥感图像分割。目前，很多相关方法已被提出，常见的有基于统计学的光谱特征分割方法、基于聚类分析的光谱特征分割方法、基于信息论的光谱特征分割方法和基于数学形态学的光谱特征分割方法等。

1. 基于统计学的光谱特征分割方法

基于统计学的光谱特征分割方法实质上是在统计学理论的基础上根据光谱特征建立图像分割模型，并模拟该分割模型，以实现图像分割的方法。具有代表性的统计学理论方法包括随机场(Random Field，RF)、有限混合模型(Finite Mixture Model，FMM)和马尔可夫链蒙特卡洛(Markov Chain Monte Carlo，MCMC)等方法。

RF以统计学为理论依据，假设图像像素中的光谱测度为随机变量，选择合适的数学模型建立特征场模型，并通过模型分析图像光谱特征，依靠分析图像中像素之间的关系来确定像素与其邻域像素是否属于同一同质区域，以实现图像分割(罗博，2013)。其中，马尔可夫随机场(Markov Random Field，MRF)是RF的典型代表，它具有充分表达像素空间位置的能力，被广泛应用于图像分割模型中先验分布的建立(王玉 等，2016a，2016b)。因此，基于MRF的图像分割方法得到广泛应用。该方法具有模型参数少、抗噪能力强、分割效果好和稳定等特点。FMM通过对同一概率分布函数的线性叠加而实现数学模型的建立(McLachlan et al.，2000)。由于FMM原理简单、容易实现，并且能够建模许多复杂的现象，所以FMM被广泛地应用于诸多领域。FMM中最具代表性的两种模型分别为高斯混合模型(Gaussian Mixture Model，GMM)和Student's-T混合模型(Student's-T Mixture Model，SMM)，这两个模型被广泛地应用于高分辨率遥感图像分割中(赵泉华 等，2016a，2017a)。MCMC是基于统计学的数学模拟方法，常见的方法有M-H(Metropolis-Hastings)方法(Hastings，1970)、Gibbs采样方法(Geman et al.，1984)和可逆跳变马尔可夫链蒙特卡洛(Reversible Jump Markov Chain Monte Carlo，RJMCMC)方法(Green，1995)。随着MCMC方法技术的不断完善，该方法被应用于分割模型的模拟中(王玉 等，2016；Li et al.，2010；赵泉华 等，2014，2016)。

2. 基于聚类分析的光谱特征分割方法

基于聚类分析的光谱特征分割方法的基本思想是根据处理单元之间的光谱特征相似度对其进行划分，以实现图像分割。该类分割方法可分为两类，分别为硬划分聚类分割方法和软划分聚类分割方法。其中,对于简单的图像分割来说,硬划分聚类可较好地实现其分割;而软划分聚类则可解决不确定性问题和复杂的图像分割(张新野,2012)。基于聚类分析的光谱特征分割方法的重点在于类别数的设置和初始聚类中心的选取。K 均值聚类方法(Macqueen,1976)是一种硬划分聚类方法,该方法简单高效,因而被广泛地应用于图像分割中;但该方法存在一些局限性,如在聚类数的选取和聚类中心的初始化等中存在问题。为了解决 K 均值聚类方法在图像分割中存在的问题,学者们对其进行了改进,将模糊集理论引入聚类分析中,提出了模糊 C 均值(Fuzzy C Mean,FCM)方法(Bezdek,1981)。FCM 是一种常用的软划分聚类分割方法,适用于不确定性和模糊性的图像分割。该方法假设遥感图像具有不确定性和模糊性,且每个像素对各同质区域都有一个隶属度,通过该参数决定该像素属于某一同质区域的程度,进而实现图像分割。与其他方法相比较,FCM 能够更多地保留原始图像信息,且原理直观、收敛速度快(赵雪梅 等,2014)。但传统的基于 FCM 的图像分割方法存在两个缺点,分别为:①没有考虑图像的空间信息,导致方法对图像中的噪声非常敏感;②对于较大尺度的遥感图像,该方法的运行时间过长,效率低下(刘一超 等,2011)。为了克服这些缺点,学者们提出了许多改进方法。如对于 FCM 的抗噪能力,许多学者将局部空间信息引入其中(张一行 等,2011;胡嘉骏 等,2016),使得各像素的隶属程度不仅受到其本身光谱测度的影响,还受到其邻域像素光谱测度的影响。这些改进算法虽然降低了 FCM 对噪声的敏感性,但运算时间均高于传统 FCM。为此,许多学者针对提高算法效率问题对 FCM 做了进一步改进,并得到了较好的分割结果(Cai et al.,2007;刘一超 等,2011)。

3. 基于信息论的光谱特征分割方法

信息论的研究范围比较广,狭义上讲,信息论是一门应用数理统计方法对信息进行处理与传递的学科。信息论主要是研究通信系统及控制系统中普遍存在的具有规律性的信息传递,可以提高信息传输系统的可靠性。从一般定义来讲,信息论是指研究通信系统中噪声、信息滤波以及信息处理问题的学科。从广义上来讲,信息论不仅包括狭义的一般定义,还包括所有与信息相关的领域,如心理学、语义学、语言学等(王华翔 等,2015)。

在基于信息论的图像分割方法中,最具有代表性的是基于最大熵阈值的图像分割方法。它的基本思想是,采用使得分割结果熵最大化的阈值对图像的光谱特征进行阈值分割,从而将图像域分割为目标区域和背景区域。该方法不需要先验知识,但是在确定阈值方面需要的计算量比较大。如 Kapur 等(1985)提出一维最大熵图像分割方法,该方法只依赖于图像像素灰度值信息,对图像噪声比较敏感,导致分割结果并不理想。

4. 基于数学形态学的光谱特征分割方法

基于数学形态学的光谱特征分割方法的基本思想是利用具有一定形态的结构元素去度量和提取图像中的对应形状,进而实现图像分析和识别(王宇宙 等,2004)。数学形态学有 4 个基本运算,分别为膨胀、腐蚀、开启和闭合。基于这些基本运算还可以推导和组合成各种数学形态学实用算法。该方法的优点是很好地保持图像的细节特征,去除不必要的图像结构元素，对强噪声的图像分割结果比较好，边缘检测的精度也能达到一定要求（王彤，2006）。但是该方法适应性很差，常常与其他方法结合使用（蒋圣 等，2009）。

分水岭算法是数学形态学上一种基于拓扑理论的图像分割方法，该算法的微弱边缘敏感可以用来获取图像中连通、封闭并且位置精确的物体轮廓（李旗 等，2019）。1979 年，Beucher 等首次将分水岭算法应用于图像分割中，随后该算法被广泛应用到图像分割中（李旗 等，2019）。在基于分水岭的图像分割算法中，将图像看作测地学上的拓扑地貌，利用每一点像素的光谱测度值表示该点高度，每一个局部极小值及其影响区域称为集水盆，而集水盆的边界则形成分水岭，在分割过程中重要参考依据是邻近像素的相似性。在分水岭算法的发展过程中，最具有代表性的是基于浸水模式的分水岭变换快速算法（Vincent et al.，1991）和基于降水模型的分水岭快速算法（Mortensen et al.，1999）。分水岭算法具有原理简单清晰，可得到单像素连续边界，连通区域完整等优点（葛世国，2014）。但分水岭算法也存在着 3 个缺点，分别为：①容易受到噪声的影响，通常分水岭算法处理的是梯度图像，原始图像的噪声直接影响梯度图像的效果；②易于产生过分割现象，对于受到噪声污染或者纹理特征比较复杂的图像，会产生较多的局部极小值，分割时会分割出许多无关的区域（江怡 等，2013）；③对比度比较低的图像会失去重要轮廓（刁智华 等，2010）。针对以上问题，学者们提出了许多解决方法。针对易受噪声影响的这个问题，主要的解决方法有 3 个，分别为：①前处理，对需要分割的图像进行平滑、图像亮度值量化等（栗敏光 等，2009）；②后处理，针对分水岭变换后的结果，根据某一准则进行区域合并（Tarabalka et al.，2010）；③添加标记，对区域增长进行指导，将由非标记的极小点形成的分割区域合并到其他由标记点形成的区域中（孙颖 等，2008；陈景广 等，2012）。

1.3.2 多特征分割方法

基于多特征的分割方法是以多个特征信息为分割基础，利用数学理论方法将图像域划分成互不重叠的区域，进而实现图像分割的方法。常用的多特征分割方法有基于统计学的多特征分割方法、基于聚类分析的多特征分割方法、基于变换的多特征分割方法和基于神经网络的多特征分割方法。

1. 基于统计学的多特征分割方法

基于统计学的多特征分割方法实质上就是将图像中每个像素的多个特征看作随机矢量，并利用统计方法对所有特征进行建模；再在不同的统计分割框架下建立基于多特征的分割模型；最后，利用统计方法对该分割模型进行模拟，以实现图像的多特征分割的方法。常见的统计分割框架有贝叶斯分割框架和能量分割框架。在贝叶斯分割框架下，可根据贝叶斯定理将构建的多特征的或然率模型和模型参数的先验概率模型相结合，以构建后验概率图像分割模型（王玉 等，2017，2018）。在能量分割框架下，先构建多特征的特征场模型和标号场的能量函数，再利用 Gibbs 分布将这些能量函数相结合，建立分割模型，依据能量函数最小化策略，获取最优分割解（赵泉华 等，2017d；Wang et al.，2019）。其中，贝叶斯分割更侧重于图像分割模型的统计学意义，难以引入控制分割质量的约束条件，并且在贝叶斯框架下，需要预知图像模型中各参数的先验分布。但是在很多情况下，这种先验分布难以确定，从而限制了该类方法的应用。能量最小化策略为很多图像处理问题提供了一个自然框架，在图像分割中侧重于分割模型的物理学意义，可以将定义于特征场或标号场的具有明确物理含义的约束条件引入能量函数。此外，能量最小化策略求解更灵活（曹容菲 等，2014；王相海 等，2015；赵泉华 等，2017d）。Gibbs 分布通过能量函数定义在图像域上随机场的概率测度，建立概率模型和能量函数模型的一致性，故而在图像处理中，对随机场模型的研究往往转换为对能量函数的研究（Li，2009；Kumar et al.，2015）。

2. 基于聚类分析的多特征分割方法

聚类分析是将一组研究对象分成相对同质组群的统计分析技术，它是一种高效的无监督学习方法。聚类分析被广泛地应用于各种领域，如图像处理、信息检索以及机器学习等（许晓丽，2012）。基于聚类分析的多特征分割方法的基本思想是根据像素之间多特征的相似程度对像素进行划分，从而达到分割的目的。常用于多特征分割的聚类方法有均值漂移（Mean Shift，MS）、FCM、*K* 均值聚类（李波 等，2005；曾接贤 等，2013；詹曙 等，2014；周家香 等，2012）。其中，基于 FCM 的多特征分割方法的基本思想是采用欧氏距离（Euclidean Distance，ED）定义像素多特征的非相似性测度，并通过最小化目标函数和反模糊化实现分割。FCM 方法虽能实现多特征分割，但该方法需先确定聚类数、聚类中心和隶属度的初始值，且对图像噪声敏感。为了克服以上问题，将基于目标函数的规则化项和相似性测度的定义等方面提出的 FCM 改进方法应用到了多特征分割中，如空间约束 FCM 方法（Ahmed et al.，2002；田小林 等，2008）、快速广义 FCM 方法（Cai et al.，2007；王小鹏 等，2018）和基于熵的 FCM 方法（Chatzis，2008）等。

3. 基于变换的多特征分割方法

基于变换的多特征分割方法是利用函数变换将图像由时间域（空间域）转换到频率域，在频率域中提取不同特征，进而利用多特征构建分割模型，以实现多特征分割的方法。频率域反映了图像在时域灰度变化的剧烈程度，即图像光谱测度在图像域中的梯度大小。图像中的目标边缘和图像中的噪声是突变部分，大部分情况是高频分量；图像光谱测度变化平缓部分则为低频分量。目前，常用的变换分割方法有傅里叶变换（Fourier Transform，FT）、小波变换和曲波变换。FT 将时域信号分解为不同频率的正弦和、余弦和的形式，以此对图像的特征进行提取和分析。FT 可提供从时域到频域自由转换的途径，因此它在图像增强（谢新辉 等，2012）、图像去噪（汤少杰 等，2015）和图像分割（张建梅 等，2012）等图像处理上得到了广泛应用。在基于 FT 的多特征分割中，利用傅里叶系数对图像进行不同特征的提取，然后根据某一分割准则对图像进行分割。通过 FT 可以将难以分析的图像信号由空间域转换到频率域，这方便了对图像的分析理解，FT 是信号处理和数据分析领域里重要的方法之一。但是 FT 不能描述图像信号的时域局部特征，且不能表述非平稳信号中的突发性（曹亮，2011）。

针对 FT 的这些问题，研究者提出了小波变换，小波变换是傅里叶变换的发展，它克服了 FT 的缺点，具有多分辨率、多尺度分析的特性，因此在图像降噪方面具有很好的效果（潘泉 等，2005）。基于小波变换的图像降噪的基本思想是将含有噪声的图像进行多尺度小波变换，然后根据图像的小波系数实现去噪，再采用小波逆变换重构图像。另外，小波变换在图像压缩（王得芳，2019）、图像分割（陈杰 等，2011）和图像融合（段延超，2019）等方面也有着广泛的应用。小波变换虽能较好地表现信号在时域和频域中的局部特征，也可较好地表达奇异点的位置和特性，但对于更高维的特征则无法较好表达。

曲波变换除了具有小波变换的多尺度、时频局部化，还具有多方向性和各向异性，这使得该变换有更好的延边缘表达能力，可更好地实现图像去噪（李静和 等，2019）、图像融合（李伟 等，2019）和图像分割（王玉 等，2017）等图像处理。在基于曲波变换的多特征分割方法中，利用曲波变换得到的曲波系数定义不同的特征，然后以这些特征为分割依据，根据某一分割准则实现分割（王玉 等，2018）。

4. 基于神经网络的多特征分割方法

1943 年，McCulloch 和 Pitts 首次提出了神经元生物学模型（McCulloch-Pitts Model，M-P 模型）。在此基础上，人工神经网络被提出，该算法是一种模拟大脑神经系统处理信息机制的数学模型，它由大量的节点（或称神经元）组成，每个节点代表一种特定的输出函数（称为激励函数）。每两个节点间的连接都代表一个通过该连接信号的加权值（称为权重），这相当于人工神经网络的记忆。误差反向传播算法（Error BackPropagation，BP）是人工神经网络中前项网络的代表（净亮 等，2019），这种神经网络是一种多层前馈神经网络，首先样本从输入层经各中间层向输出层传播，输出层的各神经元获得网络的输入响应；然后按照减小目标输出与实际输出误差的方向，从输出层开始经各中间层逐层修正各连接权值，以达到学习的目的（周鹏飞，2014）。经过 BP 神经网络技术的发展，它被广泛地应用到图像分割、模式识别和图像分类等领域（杨希，2009）。

基于神经网络的多特征分割方法的主要思想是节点之间的连接权值通过不断训练数据来获取（罗博，2013）。在基于神经网络的多特征分割过程中，将图像中的不同特征值作为输入模式，通过迭代实现目标和背景区域的分割。该类方法需要大量的数据训练，因此导致计算速度慢，且训练集存在冗余。为此，研究者将其与模糊集理论相结合，提出模糊神经网络方法，该方法可以过滤掉冗余信息，提高神经网络的泛化能力（周长英，2011；周鹏飞 等，2014；王春艳 等，2017）。

近年来，随着计算机技术的发展和大规模影像数据的不断产生，深度学习神经网络被广泛地应用于图像理解中。2006 年，Hinton 等提出了深度学习的思想，并指出多隐层的神经网络具有优异的特征学习能力，有利于可视化或者分类；深度神经网络在训练上的难度可以通过逐层无监督训练克服。卷积神经网络是深度学习的关键性算法，能够智能且高效地提取图像特征（张训飞，2019），因此，被广泛地应用到多特征分割中（乔虹 等，2019；张训飞，2019）。

第2章 基础理论

本书主要涉及结合多尺度分析技术、特征选择与统计理论的遥感图像分割方法。本章内容构成了后续方法的理论基础，分别介绍多尺度分析、特征选择以及统计建模与模拟等理论，但也仅涉及这些理论的简单介绍，对欲深入了解相关理论的读者，可参阅相关文献（葛哲学 等，2007；Gonzales et al.，2002；Candes et al.，2006；Green，1995）。

2.1 多尺度分析

2.1.1 小波变换

1984年，Morlet首次提出小波变换（Wavelet Transform）的概念。而Grossman在傅里叶变换（Fourier Transform，FT）的理论基础上，利用平移和伸缩不变性建立了小波变换理论体系。在此基础上，Meyer首次提出了具有一定衰减性的光滑小波。1988年，Daubechies成功构造紧支撑正交标准的小波基，为离散小波分析奠定了基础。1989年，Mallat首次提出多分辨率分析概念，统一了之前各种构造小波的方法，特别是提出了二进制离散小波变换的快速算法，使小波变换走向实用性（葛哲学 等，2007）。随着小波变换技术的不断发展，该变换在图像处理、模式识别、地质勘探、气象分析等方面得到了广泛的应用。

小波变换是一种时间窗和频率窗均可改变的时频局域分析方法。该方法在低频部分具有较高的频率分辨率和较低的时间分辨率；反之，在高频部分具有较高的时间分辨率和较低的频率分辨率。该特性使小波变换在信号上具有自适应性。

小波变换中“小”的含义是指它的衰减性（即在时域具有紧支集或近似紧支集，具有时域的局部性）；“波”则指它的波动性，也就是振幅正负相间的振荡形式，具有频域的局部性。小波变换具有尺度伸缩和时间平移的特性。其中，尺度伸缩是指在时间轴上对信号进行压缩与伸展。在不同尺度下，小波的持续时间与 a 呈递增关系，幅度则与 a 呈递减关系，但波的形状不变，如图2.1所示。时间平移则指小波函数在时间轴上的波形平行移动。

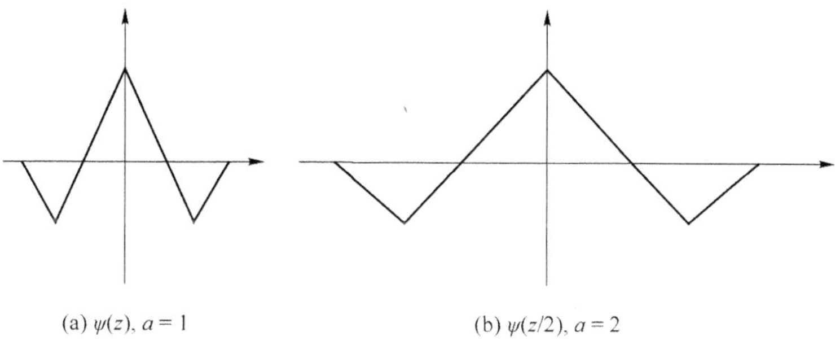

图 2.1 小波变换在时域的伸缩

1. 连续小波变换

小波函数可定义为：设 $\psi(z)$ 为一平方可积函数，即 $\psi(z) \in L^2(R)$，若其 FT $\psi(\boldsymbol{\chi})$ 满足允许条件（朴慧，2010）

$$\int \frac{|\psi(\chi)|^2}{|\chi|} \mathrm{d}\chi < \infty \tag{2.1}$$

相应的等价条件为

$$\int \psi(z) \mathrm{d}z = 0 \tag{2.2}$$

则称 $\psi(z)$ 为母小波函数。式(2.2)为小波函数的可容许条件。从原则上讲，在 $L^2(R)$ 空间内，任何满足可容许条件的函数都可作为母小波；但在一般情况下，选具有时域和频域局部性的实数或复数函数作为母小波函数，这样使母小波函数在时频域都会具有较好的局部特性。满足可容许条件的母小波函数经过平移和伸缩可得到函数 $\psi_{a,b}(z)$，可表示为（杨垚婷，2017）

$$\psi_{a,b}(z) = |a|^{-1/2} \psi\left(\frac{z-b}{a}\right) \tag{2.3}$$

则称 $\psi_{a,b}(z)$ 为小波函数，其中，a 和 b 分别为尺度和平移参数。由于小波函数在时间和频率域都具有有限或近似有限的定义域，因此，经过伸缩平移后的函数在频率域仍具有局部性。

小波变换可定义为小波与某一定义在 $\mathbf{R}^2$ 上的平方可积函数 f 的内积，则连续小波变换可表示为（杨垚婷，2017）

$$W(a,b) = < f, \psi_{a,b} > = \frac{1}{\sqrt{a}} \int_{-\infty}^{+\infty} f(z) \bar{\psi}\left(\frac{z-b}{a}\right) \mathrm{d}z \tag{2.4}$$

其中，$W(a,b)$ 为小波系数，$\bar{\psi}$ 是 ψ 的共轭。

连续小波变换与 FT 的性质相似，也具有以下的线性性质（杨垚婷，2017）。

① 线性可加性。假设函数 $f(z)$，$f_1(z)$ 和 $f_2(z)$ 满足

$$f(z) = f_1(z) + f_2(z) \tag{2.5}$$

则函数对应的连续小波变换 $W(a,b)$，$W_1(a,b)$ 和 $W_2(a,b)$ 满足

$$W(a,b) = W_1(a,b) + W_2(a,b) \tag{2.6}$$

② 时移共变性。设函数 $f(z)$的连续小波变换为 $W(a,b)$，则函数 $f(z-z_0)$对应的连续小波变换可表示为 $W(a,b-b_0)$。

③ 尺度定理。设函数 $f(z)$的连续小波变换为 $W(a,b)$，则函数 $f(cz)$对应的连续小波变换可表示为$(c)^{-1/2}W(ca,cb)$。

④ 自相似性。具有不同尺度参数 a 和不同平移参数 b 的两个连续小波变换之间可以通过变换相互转化。连续小波变换在信息表达方面具有很高的冗余，这一问题来自小波的自相似性。

2. 离散小波变换

在连续小波变换中，尺度参数 a、平移参数 b 和时间 z 都是连续的，但在用计算机分析实际数据时，必须对它们进行离散化处理，而离散化是针对尺度参数和平移参数的，一般情况是以幂级数的形式将其离散化，令 $a=a_0$，$b=ka_0{}^jb_0$，$k\in Z^j$（其中，$a_0\neq 1$，为固定值）。一般取$a_0=2$，$b_0=1$ 对 a 和 b 进行离散化，以得到离散小波函数，其可表示为（杨垚婷，2017）

$$\psi_{j,k}(z)=2^{j/2}\psi(2^{-j}z-k) \tag{2.7}$$

则离散小波变换可表示为

$$W^{\mathrm{D}}(j,k)=<f,\psi_{j,k}>=\int_{-\infty}^{+\infty}f(z)\bar{\psi}_{j,k}(z)\mathrm{d}z \tag{2.8}$$

其中，$W^{\mathrm{D}}(j,k)$为离散小波系数，j 为尺度参数，k 为位置参数。

目前，离散小波变换技术已经相当成熟，学者们根据小波基的不同提出了很多离散小波变换算法，常用于离散变换的小波基有 Haar 小波基、Meyer 小波基和 Daubechies 小波基。下面具体介绍一下。

（1）Haar 小波函数

Haar 小波函数是小波函数中最基础的函数之一，定义在区间[0,1]上，可表示为（杨垚婷，2017）

$$\psi(z)=\begin{cases}1, & z\in[0,1/2]\\ -1, & z\in[1/2,1)\\ 0, & z\in(-\infty,0)\text{ 和 }[1,+\infty)\end{cases} \tag{2.9}$$

其尺度函数为

$$\varphi(z)=\begin{cases}1, & z\in[0,1]\\ 0, & z\in(-\infty,0)\text{ 和 }(1,+\infty)\end{cases} \tag{2.10}$$

（2）Meyer 小波函数

Meyer 小波函数和尺度函数都是在频率域上定义的，可表示为（杨垚婷，2017）

$$\psi(\chi)=\begin{cases}(2\pi)^{\frac{1}{2}}\mathrm{e}^{\mathrm{j}\chi/2}\sin\left(\dfrac{\pi}{2}v\left(\dfrac{3}{2\pi}|\chi|-1\right)\right), & \chi\in\left[\dfrac{2\pi}{3},\dfrac{4\pi}{3}\right]\\ (2\pi)^{\frac{1}{2}}\mathrm{e}^{\mathrm{j}\chi/2}\cos\left(\dfrac{\pi}{2}v\left(\dfrac{3}{2\pi}|\chi|-1\right)\right), & \chi\in\left[\dfrac{4\pi}{3},\dfrac{8\pi}{3}\right]\\ 0, & \chi\in\left[\dfrac{2\pi}{3},\dfrac{8\pi}{3}\right]\end{cases} \tag{2.11}$$

$$\phi(\chi)=\begin{cases}(2\pi)^{\frac{1}{2}}, & \chi\in\left[-\frac{2\pi}{3},\frac{2\pi}{3}\right]\\ (2\pi)^{\frac{1}{2}}\left(\frac{\pi}{2}v\left(\frac{3}{2\pi}|\chi|-1\right)\right), & \chi\in\left[\frac{2\pi}{3},\frac{4\pi}{3}\right]\\ 0 & \chi\in\left(-\infty,-\frac{4\pi}{3}\right]\text{ 和 }\left(\frac{4\pi}{3},\infty\right)\end{cases} \tag{2.12}$$

其中，$v(\chi)$为构造 Meyer 小波函数的辅助函数，可表示为

$$v(\chi)=\chi^4(35-84\chi+70\chi^2-20\chi^3) \tag{2.13}$$

(3) Daubechies 小波函数

Daubechies 小波函数简称 db 小波函数，表 2.1 中的 N 是小波阶数(孙大飞 等，2001)。当$N=1$时，db 小波函数就变成了 Haar 小波函数。除了 $N=1$ 之外，db 小波函数的表达式和对称性都不具有特定性。

上述 3 个小波函数对应的相关特性见表 2.1(罗列，2017)。

表 2.1 常用小波函数及其特性

小波函数	正交性	双正交性	紧支性	支撑长度	对称性	正则性	消失矩阶数
Haar 小波函数	是	是	是	1	对称	否	1
Meyer 小波函数	是	是	否	有限长度	对称	无限光滑	—
Daubechies 小波函数	是	是	是	$2N-1$	不对称	否	1

1989 年，Mallat 在多分辨分析理论的基础上，首次提出了离散小波变换的快速算法——Mallat 算法，该算法的出现使得小波分析拥有了更广阔的实际应用领域(杨建国，2005)。

Mallat 算法利用小波滤波器对信号进行分解和重构。设 $f(z)$为原始信号，$z=1,2,\cdots,m$为离散时间序列号，m 为信号长度，则分解算法可表示为(罗列，2017)

$$\begin{cases}A_0[f(z)]=f(z)\\ A_j[f(z)]=\sum_k H(2z-k)A_{j-1}[f(z)]\\ D_j[f(z)]=\sum_k G(2z-k)A_{j-1}[f(z)]\end{cases} \tag{2.14}$$

其中，H 和 G 分别为小波低通和高通分解滤波器，A_j 和 D_j 分别为信号 $f(z)$在第 j 尺度的低频和高频系数。

小波变换的基本性质如下(薛存金，2005)。

(1) 信息的分解性

该基本性质是指原始信息通过小波变换分解成序列尺度上的信息。每个序列尺度上的信息都包含信息的轮廓部分和细节部分。轮廓部分主要反映信息的主体趋势，用来分析信息宏观趋势；细节部分具有方向特性，主要反映各个方向上信息的细节成分，用来分析信息的微观细节。这种信息的分解性为信息在各个尺度上进行分析奠定了基础。若选取的

小波函数具有正交性，则小波变换的分解保持了信息的能量守恒，即保证了信息的无损分解。

（2）信息的重建性

该基本性质是指信息经过小波变换后得到各个尺度上的近似信息和细节信息，根据各个尺度上近似信息和细节信息的分布情况和研究的目的，对各个尺度上细节信息和近似信息分别进行相应的操作。对操作后的近似信息和细节信息必须保证能够重建到原始尺度上。小波函数的对偶函数具有这种重建的特性，这与选择的小波基函数密切相关。若选取的小波函数具有正交的特性，例如，信息经过小波分解，对分解后的近似信息和细节信息不进行任何相应的处理，经过小波函数的对偶函数进行重建后，其重建后的信息与原始信息完全相同。

（3）能量的比例性

该基本性质是指信息能量在经过小波变换后在各个尺度上的分布并不是平均分布，而是与小波变换幅度的平方的积分成正比。信息能量分布的比例性为设计小波重构算法提供了基础。

小波变换是在小波函数和尺度函数的基础上进行定义的。在遥感图像处理中，小波变换都是针对遥感图像进行的，因而本节仅对二维离散小波变换进行介绍。其他小波变换的概念可参照相应的小波分析理论书籍(Gonzales et al.，2002)。

在笛卡儿坐标系下，设 $f(z_1,z_2)(z_1,z_2\in\{0,\cdots,m-1\})$ 为输入，$\psi(z_1,z_2)$ 为母小波，则对应的二维离散小波变换可表示为

$$C(j,k)=<f,\psi_{j,k}>=\sum_{z_1,z_2\in\{0,\cdots,m-1\}}f(z_1,z_2)\psi_{j,k}(z_1,z_2) \tag{2.15}$$

其中，j 为尺度参数，$k=(k_1,k_2)$ 为位置参数。

为了将小波变换应用于图像处理，需构建二维的小波函数和尺度函数，它们可表示为(王水璋 等，2008)

$$\phi(z_1,z_2)=\phi(z_1)\phi(z_2) \tag{2.16}$$

$$\psi^{\mathrm{H}}(z_1,z_2)=\psi(z_1)\phi(z_2) \tag{2.17}$$

$$\psi^{\mathrm{V}}(z_1,z_2)=\phi(z_1)\psi(z_2) \tag{2.18}$$

$$\psi^{\mathrm{D}}(z_1,z_2)=\psi(z_1)\psi(z_2) \tag{2.19}$$

其中，ϕ 是二维尺度函数；ψ^{H}，ψ^{V} 和 ψ^{D} 是 3 个二维小波函数(姚敏，2006)，H 表示水平方向，V 表示垂直方向，D 表示对角线方向。由式(2.16)至式(2.19)可定义一个具有伸缩和平移性的基函数：

$$\phi_{j,k_1,k_2}(z_1,z_2)=2^{j/2}\phi(2^jz_1-k_1,2^jz_2-k_2)=\phi_{j,k_1}(z_1)\phi_{j,k_2}(z_2) \tag{2.20}$$

$$\psi^{\mathrm{H}}_{j,k_1,k_2}(z_1,z_2)=2^{j/2}\psi^{\mathrm{H}}(2^jz_1-k_1,2^jz_2-k_2)=\psi_{j,k_1}(z_1)\phi_{j,k_2}(z_2) \tag{2.21}$$

$$\psi^{\mathrm{V}}_{j,k_1,k_2}(z_1,z_2)=2^{j/2}\psi^{\mathrm{V}}(2^jz_1-k_1,2^jz_2-k_2)=\phi_{j,k_1}(z_1)\psi_{j,k_2}(z_2) \tag{2.22}$$

$$\psi^{\mathrm{D}}_{j,k_1,k_2}(z_1,z_2)=2^{j/2}\psi^{\mathrm{D}}(2^jz_1-k_1,2^jz_2-k_2)=\psi_{j,k_1}(z_1)\psi_{j,k_2}(z_2) \tag{2.23}$$

利用这些基函数就可对图像进行分解。图 2.2 为图像的小波分解示意,其中,L 和 H 分别表示图像的低频与高频部分,数字 1 和 2 分别表示一层和二层分解。图像在每一层上被分解成 4 个方向上的子带,LH、HL、HH 分别表示图像在水平、垂直以及对角线方向上的子带情况,LL 为低频子带,是原图像的平滑逼近。图 2.2 表示的是金字塔结构的迭代分解情况,即在该结构分解中,仅分解 LL 子带来生成下一尺度的各频带输出,而不分解其他子带(王李冬 等,2006),因为小波变换后的能量主要集中在低频子带。若对图像进行层分解,将得到多个子带,即每一个尺度上都有 3 个子带,再加上一个低频的 LL 子带。

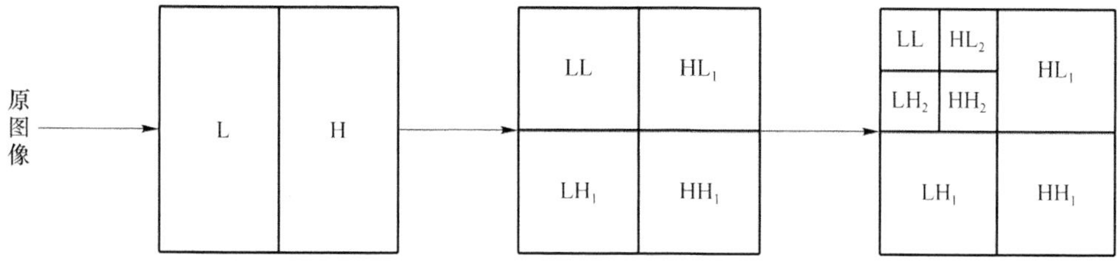

图 2.2 图像的小波分解

2.1.2 曲波变换

1. 第一代曲波变换

Candes et al.(1999)在脊波理论的基础上首次提出曲波变换概念,即第一代曲波变换。

第一代曲波变换的核心内容为子带分解和脊波变换,其分解实现过程分为子带分解、平滑分块、重正规化和脊波分析(赵文宇,2017)。下面具体介绍一下。

(1) 子带分解

定义一组子带滤波器族 $p_0,\Delta_j(j>0)$为频率域$[2^{2j},2^{2j+2}]$上的带通滤波器,$[2^{2j},2^{2j+2}]$是离散曲波变换的非标准特性。将函数 f 滤波为一系列的子带,可表示为(杨会,2018)

$$f\mapsto(p_0 f,\Delta_1 f,\Delta_2 f,\cdots)$$

(2) 平滑分块

在二进区域 $Q=[2^{-j}k_1,2^{-j}(k_1+1)]\times[2^{-j}k_2,2^{-j}(k_2+1)]$上定义平滑窗函数 Q 集合 Q_j 和光滑窗 χ 的集合 χ_Q(其中,j,k_1 和 k_2 均为整数),用窗函数在区域 Q 内平滑分割,得到(杨会,2018)

$$\Delta_j f\mapsto(\chi_Q\Delta_j f)_{Q\in Q_j} \tag{2.24}$$

其中,Q_j 为尺度 j 的二进制正方形的集合,χ 满足(杨会,2018)

$$\sum_{k_1,k_2}\chi^2(x_1-k_1,x_2-k_2)=1 \tag{2.25}$$

经过拉伸和平移把 χ 转到尺度 j 的正方形 Q 上,得到 χ_Q;再用对应的窗函数乘以函数 f 即可得到局部化的 Q。依照这种分割算法,遍历上一步的每一个子带,即可将每个子带光滑地分割为一些正方形,其边长均为 2^{-j}。

(3) 重正规化

把定义在 Q 上的输入部分转换成定义在[0,1]上的输出部分，使得每个正方形都被归一化为单位尺度。

(4) 脊波分析

将所有分割得到的子块进行脊波分析，得到分解后的曲波系数。

综上所述，第一代曲波变换的分解示意见图 2.3(a)。第一代曲波变换的重构过程和分解过程是可逆的，图 2.3(b)为其重构示意图。

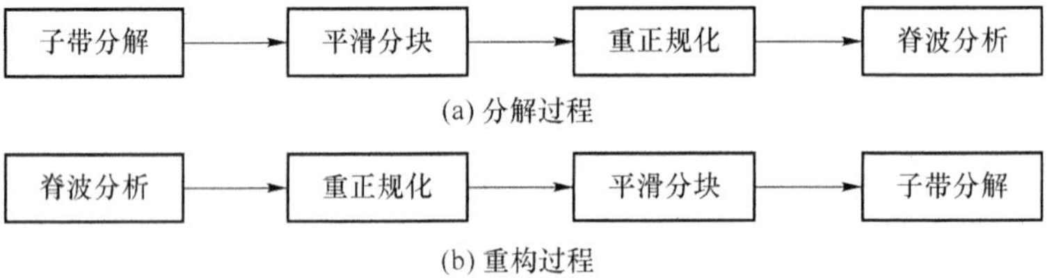

图 2.3　第一代曲波变换的分解和重构过程

2. 第二代曲波变换

第一代曲波变换具有数字实现方法复杂、数据冗余大等缺点(朱倩 等,2013)。为了克服这些缺点，Candes et al.(2006)提出了第二代曲波变换。第二代曲波变换建立在一种新的曲波紧致框架下，与脊波变换无任何关系，具有实现简单、便于理解、数据冗余量相对较少等优点(朱倩 等,2013)。第二代曲波变换又分为连续曲波变换和离散曲波变换。下面分别具体介绍一下。

(1) 连续曲波变换

在二维空间 $\mathbf{R}^2$ 中，ρ 和 τ 均为频率域中的极坐标。由于曲波变换发生在频率域，因此需定义一个频率域窗函数 U_j，可表示为(Candes et al.,2006)

$$U_j(\rho,\tau)=2^{-3j/4}G(2^{-j}\rho)Q\left(\frac{2^{\lfloor j/2\rfloor}\tau}{2\pi}\right) \tag{2.26}$$

其中，$\lfloor\ \rfloor$为向下取整符，j 为尺度参数，$G(\rho)$和 $Q(t)$分别为径向窗函数和尺度窗函数，这对窗函数均是实值、平滑和非负的，且满足以下条件：

$$\sum_{j=-\infty}^{\infty} G^2(2^j\rho)=1,\quad \rho\in(3/4,3/2) \tag{2.27}$$

$$\sum_{l=-\infty}^{\infty} Q^2(t-l)=1,\quad t\in(3/4,3/2) \tag{2.28}$$

其中，$G(\rho)$的定义域为[1/2,2]，$Q(t)$的定义域为[-1,1]，t 与 τ 成正比。由于 $G(\rho)$和 $Q(t)$的定义域不同，因此，U_j 的定义域受其影响。在频率域极坐标下，U_j 的定义域为楔形区域，如图 2.4(a)的阴影部分所示。图 2.4(a)和图 2.4(b)分别为连续曲波变换在频率域和空间域的示意。

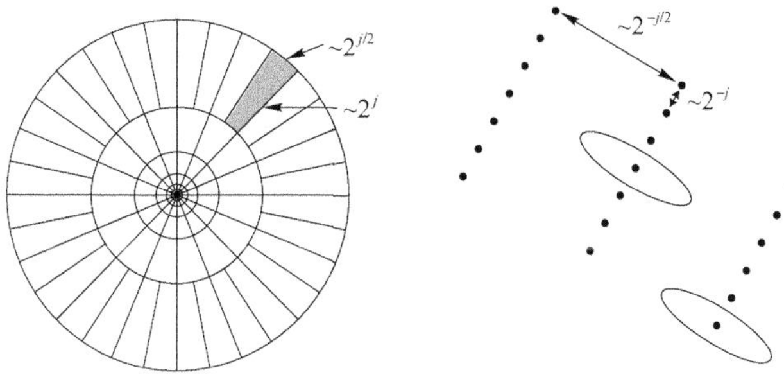

(a) 频率域　　(b) 空间域

图 2.4　连续曲波变换

在尺度 2^{-j} 上，设母曲波为 $\varphi_j(z)$，而 $\varphi_j(z)$ 的二维快速傅里叶变换（2 Dimension Fast Fourier Transform，2D FFT）$\hat{\varphi}_j(\boldsymbol{\chi})=U_j(\boldsymbol{\chi})$（其中，频率域矢量 $\boldsymbol{\chi}=(\chi_1,\chi_2)$，且 χ_1 和 χ_2 与变量 ρ 和 τ 的含义相同），则在尺度 2^{-j}、角度 τ_l 和位置 $z_k^{(j,l)}=R_{\tau_l}^{-1}(k_1\cdot 2^{-j},k_2\cdot 2^{-j/2})$ 上的曲波可定义为

$$\phi_{j,l,k}(z)=\phi_j(\boldsymbol{R}_{\tau_l}(z-z_k^{(j,l)}))\tag{2.29}$$

其中，空间域矢量 $z=(z_1,z_2)$；j,l 和 k 分别为尺度参数、角度参数和位置参数；均匀旋转角度序列 $\tau_l=2\pi\cdot 2^{-\lfloor j/2\rfloor\cdot l}$，其中，$l=0,1,\cdots,\tau_l\in(0,2\pi)$；平移参数 $k=(k_1,k_2)\in\mathbf{Z}^2$；$\boldsymbol{R}_{\tau_l}$ 为旋转矩阵，表示为

$$\boldsymbol{R}_{\tau_l}=\begin{pmatrix}\cos\tau_l & \sin\tau_l\\ -\sin\tau_l & \cos\tau_l\end{pmatrix}\tag{2.30}$$

曲波变换定义为曲波 $\varphi_{j,l,k}$ 与某一定义在 $\mathbf{R}^2$ 上的平方可积函数 $\boldsymbol{f}$ 的内积，故曲波变换可表示为（Candes et al.，1999）

$$C(j,l,k)=<\boldsymbol{f},\varphi_{j,l,k}>=\int_{\mathbf{R}^2}f(z)\varphi_{j,l,k}(z)\mathrm{d}z\tag{2.31}$$

由于曲波变换是在频率域中实现的，根据 Plancherel 理论（Michel，1910），可以得到频率域中曲波变换系数（Candes et al.，1999）

$$C(j,l,k)=\frac{1}{(2\pi)^2}\int\hat{f}(\boldsymbol{\chi})\overline{\hat{\phi}_{j,l,k}(\boldsymbol{\chi})}\mathrm{d}\boldsymbol{\chi}=\frac{1}{(2\pi)^2}\int\hat{f}(\boldsymbol{\chi})\left|U_j(\boldsymbol{R}_{\tau_l}\boldsymbol{\chi})\right|\mathrm{e}^{\mathrm{i}<x_k^{(j,l)},\boldsymbol{\chi}>}\mathrm{d}\boldsymbol{\chi}\tag{2.32}$$

（2）离散曲波变换

在连续曲波变换中，利用 U_j 将频率域划分成不同角度的环形，但这种划分不适合笛卡儿坐标系下的离散曲波变换。因此，离散曲波变换采用同心正方形方式。

在笛卡儿坐标系下，设 $f(z_1,z_2)(z_1,z_2\in\{0,\cdots,m-1\})$ 为输入，则离散曲波变换为

$$C^{\mathrm{D}}(j,l,k)=\sum_{z_1,z_2\in\{0,\cdots,m-1\}}f(z_1,z_2)\overline{\varphi_{j,l,k}^{\mathrm{D}}(z_1,z_2)}\tag{2.33}$$

其中，$\varphi_{j,l,k}^{\mathrm{D}}$ 为离散曲波，D 代表数字化。

首先，定义两个频率域窗函数，分别为尺度窗函数 $\widetilde{G}_j(\boldsymbol{\chi})$ 及角度窗函数 $Q_j(\boldsymbol{\chi})$。在笛卡

儿坐标系下，对于任意尺度 $j\geqslant 0$，尺度窗函数 $\tilde{G}_j(\boldsymbol{\chi})$ 可定义为

$$\tilde{G}_j(\boldsymbol{\chi})=\sqrt{\Phi_{j+1}^2(\boldsymbol{\chi})-\Phi_j^2(\boldsymbol{\chi})},\quad j\geqslant 0 \tag{2.34}$$

其中，$\boldsymbol{\chi}=(\chi_1,\chi_2)$，函数 $\Phi_j(\boldsymbol{\chi})$ 可表示为

$$\Phi_j(\boldsymbol{\chi})=\Phi_j(\chi_1,\chi_2)=\varphi(2^{-j}\chi_1)\varphi(2^{-j}\chi_2) \tag{2.35}$$

函数 $\phi(\eta)$ 的定义域为 $[-2,2]$，可定义为

$$\varphi(\eta)=\begin{cases}1, & \eta\in[-1/2,1/2]\\ 0, & \eta\in[-2,-1/2]\text{或}[1/2,2]\end{cases} \tag{2.36}$$

另外，尺度窗函数 $\tilde{G}_j(\boldsymbol{\chi})$ 和角度窗函数 $Q_j(\boldsymbol{\chi})$ 满足以下条件：

$$\Phi_0(\boldsymbol{\chi})^2+\sum_{j\geqslant 0}\tilde{G}_j(\boldsymbol{\chi})^2=1 \tag{2.37}$$

$$Q_j(\boldsymbol{\chi})=Q\left(2^{\lfloor j/2\rfloor}\frac{\chi_2}{\chi_1}\right) \tag{2.38}$$

根据尺度窗函数 $\tilde{G}_j(\boldsymbol{\chi})$ 和角度窗函数 $Q_j(\boldsymbol{\chi})$ 来定义频率域窗函数 $\tilde{U}_j(\boldsymbol{\chi})$，即

$$\tilde{U}_j(\boldsymbol{\chi})=\tilde{G}_j(\boldsymbol{\chi})Q_j(\boldsymbol{\chi}) \tag{2.39}$$

其中，$\chi_1\in[2^j,2^{j+1}]$，$\chi_2\in[-2^{j/2+1},2^{j/2+1}]$，$\tilde{U}_j$ 的定义域为图 2.5 的阴影部分。

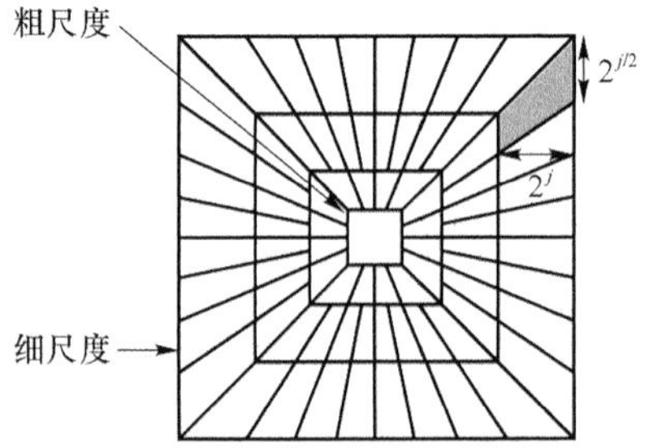

图 2.5　离散曲波变换

在尺度 2^{-j} 下，设母曲波为 $\varphi_j^{\mathrm{D}}(x)$，其 2D FFT $\hat{\varphi}_j^{\mathrm{D}}(\boldsymbol{\chi})=\tilde{U}_j(\boldsymbol{\chi})$，则尺度 2^{-j} 下的其他曲波均可由 $\varphi_j^{\mathrm{D}}(x)$ 旋转、平移得到。其中，旋转角度序列 τ_l 满足条件

$$\tan\tau_l=l\cdot 2^{-\lfloor -j/2\rfloor},\quad l=-2^{\lfloor -j/2\rfloor},\cdots,2^{\lfloor -j/2\rfloor}-1 \tag{2.40}$$

平移参数 $\boldsymbol{k}=(k_1,k_2)\in\mathbf{Z}^2$，则在尺度 2^{-j} 下，角度为 τ_l，位置为 $\boldsymbol{z}_k^{(j,l)}=\boldsymbol{S}_{\tau_l}^{-\mathrm{T}}\boldsymbol{b}$〔$\boldsymbol{b}=(k_1\cdot 2^{-j},k_2\cdot 2^{-j/2})$〕的离散曲波为

$$\phi_j^{\mathrm{D}}(\boldsymbol{z})=2^{3j/4}\phi_j^{\mathrm{D}}(\boldsymbol{S}_{\tau_l}^{\mathrm{T}}(\boldsymbol{z}-\boldsymbol{z}_k^{(j,l)})) \tag{2.41}$$

其中，$\boldsymbol{S}_{\tau_l}$ 为剪切矩阵，定义为

$$\boldsymbol{S}_{\tau_l}=\begin{pmatrix}1 & 0\\ -\tan\tau_l & 1\end{pmatrix} \tag{2.42}$$

τ_l 虽不等距，但其斜率等距。

综上所述，根据 Plancherel 理论（Michel，1910），可以得到频率域中离散曲波变换系数

$$C^{\mathrm{D}}(j,l,k)=\int\hat{f}(\boldsymbol{\chi})\overline{\hat{\varphi}^{\mathrm{D}}_{j,l,k}(\boldsymbol{\chi})}\mathrm{d}\boldsymbol{\chi}=\int\hat{f}(\boldsymbol{\chi})\left|\widetilde{U}_j(\boldsymbol{S}_{\tau_l}^{-1}\boldsymbol{\chi})\right|\mathrm{e}^{\mathrm{i}<\boldsymbol{S}_{\tau_l}^{-\mathrm{T}}\boldsymbol{b},\boldsymbol{\chi}>}\mathrm{d}\boldsymbol{\chi} \tag{2.43}$$

离散曲波变换包含两种实现方式,分别为基于非等空间快速傅里叶变换(Unequally-Spaced Fast Fourier Transform,USFFT)的离散曲波变换和基于 Wrapping 的离散曲波变换,下面具体介绍一下这两种实现方式。

① 基于 USFFT 的离散曲波变换

若 $\tau_l=0$,根据式(2.43)计算函数 f 的离散曲波系数只需:a. 求函数 $f(z_1,z_2)$的 2D FFT $\hat{f}(\chi_1,\chi_2)$;b. 求$\hat{f}(\chi_1,\chi_2)$与频率域窗函数$\widetilde{U}_j(\chi_1,\chi_2)$的乘积;c. 在近似笛卡儿网格$\boldsymbol{b}=(k_1\cdot 2^{-j},k_2\cdot 2^{-j/2})$上求该乘积的逆变换,即可获得对应的离散曲波系数。若 $\tau_l\neq 0$,传统的 2D FFT 及其逆变换不能在非均匀剪切楔形网格 $\boldsymbol{S}_{\theta_l}^{-\mathrm{T}}(k_1\cdot 2^{-j},k_2\cdot 2^{-j/2})$上进行。因此,为了在非均匀剪切楔形网格 $\boldsymbol{S}_{\theta_l}^{-\mathrm{T}}(k_1\cdot 2^{-j},k_2\cdot 2^{-j/2})$上使用上述算法,可将式(2.43)重新写成

$$C^{\mathrm{D}}(j,l,k)=\int\hat{f}(\boldsymbol{\chi})\left|\widetilde{U}_j(\boldsymbol{S}_{\tau_l}^{-1}\boldsymbol{\chi})\right|\mathrm{e}^{\mathrm{i}<\boldsymbol{S}_{\tau_l}^{-\mathrm{T}}\boldsymbol{b},\boldsymbol{\chi}>}\mathrm{d}\boldsymbol{\chi}=\int\hat{f}(\boldsymbol{S}_{\tau_l}\boldsymbol{\chi})\left|\widetilde{U}_j(\boldsymbol{\chi})\right|\mathrm{e}^{\mathrm{i}<\boldsymbol{b},\boldsymbol{\chi}>}\mathrm{d}\boldsymbol{\chi} \tag{2.44}$$

设输入为 $f(z_1,z_2)(z_1,z_2\in\{0,\cdots,m-1\})$,则其 2D FFT 为

$$\hat{f}(t_1,t_2)=\sum_{\substack{z_1\in\{0,\cdots,m-1\}\\ z_2\in\{0,\cdots,m-1\}}}f(z_1,z_2)\mathrm{e}^{-\mathrm{i}2\pi(t_1z_1+t_2z_2)/m},\quad -m/2\leqslant t_1,t_2\leqslant m/2 \tag{2.45}$$

此处及以下$\hat{f}[t_1,t_2]$代表采样:

$$\hat{f}[t_1,t_2]=\hat{f}(2\pi t_1,2\pi t_2) \tag{2.46}$$

其中,$\hat{f}$表示三角多项式插值,即

$$\hat{f}(\chi_1,\chi_2)=\sum_{z_1,z_2\in\{0,\cdots,m-1\}}f(z_1,z_2)\mathrm{e}^{-\mathrm{i}(\chi_1z_1+\chi_2z_2)/m} \tag{2.47}$$

$\widetilde{U}_j(t_1,t_2)$的定义域是由长边 $L_{1,j}$、宽边 $L_{2,j}$ 构成的长方形 ζ_j,其中,$t_{1,0}\leqslant t_1\leqslant t_{1,0}+L_{1,j}$,$t_{2,0}\leqslant t_2\leqslant t_{2,0}+L_{1,j}$,$(t_{1,0},t_{2,0})$为长方形左下角像素的索引。由抛物线尺度关系可知,$L_{1,j}$和$L_{2,j}$分别为 2^j和 $2^{j/2}$。综上所述,基于 USFFT 的离散曲波变换为

$$C^{\mathrm{D}}(j,l,k)=\sum_{t_1,t_2\in\zeta_j}\hat{f}[t_1,t_2-t_1\tan\tau_l]\widetilde{U}_j(t_1,t_2)\mathrm{e}^{\mathrm{i}2\pi(k_1t_1/L_{1,j}+k_2t_2/L_{2,j})} \tag{2.48}$$

基于 USFFT 的离散曲波变换的具体步骤为(Candes et al.,2006):

a. 对于给定的笛卡儿坐标下的函数 $f(z_1,z_2)$,求其 2D FFT $\hat{f}(t_1,t_2)$,$-m/2\leqslant t_1,t_2<m$;

b. 对于任意尺度 j 和角度 l,重新采样$\hat{f}[t_1,t_2]$,得到采样值$\hat{f}[t_1,t_2-t_1\tan\tau_l]$,其中,$(t_1,t_2)\in\zeta_j$;

c. $\hat{f}[t_1,t_2-t_1\tan\tau_l]$与频率窗函数$\widetilde{U}_j$ 相乘,得到 $\tilde{f}_{j,l}(t_1,t_2)=\hat{f}[t_1,t_2-t_1\tan\tau_l]\widetilde{U}_j(t_1,t_2)$;

d. 对$\widetilde{f}_{j,l}$进行 2D FFT 的逆变换,得到 $C^{D}(j,l,k)$。

② 基于 Wrapping 的离散曲波变换

该实现方式的核心思想就是围绕原点包裹,即对于任何一个区域,通过周期化技术一一映射到原点的仿射区域中(Candes et al.,2006)。假设利用长方形网格代替倾斜网格定义笛卡儿曲波,则基于 Wrapping 的离散曲波变换可表示为

$$C^{D}(j,l,k)=\int \hat{f}(\boldsymbol{\chi})\left|\widetilde{U}_{j}(\boldsymbol{S}_{\tau_l}^{-1}\boldsymbol{\chi})\right| e^{i\langle b,\boldsymbol{\chi}\rangle}\mathrm{d}\boldsymbol{\chi} \tag{2.49}$$

该实现方式的难点是在频率域中 $\widetilde{U}_{j,l}(t_1,t_2)$的定义域不是 $2^{j}\times 2^{j/2}$ 的长方形 ζ_j,而是平行四边形 $\zeta_{j,l}$,其中,$\zeta_{j,l}=\boldsymbol{S}_{\tau_l}\zeta_j$,角度 τ_l有多个值,$\zeta_{j,l}$包含在大小为 $2^{j}\times 2^{j}$ 的正方形 $R_{j,l}$范围内。而 2D FFT 的逆变换可在正方形 $R_{j,l}$上实现,其原理与连续方向小波离散化原理相似(Vandergheynst et al.,2002)。但该实现方式存在一个明显的问题,那就是系数的过采样。为此,利用包裹窗口数据来解决该问题。包裹窗口数据 $\mathrm{Wd}(t_1,t_2)$为窗口数据 $d(t_1,t_2)=\widetilde{U}_{j,l}(t_1,t_2)\hat{f}(t_1,t_2)$的对应划分,可表示为

$$\mathrm{Wd}(t_1,t_2)=\sum_{\nu_1,\nu_2} d(t_1+\nu_1 L_{1,j},t_2+\nu_2 L_{2,j}) \tag{2.50}$$

其中,$t_1\in[0,L_{1,j})$,$t_2\in[0,L_{2,j})$。

基于 Wrapping 的离散曲波变换的具体步骤为(Candes et al.,2006):

a. 对于给定的笛卡儿坐标系下的函数 $f(t_1,t_2)$,求其 2D FFT $\hat{f}(t_1,t_2)$,$-n/2\leqslant t_1,t_2<n$;

b. 对于任意尺度 j 和角度 l,求乘积 $\widetilde{U}_{j,l}(t_1,t_2)\hat{f}(t_1,t_2)$;

c. 围绕原点,对乘积进行 Wrapping 操作,得到 $\widetilde{f}_{j,l}(t_1,t_2)=W(\widetilde{U}_{j,l}\hat{f})(t_1,t_2)$;

d. 对$\widetilde{f}_{j,l}$进行逆 2D FFT,得到 $C^{D}(j,l,k)$。

2.2 特征选择

特征过少或冗余均会为后续操作的结果带来不好的影响,故需对图像进行特征选择;而特征选择的结果将直接影响图像后续处理的结果,因此特征选择在图像处理中至关重要(Dash et al.,1977; Narelldra et al.,1977)。目前,学者们已经提出了很多特征选择方法,主要分为过滤方法和封装方法(关健 等,2013)。

2.2.1 过滤方法

过滤方法的目的在于通过选择的特征表现出图像本身最为重要的信息,而不必考虑其对后续图像处理的影响(李先锋,2010)。该方法只将特征选择看作预处理。典型的过滤式特征选择算法有信噪比算法、ICA 算法和 PCA 算法等。

PCA 算法也称为霍特林变换（Hotelling Transform）(Abdi et al.,2010)，该算法计算简单、操作方便，且分解后的各主成分之间互不相关，能够有效去除原数据中的冗余信息。因此，PCA 算法在模式识别、特征选择等领域均得到了广泛的应用。

PCA 算法的基本思想是将具有一定相关性的一组变量重新组合成一组新的互不相关的变量，用这些新的变量作为原始变量的线性组合，以此进行进一步的处理和分析。从几何角度来看，PCA 算法就是对原坐标轴进行旋转，使得旋转后的坐标轴所在方向包含最多信息，且坐标轴相互正交，如图 2.6 所示。

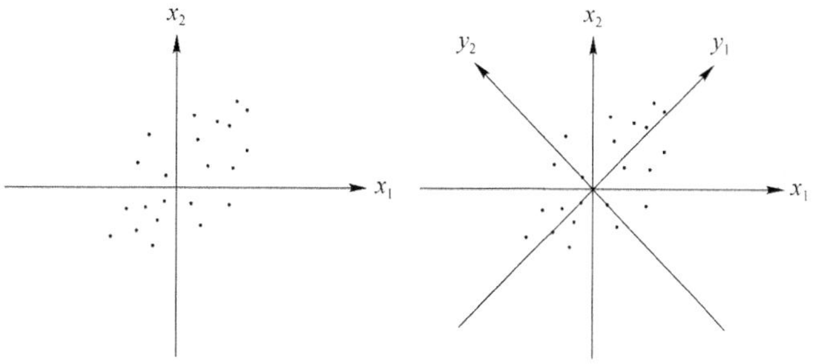

图 2.6 主成分分析的几何意义

从数学角度来看，PCA 算法就是将由 ε 个矢量组成的矩阵 $\boldsymbol{A}=(\boldsymbol{A}_1,\boldsymbol{A}_2,\cdots,\boldsymbol{A}_\varepsilon)$ 转变为由 ε 个新矢量 $\boldsymbol{B}_1,\boldsymbol{B}_2,\cdots,\boldsymbol{B}_\varepsilon$ 组成的新矩阵 $\boldsymbol{B}=(\boldsymbol{B}_1,\boldsymbol{B}_2,\cdots,\boldsymbol{B}_\varepsilon)$，其数学表示为

$$\boldsymbol{B}=\boldsymbol{e}\boldsymbol{A} \tag{2.51}$$

其中

$$\boldsymbol{e}=\begin{pmatrix} e_{11} & e_{12} & \cdots & e_{1\varepsilon} \\ e_{21} & e_{22} & \cdots & e_{2\varepsilon} \\ \vdots & \vdots & & \vdots \\ e_{\varepsilon 1} & e_{\varepsilon 2} & \cdots & e_{\varepsilon\varepsilon} \end{pmatrix} \tag{2.52}$$

则式(2.52)可展开表示为

$$\begin{cases} \boldsymbol{B}_1=e_{11}\boldsymbol{A}_1+e_{12}\boldsymbol{A}_2+\cdots+e_{1\varepsilon}\boldsymbol{A}_\varepsilon \\ \boldsymbol{B}_2=e_{21}\boldsymbol{A}_1+e_{22}\boldsymbol{A}_2+\cdots+e_{2\varepsilon}\boldsymbol{A}_\varepsilon \\ \quad\vdots \\ \boldsymbol{B}_\varepsilon=e_{\varepsilon 1}\boldsymbol{A}_1+e_{\varepsilon 2}\boldsymbol{A}_2+\cdots+e_{\varepsilon\varepsilon}\boldsymbol{A}_\varepsilon \end{cases} \tag{2.53}$$

其中，$\boldsymbol{B}_1$ 为 $\boldsymbol{A}_1,\boldsymbol{A}_2,\cdots,\boldsymbol{A}_\varepsilon$ 的一切线性组合中方差最大的矢量，$\boldsymbol{B}_2$ 为在与 $\boldsymbol{B}_1$ 不相关的条件下 $\boldsymbol{A}_1,\boldsymbol{A}_2,\cdots,\boldsymbol{A}_\varepsilon$ 的一切线性组合中方差最大的矢量，依次类推，$\boldsymbol{B}_\varepsilon$ 为在与 $\boldsymbol{B}_1,\boldsymbol{B}_2,\cdots,\boldsymbol{B}_{\varepsilon-l}$ 均不相关的条件下 $\boldsymbol{A}_1,\boldsymbol{A}_2,\cdots,\boldsymbol{A}_\varepsilon$ 的一切线性组合中方差最大的矢量。因此，将 $\boldsymbol{B}_1,\boldsymbol{B}_2,\cdots,\boldsymbol{B}_\varepsilon$ 称为 $\boldsymbol{A}_1,\boldsymbol{A}_2,\cdots,\boldsymbol{A}_\varepsilon$ 的第 1,2,⋯,ε 主成分。

变换矩阵 $\boldsymbol{e}$ 的求解步骤如下。

首先，获得各变量的均值，其计算公式如下：

$$\bar{a}_{\varepsilon} = \frac{1}{S}\sum_{s=1}^{S} a_{\varepsilon s} \tag{2.54}$$

其中，S 表示像素总数，$a_{\varepsilon s}$ 代表第 ε 个变量的第 s 个样本值。然后，根据该结果计算出相应的协方差矩阵 $\boldsymbol{\Sigma}$：

$$\Sigma_{\varepsilon\varepsilon'} = \frac{1}{S}\sum_{s=1}^{S}(a_{\varepsilon s} - \bar{a}_{\varepsilon})(a_{\varepsilon' s} - \bar{a}_{\varepsilon'}) \tag{2.55}$$

由 $\boldsymbol{\Sigma}$ 可得到对应的相关阵 $\boldsymbol{R}=\{r_{11'}, r_{22'}, \cdots, r_{\varepsilon\varepsilon'}\}$，其中

$$r_{\varepsilon\varepsilon'} = \frac{\Sigma_{\varepsilon\varepsilon'}}{\sqrt{\Sigma_{\varepsilon\varepsilon}\Sigma_{\varepsilon'\varepsilon'}}} \tag{2.56}$$

由于 $\boldsymbol{\Sigma}$ 是正定矩阵，因此相关阵 $\boldsymbol{R}$ 也是正定矩阵。故可以根据求解相关阵 $\boldsymbol{R}$ 的特征方程 $|\boldsymbol{R}-\boldsymbol{\lambda}|=0$ 求出其特征值 $\boldsymbol{\lambda}=(\lambda_1, \lambda_2, \cdots, \lambda_{\varepsilon})$ 和对应的特征矢量矩阵 $\boldsymbol{e}=\{\boldsymbol{e}_1, \boldsymbol{e}_2, \cdots, \boldsymbol{e}_{\varepsilon}\}^{\mathrm{T}}$。

对特征值进行归一化，即可求出各主成分的权重。故第 ε 个主成分的权重可表示为

$$\omega_{\varepsilon} = \frac{\lambda_{\varepsilon}}{\sum_{1}^{\varepsilon}\lambda_{\varepsilon}} \tag{2.57}$$

其中，权重越大，代表该主成分包含原始数据越多的信息。

基于 PCA 算法的特征选择实质上就是根据所求出的每个主成分的贡献权重值从 ε 个主成分中选择前 ξ 个包含信息量多的主成分，其中，$\xi \leqslant \varepsilon$，以实现特征选择。

2.2.2 封装方法

封装方法是以实现图像处理为目的的特征选择（李先锋，2010）。因此，相对于过滤方法，利用封装方法选择的特征可更好地实现后续图像处理。典型的封装式特征选择算法有 GA 算法、免疫算法和 SA 算法等。

SA 算法是一种随机搜索的寻优算法，该算法源于模拟固体退火过程，它以冷却进度表控制算法进程，以求出近似最优解。

SA 算法适用于组合优化问题。组合优化的目标是对有很多可能解的有限离散系统，最小化其目标函数（Haykin，2011）。SA 算法的步骤如下。

① 初始化控制温度，给定初始解并计算其对应的目标函数。

② 在当前解 Θ 下，随机产生扰动转入候选解 Θ'，分别计算其目标函数 $E(\Theta)$ 和 $E(\Theta')$。

③ 若 $\Delta E=E(\Theta')-E(\Theta) > 0$，则接受候选解，将当前解 Θ 变为候选解 Θ'；若 $\Delta E < 0$，计算接受率 $p=\mathrm{e}^{-\Delta E/T}$，并抽取随机数 $g \sim U[0,1]$，若 $g \leqslant p$，则接受候选解，将当前解 Θ 变为候选解 Θ'；否则，拒绝候选解，保持当前解 Θ 不变。

④ 降低温度，重复②至③，直到满足条件。

利用 SA 算法实现特征选择的关键就在于解的表示。在特征选择问题中，一个特征要么在解中，要么不在解中，因此，采用 0 和 1 的二进制串来表示解。其具体方法如下：假设原

始特征集合 $\boldsymbol{x}=\{x_j;\ j=1,\cdots,J\}$，则解是由 0 和 1 构成的具有 J 个元素的集合。若解中某个元素为 1，则选择其对应特征，否则不选，这样每个解就对应一个特征子集。根据上述 SA 算法的步骤得到最优解，选择解中为 1 的对应的特征，以实现特征选择。

2.3 统计建模与模拟

统计方法是常用的图像分割方法之一，该方法实质上以图像特征为分割依据建立统计分割模型，并对该统计分割模型进行模拟，以实现图像分割及模型参数求解。

2.3.1 统计建模

常见的统计分割模型有贝叶斯分割模型和能量分割模型。

1. 贝叶斯分割模型

1763 年，Bayes(1973)首次提出了贝叶斯方法，并根据二项分布的观测值对其参数进行概率推断。在此基础上，Laplace 对贝叶斯思想以贝叶斯定理的形式进行了概括，并对该定理进行了更加深入的分析研究(Berger et al.，1997；Berger，2000；Samuel et al.，2000)。虽然贝叶斯方法在统计学上与经典概率统计方法有着很大的区别，但是贝叶斯方法在某些方面与经典统计学的思想方法是相互促进与借鉴的。

在经典统计推断中，总体分布的参数矢量 $\boldsymbol{\Theta}$ 被看成某一个未知但固定的量。首先，从以 $\boldsymbol{\Theta}$ 为参数的总体中抽取一组容量大小是 N 的随机样本 $Z_1,Z_2,\cdots,Z_N$；然后，根据需要在样本空间 $(Z_1,Z_2,\cdots,Z_N)$ 中构造关于总体样本的实值或向量函数 $T(Z_1,Z_2,\cdots,Z_N)$，即统计量；最后，基于构造的上述统计量 $T(Z_1,Z_2,\cdots,Z_N)$ 以及样本观测值来估计关于总体的未知参数 $\boldsymbol{\Theta}$ (Casella et al.，2002)。

首先，在贝叶斯方法中，总体分布的某一参数 $\boldsymbol{\Theta}$ 的变化可以被某个概率分布刻画，其中，该概率分布被称为先验分布，它是在获得样本数据之前，根据以往的经验确定的。其次，从以 $\boldsymbol{\Theta}$ 为参数的总体中抽取一组随机样本 $Z_1,Z_2,\cdots,Z_N$，根据抽取的随机样本信息对之前由经验确定的先验分布通过贝叶斯定理进行校正。校正后的先验分布被称作后验分布(朱彬彬，2018)。

贝叶斯定理主要介绍了随机事件 A 和 B 的条件概率与全概率的相互关系，可表示为

$$P(A|B)=\frac{P(B|A)P(A)}{P(B)} \tag{2.58}$$

其中，$P(A)$是事件 A 的全概率，也是它的先验概率；$P(A|B)$是在已知事件 B 的条件下事件 A 的条件概率，也可称为后验概率；$P(B|A)$为在已知事件 A 的条件下事件 B 的条件概率；$P(B|A)/P(B)$是事件 A 发生对事件 B 的支持程度，即似然函数。$P(B)$为事件 B 的全概率，$P(B)\neq 0$，且一般情况下，$P(B)$可以看作一个归一化常数，故 $P(B|A)$也被视为似然函数。因此，式(2.58)还可以表示为

$$P(A|B) \propto P(B|A)P(A) \tag{2.59}$$

其中，“$\propto$ ”表示正比于。

综上所述，似然函数是贝叶斯方法的重要基础，而似然函数理论的完善是通过 Fisher 提出的似然理论来进行的(Fisher，1922)。贝叶斯方法中很多理论都是在似然原理的基础上提出的。贝叶斯方法中的极大后验估计方法是根据似然原理中的极大似然估计(maximum likelihood estimation)方法提出的；贝叶斯方法中的后验比与似然原理中的似然比类似。

目前，极大似然估计方法被广泛地应用在各学科中，其原理为：若在一次随机试验中出现数据 f，则一般认为试验条件对数据 f 的出现有利，即试验条件使得数据 f 出现的概率(似然函数)最大。给定 f 出现的似然函数，求令该似然函数最大的参数 θ，则得到了 f 出现后参数 θ 的极大似然估计。而贝叶斯方法则认为数据 f 的出现应为其后验概率最大，因此，可以采用极大化后验概率的方法求参数 θ 的点估计(李明亮，2012)。

似然函数的具体形式依赖于数据 f 所服从的概率分布类型。如数据 f 服从 Gaussian 分布，则其似然函数就可以写成 Gaussian 分布的概率形式(赵泉华 等，2013b)。根据中心极限定理，在 n 趋于无穷大时一些随机变量的和趋于 Gaussian 分布；而 Gaussian 分布形式又易于推导，所以 Gaussian 分布的假设在似然函数的推导中使用很广泛(李明亮，2012)。

先验分布是贝叶斯统计推断理论的另一重要基础，也是贝叶斯学派研究的重点问题之一。先验分布的构造主要包括扩散先验分布和共轭先验分布两类(朱慧明 等，2006)。扩散先验分布可采用最大熵法构造，即选择参数的变化范围内熵最大的分布，如均匀分布等作为先验分布。扩散先验分布的构造方法还包括 Jeffreys 先验分布法、相对似然函数法、积累函数法、蒙特卡洛法、Bootstrap 法等(朱慧明 等，2006)。共轭先验分布的构造则是为了形成常见的后验分布，从而方便从后验分布中直接采样。共轭先验分布与似然函数的形式有关，常见的共轭先验分布是指数分布族的概率分布。

后验分布是贝叶斯模型的结果，通常为联合概率分布。某一变量的条件概率分布是后验分布在给定其他变量时的简化。通常很难直接对后验分布进行采样，但可以通过依次采样各变量的条件概率分布得到后验分布的样本。得到后验联合概率分布后，通过求边缘概率分布可以得到各个变量的后验概率分布(李明亮，2012)。

随着贝叶斯理论的不断完善，贝叶斯方法应用到不同的领域。由于在第 4 章将介绍基于贝叶斯定理的分割方法，因而本节仅对贝叶斯分割模型进行介绍。其他贝叶斯方法的应用可参照相应的贝叶斯理论文献(毛承胜，2016；刘佩 等，2019；苏晓爽，2016)。

在贝叶斯分割模型中常用随机场建模像素间的空间关系。随机场指的是定义在图像域 $\boldsymbol{P}$ 上随机变量的集合。标号随机场(简称标号场)是指由图像中所有像素的标号变量构成的集合。而特征随机场(简称特征场)是由图像中所有像素的特征变量构成的集合。

在贝叶斯定理框架下，图像分割问题实质上就是通过观测到的特征场得到标号场的后验概率或边缘概率函数，使该概率函数最大化，从而得到最优的分割结果(蒋建国 等，2011)。

在贝叶斯定理框架下，图像分割模型可表示为

$$p(\boldsymbol{Y},\boldsymbol{\theta}|\boldsymbol{X})=\frac{P(\boldsymbol{X}|\boldsymbol{Y},\boldsymbol{\theta})p(\boldsymbol{Y})p(\boldsymbol{\theta})}{P(\boldsymbol{X})} \tag{2.60}$$

其中，$\boldsymbol{Y}$ 为标号场，$\boldsymbol{X}$ 为特征场，$\boldsymbol{\theta}$ 为参数矢量；$p(\boldsymbol{Y},\boldsymbol{\theta} \mid \boldsymbol{X})$为在特征场 $\boldsymbol{X}$ 条件下 $\boldsymbol{Y}$ 和 $\boldsymbol{\theta}$ 的后验概率密度函数，即分割模型；$p(\boldsymbol{X} \mid \boldsymbol{Y},\boldsymbol{\theta})$为特征场 $\boldsymbol{X}$ 的条件概率密度函数，即特征场模型；$p(\boldsymbol{Y})$为标号场 $\boldsymbol{Y}$ 的概率密度函数，即标号场模型；$p(\boldsymbol{\theta})$为参数矢量 $\boldsymbol{\theta}$ 的先验概率；$p(\boldsymbol{X})$为特征场 $\boldsymbol{X}$ 的先验概率，与标号场无关，可看作一常量。

（1）标号场模型

标号场可表示为$\boldsymbol{Y}=\{Y_s;\ s=1,\cdots,S\}$，其中，$s$ 为像素索引，Y_s为像素 s 的标号变量。常用马尔可夫随机场（Markov Random Field，MRF）模型来刻画标号场，假设标号场满足非负性和 Markov 性（Besag et al.，1975）。一般利用静态 Potts 模型来定义 MRF 模型，可表示为（Lakshmanan et al.，1989）

$$p(\boldsymbol{Y})=\prod_{s\in P}p(Y_s \mid Y_{s'},s'\in N_s)=\prod_{s\in S}\frac{\exp\left\{\gamma\sum_{s'\in N_s}\delta(Y_s,Y_{s'})\right\}}{\sum_{o=1}^{O}\exp\left\{\gamma\sum_{s'\in N_s}\delta(o,Y_{s'})\right\}} \tag{2.61}$$

其中，γ 为常数，用来表示邻域标号变量的空间作用参数，O 为图像类别数，δ 为指示函数：

$$\delta(Y_s,Y_{s'})=\begin{cases}1, & Y_s=Y_{s'}\\ 0, & Y_s\neq Y_{s'}\end{cases} \tag{2.62}$$

$N_s=\{s';\ s,s'\in \boldsymbol{P}\}$为像素 s 的邻域像素集合。而邻域像素是指在某一邻域系统内，像素 s' 满足以下条件（Comer et al.，2000）：

① $N_s\subset\boldsymbol{P}$；

② $s\notin N_s$；

③ $s\in N_{s'}\Leftrightarrow s'\in N_s$。

在图像域 $\boldsymbol{P}$ 中可以构建不同的邻域系统，常见的有一阶邻域系统和二阶邻域系统。在一阶邻域系统下，像素的邻域像素集合是由 4 个邻域像素组成的；而在二阶邻域系统下，像素的邻域像素集合则是由 8 个邻域像素组成的。图 2.7(a)中 1 所在位置为一阶邻域系统下像素 s 的邻域像素 s'的所在位置；而图 2.7(b)中 1 和 2 所在位置均为二阶邻域系统下像素 s 的邻域像素 s'的所在位置。

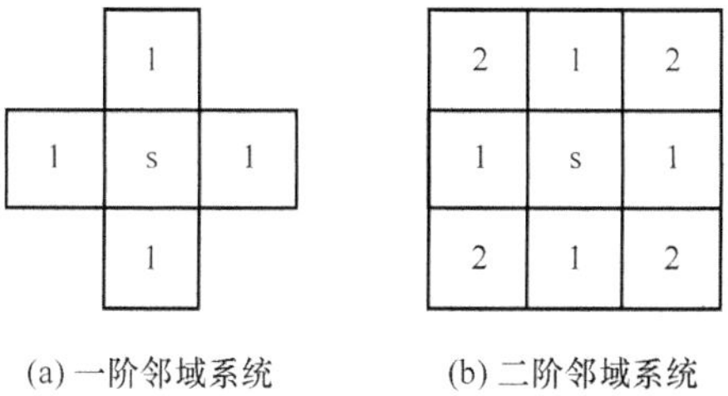

(a) 一阶邻域系统　　(b) 二阶邻域系统

图 2.7　邻域系统

(2) 特征场模型

$p(\boldsymbol{X} \mid \boldsymbol{Y},\boldsymbol{\theta})$是特征场 $\boldsymbol{X}$ 的条件概率密度函数,用于刻画图像信息,可假定像素特征变量服从同一独立的统计分布,以建立特征场模型。

假设特征图像中各像素特征变量服从同一独立的Gamma分布(赵泉华 等,2013a; 王玉 等,2014),则特征场的条件概率密度函数 $p(\boldsymbol{X} \mid \boldsymbol{Y},\boldsymbol{\theta})$可表示为

$$p(\boldsymbol{X} \mid \boldsymbol{Y},\boldsymbol{\theta}) = \prod_{s \in \boldsymbol{P}} \frac{1}{\Gamma(\alpha)} \frac{X_s^{\alpha_o - 1}}{\beta_o^{\alpha_o}} \exp\left(-\frac{X_s}{\beta_o}\right) \tag{2.63}$$

其中,$\Gamma(\cdot)$为Gamma函数,$\boldsymbol{P}$ 为图像域,o 为像素 s 对应的标号,$\boldsymbol{\theta}=(\boldsymbol{\alpha},\boldsymbol{\beta})$,$\boldsymbol{\alpha}$ 和 $\boldsymbol{\beta}$ 分别为Gamma分布的形状参数和尺度参数。

若假定特征图像中各像素特征变量服从同一独立的Gaussian分布(赵泉华 等,2013b),则特征场的条件概率密度函数 $p(\boldsymbol{X} \mid \boldsymbol{Y},\boldsymbol{\theta})$可表示为

$$p(\boldsymbol{X} \mid \boldsymbol{Y},\boldsymbol{\theta}) = \prod_{s \in P} \frac{1}{\sqrt{2\pi}\sigma_o} \exp\left(-\frac{(X_s - \mu_o)^2}{2\sigma_o^2}\right) \tag{2.64}$$

其中,$\boldsymbol{\theta}=(\boldsymbol{\mu},\boldsymbol{\sigma})$,$\boldsymbol{\mu}$ 和 $\boldsymbol{\sigma}$ 分别为Gaussian分布的均值和标准差,X_s为像素 s 的光谱测度变量,o 为像素 s 所对应的标号。

若假设特征图像中各像素特征变量服从同一独立的多值Gaussian分布(赵泉华 等,2013c; 王玉 等,2015; 王玉 等,2016b),则特征场的条件概率密度函数 $p(\boldsymbol{X} \mid \boldsymbol{Y},\boldsymbol{\theta})$可表示为

$$p(\boldsymbol{X} \mid \boldsymbol{Y},\boldsymbol{\theta}) = \prod_{s \in \boldsymbol{P}} \frac{1}{(2\pi)J/2 \mid \Sigma_o \mid^{1/2}} \exp\left(-\frac{(X_s - \mu_o)\Sigma_o^{-1} (X_s - \mu_o)^{\mathrm{T}}}{2}\right) \tag{2.65}$$

其中,$\boldsymbol{\theta}=(\boldsymbol{\mu},\boldsymbol{\Sigma})$,$\boldsymbol{\mu}$ 和 $\boldsymbol{\Sigma}$ 分别为Gaussian分布的均值和协方差,J 为特征图像维数。

2. 能量分割模型

在能量函数框架下,图像分割问题转化为图像分割的全局能量函数最小化问题(赵泉华 等,2015a)。

图像分割的全局能量函数是建立在标号场和特征场的基础之上的,由各能量函数之和构成,即

$$U(\boldsymbol{x},\boldsymbol{y})=U_1(\boldsymbol{x})+U_2(\boldsymbol{y}) \tag{2.66}$$

其中,$\boldsymbol{y}$ 为标号场$\boldsymbol{Y}$ 的一个实现;$\boldsymbol{x}$ 为特征场 $\boldsymbol{X}$ 的一个实现;$U(\boldsymbol{x},\boldsymbol{y})$为图像分割的全局能量函数,即图像分割模型;$U_1(\boldsymbol{x})$为特征场的同质能量函数,即特征场模型;$U_2(\boldsymbol{y})$为标号场的异质能量函数,即标号场模型。

在图像分割的全局能量函数建立中,特征场的同质能量函数 $U_1(\boldsymbol{x})$尤为重要,可表示为

$$U_1(\boldsymbol{x}) = \sum_{s \in \boldsymbol{P}} V(x_s,\boldsymbol{x}_{y_s}) \tag{2.67}$$

其中,x_s为像素 s 的光谱测度;$\boldsymbol{x}_{y_s}$ 为所有标号为 y_s的像素光谱测度集合,可表示为$V(x_s,\boldsymbol{x}_{y_s})$,

$V(x_s, \boldsymbol{x}_{y_s})$为异质能量函数，常用K-S距离（赵泉华 等，2015b）和K-L (Kullback-Leibler)距离（赵泉华 等，2016b）定义该异质能量函数。下面分别介绍一下。

(1) K-S距离

在统计学中，K-S距离通常用来度量两个概率分布的差异性（赵泉华 等，2015b）。因此，利用K-S距离定义异质能量函数$V(x_s, \boldsymbol{x}_{y_s})$，实际上就是通过刻画类别之间、直方图之间的差异性建立$V(x_s, \boldsymbol{x}_{y_s})$。

K-S距离的基本原理为：设有两组采样$\boldsymbol{e}^{\{1\}} = \{e_1{}^{\{1\}}, e_2{}^{\{1\}}, \cdots, e_{n1}{}^{\{1\}}\}$和$\boldsymbol{e}^{\{2\}} = \{e_1{}^{\{2\}}, e_2{}^{\{2\}}, \cdots, e_{n2}{}^{\{2\}}\}$，分别独立分布于概率$\boldsymbol{F}_1$和$\boldsymbol{F}_2$。假设两组采样$\boldsymbol{e}^{\{1\}}$和$\boldsymbol{e}^{\{2\}}$服从相同的概率分布，即$\boldsymbol{F}_1 = \boldsymbol{F}_2$。采样数据$\boldsymbol{e}^{\{1\}}$和$\boldsymbol{e}^{\{2\}}$的累积直方图可表示为

$$\hat{\boldsymbol{F}}_1(h) = \frac{1}{n_1} \# \{s \mid e_s^{\{1\}} \leqslant h\} \tag{2.68}$$

$$\hat{\boldsymbol{F}}_2(h) = \frac{1}{n_2} \# \{s \mid e_s^{\{2\}} \leqslant h\} \tag{2.69}$$

其中，操作符"#"为返回集合中元素个数；n_1和n_2分别为两个采样数据$\boldsymbol{e}^{\{1\}}$和$\boldsymbol{e}^{\{2\}}$中元素的个数；h为强度值索引，对于H位图像，$h \in \{0, 2^H - 1\}$。

采样数据$\boldsymbol{e}^{\{1\}}$和$\boldsymbol{e}^{\{2\}}$的K-S距离可定义为累积直方图$\hat{\boldsymbol{F}}_1$和$\hat{\boldsymbol{F}}_2$的最大距离$d_{\text{K-S}}$，可表示为

$$d_{\text{K-S}}(\boldsymbol{e}^{\{1\}}, \boldsymbol{e}^{\{2\}}) = \max_{h \in \{0, 2^H - 1\}} |\hat{\boldsymbol{F}}_1(h) - \hat{\boldsymbol{F}}_2(h)| \tag{2.70}$$

令$x_s = \boldsymbol{e}^{\{1\}}$，$\boldsymbol{x}_{y_s} = \boldsymbol{e}^{\{2\}}$，根据式(2.70)定义$V(x_s, \boldsymbol{x}_{y_s})$，则特征场的同质能量函数$U_1(\boldsymbol{x})$可表示为

$$U_1(\boldsymbol{x}) = \sum_{s \in \boldsymbol{P}} V(x_s, \boldsymbol{x}_{y_s}) = \sum_{s \in \boldsymbol{P}} d_{\text{K-S}}(x_s, \boldsymbol{x}_{y_s}) \tag{2.71}$$

(2) K-L距离

利用K-L距离定义异质能量函数$V(x_s, \boldsymbol{x}_{y_s})$，实际上就是通过刻画类别之间的概率分布差异性来建立$V(x_s, \boldsymbol{x}_{y_s})$(Mackaydj，2003)。

已知两个统计模型，其密度函数分别为$p(x_s \mid \boldsymbol{\theta}_s)$和$p(\boldsymbol{x}_{y_s} \mid \boldsymbol{\theta}_{y_s})$，其中，$\boldsymbol{\theta}_s$和$\boldsymbol{\theta}_{y_s}$均为统计模型的参数矢量，则两个概率分布的K-L距离可表示为

$$d_{\text{K-L}}(p(x_s \mid \boldsymbol{\theta}_s) \| p(\boldsymbol{x}_{y_s} \mid \boldsymbol{\theta}_{y_s})) = \int_{\Omega_e} p(x_s \mid \boldsymbol{\theta}_s) \ln\left(\frac{p(x_s \mid \boldsymbol{\theta}_s)}{p(\boldsymbol{x}_{y_s} \mid \boldsymbol{\theta}_{y_s})}\right) \mathrm{d}\boldsymbol{x} \tag{2.72}$$

由式(2.72)可以看出，K-L距离函数是非对称的，即

$$d_{\text{K-L}}(p(x_s \mid \boldsymbol{\theta}_s) \| p(\boldsymbol{x}_{y_s} \mid \boldsymbol{\theta}_{y_s})) \neq d_{\text{K-L}}(p(\boldsymbol{x}_{y_s} \mid \boldsymbol{\theta}_{y_s}) || p(x_s \mid \boldsymbol{\theta}_s)) \tag{2.73}$$

为了操作方便，可使K-L距离函数具有对称性。为此，可将K-L距离函数定义为

$$d_{\text{K-L}}(p(x_s \mid \boldsymbol{\theta}_s), p(\boldsymbol{x}_{y_s} \mid \boldsymbol{\theta}_{y_s})) = \frac{1}{2}(d_{\text{K-L}}(p(x_s \mid \boldsymbol{\theta}_s) \| p(\boldsymbol{x}_{y_s} \mid \boldsymbol{\theta}_{y_s})) + d_{\text{K-L}}(p(\boldsymbol{x}_{y_s} \mid \boldsymbol{\theta}_{y_s}) \| p(x_s \mid \boldsymbol{\theta}_s))) \tag{2.74}$$

根据式(2.74)定义 $V(\boldsymbol{e}_{2s},\boldsymbol{e}_{2e_{1s}})$，则特征场的同质能量函数 $U_1(\boldsymbol{x})$ 可表示为

$$\begin{aligned}U_1(\boldsymbol{x}) &= \sum_{s\in \boldsymbol{P}} V(x_s,\boldsymbol{x}_{y_s}) \\ &= \sum_{s\in \boldsymbol{P}} d_{\text{K-L}}(p(x_s \mid \boldsymbol{\theta}_s),p(\boldsymbol{x}_{y_s} \mid \boldsymbol{\theta}_{y_s})) \\ &= \sum_{s\in \boldsymbol{P}} \left\{\frac{1}{2}(d_{\text{K-L}}(p(x_s \mid \boldsymbol{\theta}_s)\| p(\boldsymbol{x}_{y_s} \mid \boldsymbol{\theta}_{y_s}))+d_{\text{K-L}}(p(\boldsymbol{x}_{y_s} \mid \boldsymbol{\theta}_{y_s})\| p(x_s \mid \boldsymbol{\theta}_s)))\right\}\end{aligned} \tag{2.75}$$

2.3.2 统计模拟

统计建模完成后，需利用统计方法对模型进行模拟，以求得该模型的参数。本节重点介绍的统计模拟方法为蒙特卡洛(Monte Carlo，MC)方法和马尔可夫链蒙特卡洛(Markov Chain Monte Carlo，MCMC)方法。

1. MC 方法

MC 方法以概率统计理论为基础，利用随机数(或更常见的伪随机数)来解决很多实际问题。

最早，MC 方法被用于求积分，其基本原理如下(刘嘉焜 等，2004)。

为计算 $J_1=\int_a^b f(z)\mathrm{d}z$，可取一列相互独立且同分布的随机变量 $\{Z_n\}$，它们都服从 $[a,b]$ 上的均匀分布，则 $f(Z_n)$ 也是独立同分布的随机变量列，且

$$E[f(Z_1)]=\frac{1}{b-a}\int_a^b f(z)\mathrm{d}z=\frac{J_1}{b-a} \tag{2.76}$$

故 $J_1=(b-a)E[f(Z_1)]$。由 Khintchine 大数定理得

$$\frac{1}{N}\sum_{n=1}^{N} f(Z_n)\to E[f(Z_1)] \tag{2.77}$$

因此，产生服从 $[a,b]$ 上均匀分布的随机数 $\{Z_n\}$，就可以用上面的式子求得 J_1 的值。

Khintchine 大数定理的表述为，$\{Z_n\}$ 为独立同分布的随机变量列，且 $E[Z_1]=a<\infty$，则对 $\forall\varepsilon>0$，有

$$\lim_{n\to\infty} P\left\{\left|\frac{1}{N}\sum_{n=1}^{N} Z_n-a\right|<\varepsilon\right\}=1 \tag{2.78}$$

传统的数值积分采用等距离法进行采样，样本数随着积分问题维数的增加而呈指数型增长，出现维数灾难。MC 方法在积分中的误差以 $O(1/n)$ 收敛，避免了维数灾难。

从概率分布采样的角度来看，以均匀分布的样本对 $f(z)$ 进行积分，等效于用服从 $f(z)$ 概率分布的样本对 1 进行积分，即

$$\int f(z)\mathrm{d}z=\int f(z)\cdot 1\mathrm{d}z=\int 1\cdot f(z)\mathrm{d}z \tag{2.79}$$

故在已知概率分布 $f(z)$ 的积分(即累积分布函数 F)后，便可以用 MC 方法得到服从概率分

布 $f(z)$的样本。

MC 方法的优势是精确、灵活，具有普遍适用性，但其缺点是采样效率很低。在 MC 方法的基础上，学者们提出了重要性采样、拒绝采样和拉丁超立方体采样等采样方法(Mackay,2003)。

2. MCMC 方法

MCMC 方法是在 1953 年由 Metropolis 等首次提出的，后来 Hastings(1970)、Geman 和 Geman(1984)等对其理论进行了完善。1990 年之后，MCMC 方法快速发展，使得高维联合概率分布的采样效率大幅提高，进而使该方法广泛地应用到很多科学领域，成为不可或缺的工具(程春田 等,2007；梁忠民 等,2009)。

MCMC 方法是一种基于 Markov 链的蒙特卡洛(Monte Carlo,MC) 方法，是在动态 Markov 链的基础上利用遍历性约束实现目标分布模拟的一种随机模拟方法(张跃宏 等,2009)。它的基本思想为假设构造的 Markov 链的平稳分布对应需模拟的目标分布。当该 Markov 链收敛时，选取足够的样本对其进行 MC 模拟。

假设一随机序列$\{\boldsymbol{\Theta}^{(0)},\boldsymbol{\Theta}^{(1)},\boldsymbol{\Theta}^{(2)},\cdots\}$满足 Markov 性，则在任一时刻 t $(t\geqslant 0)$，该随机序列中 $t+1$ 时刻的状态 $\boldsymbol{\Theta}^{(t+1)}$ 只依赖 t 时刻的状态 $\boldsymbol{\Theta}^{(t)}$，而与之前时刻 $0,1,\cdots,t-1$ 的状态$\{\boldsymbol{\Theta}^{(0)},\boldsymbol{\Theta}^{(1)},\cdots,\boldsymbol{\Theta}^{(t-1)}\}$无关，即

$$p(\boldsymbol{\Theta}^{(t+1)}\mid\boldsymbol{\Theta}^{(0)},\boldsymbol{\Theta}^{(1)},\cdots,\boldsymbol{\Theta}^{(t)})=p(\boldsymbol{\Theta}^{(t+1)}\mid\boldsymbol{\Theta}^{(t)}) \tag{2.80}$$

则该随机序列为 Markov 链。其中的条件密度函数 $p(\boldsymbol{\Theta}^{(t+1)}\mid\boldsymbol{\Theta}^{(t)})$称为转移核，记作 $q(\boldsymbol{\Theta}^{(t)},\boldsymbol{\Theta}^{(t+1)})$。Markov 链的收敛性极其重要，而判断 Markov 链是否收敛就是看其是否达到平稳分布。若分布 $p(\boldsymbol{\Theta})$满足

$$\int q(\boldsymbol{\Theta},\boldsymbol{\Theta}^{*})p(\boldsymbol{\Theta})\mathrm{d}(\boldsymbol{\Theta}) = p(\boldsymbol{\Theta}^{*}) \tag{2.81}$$

则称 $p(\boldsymbol{\Theta})$为该 Markov 链的不变分布。对于某一 Markov 链可能存在多个不变分布，在实际应用中，存在唯一不变分布的 Markov 链更为重要。若转移核 $q(\boldsymbol{\Theta},\boldsymbol{\Theta}^{*})$满足细致平衡条件，即

$$p(\boldsymbol{\Theta}^{*})q(\boldsymbol{\Theta}^{*},\boldsymbol{\Theta})=q(\boldsymbol{\Theta},\boldsymbol{\Theta}^{*})p(\boldsymbol{\Theta}) \tag{2.82}$$

则构造的 Markov 链存在唯一不变分布。满足式(2.78)的 Markov 链为可逆 Markov 链。

对于具有唯一不变分布的 Markov 链，由随机选取的 $\boldsymbol{\Theta}^{(0)}$ 出发，经过 t 次迭代后，Markov 链$\{\boldsymbol{\Theta}^{(t)};\ t=0,1,\cdots\}$的边界分布若能收敛于不变分布 $p(\boldsymbol{\Theta})$，则不变分布 $p(\boldsymbol{\Theta})$为平稳分布。

图 2.8 是 Markov 链的转移核接受概率示意图，其中，$\boldsymbol{\Theta}^{(0)}$ 为 Markov 链的初始状态，$a(\boldsymbol{\Theta}^{(t)},\boldsymbol{\Theta}^{(t+1)})$为状态由 $\boldsymbol{\Theta}^{(t)}$ 到 $\boldsymbol{\Theta}^{(t+1)}$ 的接受率，$q(\boldsymbol{\Theta}^{(t)},\boldsymbol{\Theta}^{(t+1)})$为转移核。

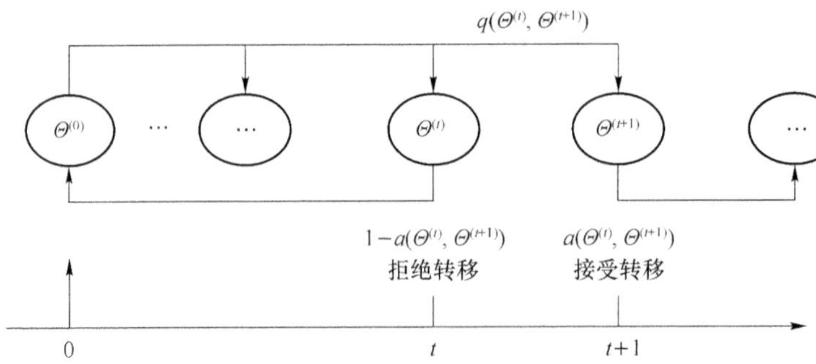

图 2.8　Markov 链的转移核接受概率示意图

基于 Markov 链的随机模拟是按照问题的约束构造一系列模拟样本，以实现其模拟的过程，包括 3 个步骤：建立概率统计模型、设计采样方案以及估计参数。

① 建立概率统计模型。针对需解决的问题建立或然率、后验概率或边缘概率模型，将该问题的求解转化为所建立模型的参数估计问题。

② 设计采样方案。对建立的概率统计模型设计移动操作，并定义对应的接受率。

③ 估计参数。每次迭代遍历所有移动操作。通过迭代求解概率统计模型的参数，从而实现参数估计。

MCMC 方法的关键问题在于如何设计转移核。因此，可以根据转移核结构的不同设计不同算法。典型算法有 M-H(Metropolis-Hastings)算法(Hastings，1970)、Gibbs 采样算法(Geman et al.，1984)和 RJMCMC 算法(Green，1995)。

M-H 算法是在 Metropolis 算法(Metropolis，1953)的基础上由 Hastings 对其进行进一步研究而提出的(Hastings，1970)。M-H 算法理论简单，易于实现。其具体步骤如下。

任意给定初始参数向量 $\boldsymbol{\Theta}^{(0)}=\{\boldsymbol{\Theta}_1^{(0)},\cdots,\boldsymbol{\Theta}_n^{(0)}\}$ 和建议分布 $\pi(\boldsymbol{\Theta},\boldsymbol{\Theta}^*)$。假定第 t 次迭代的总参数向量为 $\boldsymbol{\Theta}^{(t-1)}$，则第 t 次迭代过程如下。

S1：从建议分布 $\pi(\boldsymbol{\Theta},\boldsymbol{\Theta}^*)$ 中抽取一候选总参数矢量 $\boldsymbol{\Theta}^*$。

S2：计算接受率 $a(\boldsymbol{\Theta},\boldsymbol{\Theta}^*)$：

$$a(\boldsymbol{\Theta},\boldsymbol{\Theta}^*)=\min\left\{1,\ \frac{p(\boldsymbol{\Theta}^*)\pi(\boldsymbol{\Theta}^*,\boldsymbol{\Theta})}{p(\boldsymbol{\Theta})\pi(\boldsymbol{\Theta},\boldsymbol{\Theta}^*)}\right\} \tag{2.83}$$

S3：抽取随机数 $g\sim U[0,1]$，当 $g\leqslant a(\boldsymbol{\Theta}^{(t-1)},\boldsymbol{\Theta}^*)$ 时，接受该次操作结果，$\boldsymbol{\Theta}$ 变为 $\boldsymbol{\Theta}^*$；否则，拒绝该次操作结果，保持 $\boldsymbol{\Theta}$ 不变。

S4：进行 t 次迭代，得到后验分布的样本 $\boldsymbol{\Theta}^{(1)},\boldsymbol{\Theta}^{(2)},\cdots,\boldsymbol{\Theta}^{(t)}$。根据该系列采样样本计算后验分布的各个阶级，进行相应的统计推断。

由上述步骤可知，M-H 算法由状态 $\boldsymbol{\Theta}$ 到 $\boldsymbol{\Theta}^*$ 的转移核为

$$q(\boldsymbol{\Theta},\boldsymbol{\Theta}^*)=\pi(\boldsymbol{\Theta}^*,\boldsymbol{\Theta})a(\boldsymbol{\Theta},\boldsymbol{\Theta}^*) \tag{2.84}$$

下面证明 M-H 算法的转移核满足细致平衡条件，即满足式(2.85)。

证明：若 $\boldsymbol{\Theta}=\boldsymbol{\Theta}^*$，则式(2.85)成立。

若 $\boldsymbol{\Theta} \neq \boldsymbol{\Theta}^*$，则

$$\begin{aligned} p(\boldsymbol{\Theta})q(\boldsymbol{\Theta},\boldsymbol{\Theta}^*) &= p(\boldsymbol{\Theta})\pi(\boldsymbol{\Theta}^*,\boldsymbol{\Theta})a(\boldsymbol{\Theta},\boldsymbol{\Theta}^*) \\ &= \min\{p(\boldsymbol{\Theta})\pi(\boldsymbol{\Theta}^*,\boldsymbol{\Theta}),p(\boldsymbol{\Theta}^*)\pi(\boldsymbol{\Theta}^*,\boldsymbol{\Theta})\} \\ &= p(\boldsymbol{\Theta}^*)\pi(\boldsymbol{\Theta}^*,\boldsymbol{\Theta})\min\left\{1,\ \frac{p(\boldsymbol{\Theta})\pi(\boldsymbol{\Theta}^*,\boldsymbol{\Theta})}{p(\boldsymbol{\Theta}^*)\pi(\boldsymbol{\Theta}^*,\boldsymbol{\Theta})}\right\} \\ &= p(\boldsymbol{\Theta}^*)q(\boldsymbol{\Theta}^*,\boldsymbol{\Theta}) \end{aligned} \tag{2.85}$$

通过上述证明，可知经过 t 次迭代后，M-H 算法可使 Markov 链收敛于平稳分布 $p(\boldsymbol{\Theta})$。

综上所述，可以看出建议分布可采用任何形式，但建议分布 $\pi(\boldsymbol{\Theta},\boldsymbol{\Theta}^*)$ 的选取直接关系到整个 Markov 链的收敛速度和覆盖空间范围。下面介绍一些常用的建议分布。

Metropolis 算法是 M-H 算法的特例，其假设建议分布对称，即

$$\pi(\boldsymbol{\Theta},\boldsymbol{\Theta}^*) = \pi(\boldsymbol{\Theta}^*,\boldsymbol{\Theta}) \tag{2.86}$$

则其接受率 $a(\boldsymbol{\Theta},\boldsymbol{\Theta}^*)$ 可简化为

$$a(\boldsymbol{\Theta},\boldsymbol{\Theta}^*) = \min\left\{1,\ \frac{p(\boldsymbol{\Theta}^*)}{p(\boldsymbol{\Theta})}\right\} \tag{2.87}$$

当采样整个 $\boldsymbol{\Theta}$ 困难时，可逐个采样各分量 $\Theta_1,\cdots,\Theta_n$，令接受率为

$$a(\Theta_n,\Theta_n^* \mid \Theta_{\bar{n}}) = \min\left\{1,\ \frac{p(\Theta_n^*;\Theta_{\bar{n}})\pi(\Theta_n^*,\Theta_n;\Theta_{\bar{n}})}{p(\Theta_n;\Theta_{\bar{n}})\pi(\Theta_n,\Theta_n^*;\Theta_{\bar{n}})}\right\} \tag{2.88}$$

其中，$\bar{n}$ 为除了 n 的其他分量。这种采样方式可加速 Markov 链的收敛。

M-H 算法仅适用于维度不变的目标函数模拟，为了实现可变维目标参数模拟，Green (1995)首次提出了 RJMCMC 算法。该算法可在目标函数模拟的过程中，构建 Markov 链，实现不同维度参数空间的跳跃，有效地解决可变维参数问题，因此，该算法得到广泛关注和研究。下面介绍一下该算法在图像分割中的基本原理，该算法的详细介绍见相关文献(Green，1995)。

任意给定初始参数矢量 $\boldsymbol{\Theta}^{(0)} = \{\boldsymbol{\Theta}_1^{(0)},\cdots,\boldsymbol{\Theta}_n^{(0)}\}$ 和建议分布 $\pi(\boldsymbol{\Theta},\boldsymbol{\Theta}^*)$（假设 $\boldsymbol{\Theta}^*$ 的维度高于 $\boldsymbol{\Theta}$ 的维度）。假定第 t 次迭代的总参数向量为 $\boldsymbol{\Theta}^{(t-1)}$，则第 t 次迭代过程如下。

S1：从建议分布 $\pi(\boldsymbol{\Theta},\boldsymbol{\Theta}^*)$ 中抽取一候选总参数矢量 $\boldsymbol{\Theta}^*$。

S2：设 $\boldsymbol{u}$ 为一个随机矢量，可确保状态由 $\boldsymbol{\Theta}$ 到 $\boldsymbol{\Theta}^*$ 时，维度平衡，即 $|\boldsymbol{\Theta}| + |\boldsymbol{u}| = |\boldsymbol{\Theta}^*|$。计算由 $\boldsymbol{\Theta}$ 到 $\boldsymbol{\Theta}^*$ 的接受率 $a(\boldsymbol{\Theta},\boldsymbol{\Theta}^*)$：

$$a(\boldsymbol{\Theta},\boldsymbol{\Theta}^*) = \min\left\{1,\ \frac{p(\boldsymbol{\Theta}^*)r(\boldsymbol{\Theta}^*)\pi(\boldsymbol{\Theta}^*,\boldsymbol{\Theta})}{p(\boldsymbol{\Theta})r(\boldsymbol{\Theta})\pi(\boldsymbol{\Theta},\boldsymbol{\Theta}^*)q(\boldsymbol{u})}\left|\frac{\partial(\boldsymbol{\Theta}^*)}{\partial(\boldsymbol{\Theta},\boldsymbol{u})}\right|\right\} \tag{2.89}$$

其中，$q(\boldsymbol{u})$ 表示 $\boldsymbol{u}$ 的概率密度函数，$r(\boldsymbol{\Theta})$ 和 $r(\boldsymbol{\Theta}^*)$ 分别为状态 $\boldsymbol{\Theta}$ 和 $\boldsymbol{\Theta}^*$ 对应的操作概率。$|\partial(\boldsymbol{\Theta}^*)/\partial(\boldsymbol{\Theta},\boldsymbol{u})|$ 表示由状态 $\boldsymbol{\Theta}$ 到 $\boldsymbol{\Theta}^*$ 的 Jacobian 项。

S3：抽取随机数 $g \sim U[0,1]$，当 $g \leqslant a(\boldsymbol{\Theta}^{(t-1)},\boldsymbol{\Theta}^*)$ 时，接受该次操作结果，$\boldsymbol{\Theta}$ 变为 $\boldsymbol{\Theta}^*$；否则，拒绝该次操作结果，保持 $\boldsymbol{\Theta}$ 不变。

S4：进行 t 次迭代，得到后验分布的样本 $\boldsymbol{\Theta}^{(1)},\boldsymbol{\Theta}^{(2)},\cdots,\boldsymbol{\Theta}^{(t)}$。根据该系列采样样本计算后验分布的各个阶级，进行相应的统计推断。

Gibbs 采样是由 Geman et al.(1984)提出的，该算法是构造 MCMC 算法的最简单、应用最广泛的采样方案。Gibbs 采样是一种特殊的 M-H 算法，即接受概率恒等于 1。该采样实质上是迭代采样某一变量，而保持其他变量的当前值不变。步骤如下。

S1：给定任意的初始向量 $\boldsymbol{\Theta}^{(0)}=\{\Theta_1{}^{(0)},\cdots,\Theta_n{}^{(0)}\}$ 和平稳分布 $p(\boldsymbol{\Theta})$。

S2：依次从 $p(\Theta_{n_1}|\Theta_{\bar{n}_1})$（其中，$n_1\in\{1,\cdots,n\}$，$\bar{n}_1$ 为除了 n_1 以外的其他分量）中抽取样本 $\Theta_1{}^{(1)},\Theta_2{}^{(1)},\cdots,\Theta_n{}^{(1)}$，据此，完成 $\boldsymbol{\Theta}^{(0)}\rightarrow\boldsymbol{\Theta}^{(1)}$ 的转移。

S3：经过 t 次迭代后，Gibbs 抽样算法得到后验分布的样本 $\boldsymbol{\Theta}^{(1)},\boldsymbol{\Theta}^{(2)},\cdots,\boldsymbol{\Theta}^{(t)}$。根据该样本计算后验分布的各个阶级，并进行相应的统计推断。

由上述步骤可知，Gibbs 采样算法在每次迭代中，根据各分量对应的条件分布逐个对各分量进行采样，以构造 Markov 链。另外，Gibbs 采样的转移核为

$$q(\boldsymbol{\Theta},\boldsymbol{\Theta}^*)=p(\boldsymbol{\Theta}_1^*|\boldsymbol{\Theta}_2,\cdots,\boldsymbol{\Theta}_n)p(\boldsymbol{\Theta}_2^*|\boldsymbol{\Theta}_1^*,\boldsymbol{\Theta}_3,\cdots,\boldsymbol{\Theta}_n)\cdots p(\boldsymbol{\Theta}_n^*|\boldsymbol{\Theta}_1^*,\cdots,\boldsymbol{\Theta}_{n-1}) \tag{2.90}$$

为了证明式(2.90)，只需证明式(2.85)，即

$$\begin{aligned}
\int q(\boldsymbol{\Theta},\boldsymbol{\Theta}^*)p(\boldsymbol{\Theta})d(\boldsymbol{\Theta}) &= \int_{\boldsymbol{\Theta}_n}\cdots\int_{\boldsymbol{\Theta}_1} q(\boldsymbol{\Theta},\boldsymbol{\Theta}^*)p(\boldsymbol{\Theta})d(\boldsymbol{\Theta}_1)\cdots d(\boldsymbol{\Theta}_n)\\
&= \int_{\boldsymbol{\Theta}_n}\cdots\int_{\boldsymbol{\Theta}_1} p(\boldsymbol{\Theta}_1^*\mid\boldsymbol{\Theta}_2,\cdots,\boldsymbol{\Theta}_n)p(\boldsymbol{\Theta}_2^*\mid\boldsymbol{\Theta}_1^*,\boldsymbol{\Theta}_3,\cdots,\boldsymbol{\Theta}_n)\cdots\\
&\quad p(\boldsymbol{\Theta}_t^*\mid\boldsymbol{\Theta}_1^*,\cdots,\boldsymbol{\Theta}_{t-1}^*,\boldsymbol{\Theta}_t,\cdots,\boldsymbol{\Theta}_n)\cdots\\
&\quad p(\boldsymbol{\Theta}_n^*\mid\boldsymbol{\Theta}_1^*,\cdots,\boldsymbol{\Theta}_{n-1})p(\boldsymbol{\Theta}_1,\cdots,\boldsymbol{\Theta}_n)d(\boldsymbol{\Theta}_1)\cdots d(\boldsymbol{\Theta}_n)\\
&= \int_{\boldsymbol{\Theta}_n}\cdots\int_{\boldsymbol{\Theta}_2} p(\boldsymbol{\Theta}_1^*\mid\boldsymbol{\Theta}_2,\cdots,\boldsymbol{\Theta}_n)p(\boldsymbol{\Theta}_2^*\mid\boldsymbol{\Theta}_1^*,\boldsymbol{\Theta}_3,\cdots,\boldsymbol{\Theta}_n)\cdots\\
&\quad p(\boldsymbol{\Theta}_t^*\mid\boldsymbol{\Theta}_1^*,\cdots,\boldsymbol{\Theta}_{t-1}^*,\boldsymbol{\Theta}_t,\cdots,\boldsymbol{\Theta}_n)\cdots\\
&\quad p(\boldsymbol{\Theta}_n^*\mid\boldsymbol{\Theta}_1^*,\cdots,\boldsymbol{\Theta}_{n-1})\int_{\boldsymbol{\Theta}_1} p(\boldsymbol{\Theta}_1,\cdots,\boldsymbol{\Theta}_n)d(\boldsymbol{\Theta}_1)\cdots d(\boldsymbol{\Theta}_n)\\
&= \int_{\boldsymbol{\Theta}_n}\cdots\int_{\boldsymbol{\Theta}_2} p(\boldsymbol{\Theta}_1^*\mid\boldsymbol{\Theta}_2,\cdots,\boldsymbol{\Theta}_n)p(\boldsymbol{\Theta}_2^*\mid\boldsymbol{\Theta}_1^*,\boldsymbol{\Theta}_3,\cdots,\boldsymbol{\Theta}_n)\cdots\\
&\quad p(\boldsymbol{\Theta}_t^*\mid\boldsymbol{\Theta}_1^*,\cdots,\boldsymbol{\Theta}_{t-1}^*,\boldsymbol{\Theta}_t,\cdots,\boldsymbol{\Theta}_n)\cdots\\
&\quad p(\boldsymbol{\Theta}_n^*\mid\boldsymbol{\Theta}_1^*,\cdots,\boldsymbol{\Theta}_{n-1})p(\boldsymbol{\Theta}_2,\cdots,\boldsymbol{\Theta}_n)d(\boldsymbol{\Theta}_2)\cdots d(\boldsymbol{\Theta}_n)\\
&= \cdots\\
&= p(\boldsymbol{\Theta}_1^*,\cdots,\boldsymbol{\Theta}_n^*)
\end{aligned} \tag{2.91}$$

由式(2.91)可证明结论正确。

第3章　高分辨率遥感图像特征提取

随着空间分辨率的不断提高，遥感图像中同质区域间的差异性不断增加，增加的差异性不仅体现在光谱特征上，也体现在由光谱特征产生的边缘、纹理等上。为了辨识高分辨率遥感图像的不同同质区域，需定义、提取多种图像特征，为高分辨率遥感图像同质区域分割提供依据，以提高其分割精度。

高分辨率遥感图像具有丰富的光谱、纹理和边缘等特征，其中，有一些特征为显式特征，如光谱特征，可直接得到；有一些特征为隐式特征，如纹理特征，需经过后续处理才可得到。高分辨率遥感图像具有同质区域差异大、异质区域差异小等特点，导致其特征提取更加困难。

高分辨率遥感图像的基本特征有光谱特征、纹理特征和边缘特征等，这些特征对其分割至关重要。本章将分别对这3种特征的常用提取方法进行介绍，但也仅涉及这些理论的简单介绍，对欲深入了解相关理论的读者，可参阅相关文献（黄国祥，2002；韦琪，2019；Al-Zubi et al.，2011；Candes et al.，2006；韦玉春 等，2019）。

3.1　光谱特征

光谱特征作为遥感图像的基本特征，有利于区分遥感图像的不同同质区域，因此，对图像分割至关重要。光谱特征可根据尺度分为单尺度光谱特征和多尺度光谱特征。

给定高分辨率遥感图像 $\boldsymbol{f}=\{f_s=f(r_s,c_s);\ s=1,\cdots,S\}$，其中，$s$ 为像素索引；$r_s\in\{1,\cdots,m_1\}$ 为像素 s 所在行数，$c_s\in\{1,\cdots,m_2\}$ 为像素 s 所在列数，m_1 和 m_2 分别为图像的行数和列数；(r_s,c_s) 为像素 s 所在位置；f_s 为像素 s 的光谱测度值或光谱测度矢量值；S 为图像总像素数，可表示为 $S=m_1\times m_2$；$\boldsymbol{P}=\{(r_s,c_s);\ s=1,\cdots,S\}$ 为图像所有像素位置的集合（图像域）。

1. 单尺度光谱特征

遥感图像是一种传感器记录地球表面光谱信息的数据类型，故：①可将遥感图像本身作为光谱特征；②还可利用图像的光谱均值或标准差作为光谱特征；③也可利用转换公式得到颜色分量并将其作为光谱特征；④还可通过光谱直方图提取光谱特征。上述的光谱特征均为常见的单尺度光谱特征。下面具体介绍一下。

1）常见的高分辨率遥感图像类型有SAR图像、全色遥感图像和多光谱遥感图像等。

SAR 图像为单波段图像，图像的像素值为像素的强度值；全色遥感图像也为单波段图像，图像的像素值为像素的光谱测度值；而多光谱遥感图像为多波段图像，其像素值为光谱测度矢量值（本章将以彩色遥感图像为例，对方法和实验进行说明）。因此，可直接将遥感图像的单波段作为其单尺度光谱特征。

2）有一以像素 s 为中心、尺寸大小为 $c_t \times c_t$ 像素的子图像，根据式（3.1）和式（3.2）计算子图像的光谱均值和标准差，将其分别作为像素的单一光谱特征，即

$$\mu_s = \frac{1}{N_s} \sum_{s \in c_t \times c_t} f_s \tag{3.1}$$

$$\sigma_s = \sqrt{\frac{1}{N_s} \sum_{s \in c_t \times c_t} (f_s - \mu_s)^2} \tag{3.2}$$

其中，N_s 为子图像的总像素数。按照上述方法，遍历整幅图像，得到高分辨率遥感图像的两个单尺度光谱特征，分别为 $\boldsymbol{x}_{s1} = \{\mu_s;\ s = 1, \cdots, S\}$ 和 $\boldsymbol{x}_{s2} = \{\sigma_s;\ s = 1, \cdots, S\}$。

3）将颜色空间中的波段作为光谱特征。现有的彩色遥感图像大部分是在 RGB 颜色空间显现的，但可通过转换公式将彩色遥感图像由该颜色空间转换到其他颜色空间。除了 RGB 颜色空间外，常见的颜色空间还有 HSV、Lab 和 YCbCr 等，下面将对这些颜色空间进行简单介绍。

a）RGB 颜色空间

在大自然中有无穷多种不同的颜色，在人眼看来，RGB 颜色空间呈现出的彩色图像最为接近大自然的颜色，故又称为自然色彩模式（黄国祥，2002）。RGB 颜色空间最大的优点就是直观且易理解；R、G 和 B 这 3 个分量是高度相关的，但均匀性非常差，且不能用两点间的距离来表示两种颜色之间的知觉差异色差，但可利用线性或非线性变换将 RGB 颜色空间推导为其他的颜色空间（王菁，2010）。

彩色遥感图像在 RGB 颜色空间呈现，可直接将其 R、G、B 波段图像作为其单尺度光谱图像，也可通过式（3.3）将其直接转换到灰色空间，得到灰度图像，作为其单尺度光谱特征：

$$G_s = 0.299R + 0.578G + 0.114B \tag{3.3}$$

其中，G_s 为像素 s 的灰度值。

b）HSV 颜色空间

HSV 颜色空间是从人的视觉系统出发的，用色调（Hue，H）、饱和度（Saturation，S）和明度（Value，V）来描述色彩。RGB 颜色空间到 HSV 颜色空间的转换是由一个基于笛卡儿直角坐标系的单位立方体向基于圆柱极坐标的双锥体的转换。H 的取值范围是 0～360°，从红色开始按逆时针方向计算，红色为 0°，绿色为 120°，蓝色为 240°（韦琪，2019）。S 表示颜色接近光谱色的程度，可以看成某种光谱色与白色混合的结果；它的取值范围是 0%～100%，值越大，颜色越饱和。V 表示颜色明亮的程度，它的取值范围是 0%～100%。由 RGB 颜色空间到 HSV 颜色空间的转换公式可表示为（韦琪，2019）

$$r=\frac{R}{255}, g=\frac{G}{255}, b=\frac{B}{255}$$

$$C_{\max}=\max(r,g,b), C_{\min}=\min(r,g,b); \Delta=C_{\max}-C_{\min}$$

$$H=\begin{cases} 0^\circ, & \Delta=0 \\ 60^\circ\times\left(\frac{g-b}{\Delta}+0\right), & C_{\max}=r \\ 60^\circ\times\left(\frac{b-r}{\Delta}+2\right), & C_{\max}=g \\ 60^\circ\times\left(\frac{r-g}{\Delta}+4\right), & C_{\max}=b \end{cases} \tag{3.4}$$

$$S=\begin{cases} 0, & C_{\max}=0 \\ \frac{\Delta}{C_{\max}}, & C_{\max}\neq 0 \end{cases}$$

$$V=C_{\max}$$

c) Lab 颜色空间

Lab 颜色空间是一种基于生理特征的颜色空间，它解决了在色度图上相等距离的颜色产生不相等颜色感知的问题（Land et al.，1971）。Lab 颜色空间中的明度（Luminosity，L）取值范围是 0～100，表示从纯黑到纯白；a 表示从红色到绿色的范围，取值范围是－128～127；b 表示从黄色到蓝色的范围，取值范围是－128～127（韦琪，2019）。

Lab 颜色空间是基于 XYZ 颜色空间提出的一种感知均匀的颜色空间，它的优点在于表达的色域宽阔。它不仅包含了 RGB、CMYK 的所有色域，还能表达更多的色彩。另外，Lab 色彩模型的绝妙之处还在于它弥补了 RGB 色彩模型色彩分布不均的不足。RGB 颜色空间不能直接转换到 Lab 颜色空间，需先转换到 XYX 颜色空间，再由 XYZ 颜色空间转换到 Lab 颜色空间，其转换公式为（韦琪，2019）

$$r=\text{gamma}\left(\frac{R}{255}\right), \quad g=\text{gamma}\left(\frac{G}{255}\right), \quad b=\text{gamma}\left(\frac{B}{255}\right)$$

$$\begin{pmatrix} X \\ Y \\ Z \end{pmatrix}=\begin{pmatrix} 0.4124 & 0.3576 & 0.1805 \\ 0.2126 & 0.7152 & 0.0722 \\ 0.0193 & 0.1192 & 0.9505 \end{pmatrix}\begin{pmatrix} r \\ g \\ b \end{pmatrix} \tag{3.5}$$

$$L=116f(Y/Y_n)-16$$

$$a=500[f(X/X_n)-f(Y/Y_n)]$$

$$b=200[f(Y/Y_n)-f(Z/Z_n)]$$

d) YCbCr 颜色空间

在 YCbCr 颜色空间中，Y 分量表示的是明亮度（Luminance、Luma）；Cb 和 Cr 分量表示蓝色（blue）和红色（red）的色度。由 RGB 颜色空间到 YCbCr 颜色空间的转换公式为（李娥，2016）

$$Y=0.257R+0.564G+0.098B+16$$

$$\mathrm{Cb} = -0.148R - 0.291G + 0.439B + 128$$
$$\mathrm{Cr} = 0.439R - 0.368G - 0.071B + 128 \tag{3.6}$$

其中,RGB 和 YCbCr 各分量值的范围均为 0～255。

2. 多尺度光谱特征

高分辨率遥感图像具有细节清晰、同质区域差异大及异质区域差异小等特点,导致仅依靠空间域的光谱特征难以较好地区分图像目标地物。随着多尺度分析技术的不断发展,研究者将其应用到图像特征提取中(管争荣,2014);研究者利用多尺度分析方法将图像由空间域转为频率域,进而提取其多尺度光谱特征。

小波变换作为多尺度分析的代表方法之一,具有多尺度、多分辨率的特点,能够很好地表达信号在时域或频域中的局部特征,因此,小波变换可较好地表达奇异点的位置和特性,但小波变换在一维时所具有的优异特性并不能简单地扩展到二维或更高维,故小波变换不能充分利用数据本身特有的几何特征,以较好地提取高维函数(AlZubi et al.,2011)。而曲波变换除了具有小波变换的多尺度、时-频局部化,还增加了多方向性和各向异性等特点,故曲波变换可更好地表达高维函数(Sayed et al.,2013)。因此,下面将分别介绍利用小波变换和曲波变换提取高分辨率遥感图像的多尺度光谱特征的方法。

(1) 小波变换

首先,对高分辨率遥感图像进行小波变换,得到一系列小波系数 $d^{\mathrm{D}}(j_1,k)$($j_1=\mathrm{LL},\mathrm{HL},\mathrm{LH},\mathrm{HH}$):

$$d^{\mathrm{D}}(j_1,k) = \langle f, \phi^{\mathrm{D}}_{j_1,k} \rangle = \sum_{\substack{r_s \in \{1,\cdots,m_1\} \\ c_s \in \{1,\cdots,m_2\}}} f(r_s,c_s)\phi^{\mathrm{D}}_{j_1,k}(r_s,c_s) \tag{3.7}$$

其中,$\phi^{\mathrm{D}}_{j_1,k}$ 为离散小波基,k 为位置参数。

然后,令除当前部分以外其他部分的小波系数均为 0,利用小波逆变换,重构当前部分的小波系数,获取当前部分的特征图像。按顺序依次类推,进而获取 LL,HL,LH 和 HH 四部分的光谱特征,得到多尺度光谱特征,记作 $\boldsymbol{x}_g = \{\boldsymbol{x}_{g\mathrm{LL}}, \boldsymbol{x}_{g\mathrm{HL}}, \boldsymbol{x}_{g\mathrm{LH}}, \boldsymbol{x}_{g\mathrm{HH}}\} = \{\boldsymbol{x}_{gj_1};\ j_1=\mathrm{LL},\mathrm{HL},\mathrm{LH},\mathrm{HH}\} = \{\boldsymbol{x}_{gj_1s};\ j_1=\mathrm{LL},\mathrm{HL},\mathrm{LH},\mathrm{HH},\ s=1,\cdots,S\}$,其中,$\boldsymbol{x}_{gj_1s} = \{x_{g\mathrm{LL}s}, x_{g\mathrm{HL}s}, x_{g\mathrm{LH}s}, x_{g\mathrm{HH}s}\}$ 为像素 s 的光谱特征矢量值。

由小波变换提取的多尺度光谱特征中 LL 部分的光谱特征图像是由低频小波系数重构而成的,包含了大量图像信息;HL 和 LH 部分的光谱特征图像是由中、高频小波系数重构而成的,包含了原始图像的边缘信息和少量细节信息;而 HH 部分的光谱图像是由高频小波系数重构而成的,包含了图像的大量细节信息,还含有大部分的图像噪声。

(2) 曲波变换

曲波变换又分为连续曲波变换和离散曲波变换,其中,离散曲波变换被广泛地应用到图像处理上。首先,利用离散曲波变换对高分辨率遥感图像进行多尺度分析,得到一系列多尺度曲波系数 $C^{\mathrm{D}}(j,l,k)$($j=1,\cdots,J$):

$$C^{\mathrm{D}}(j,l,k)=<f,\phi_{j,l,k}^{\mathrm{D}}>=\sum_{\substack{r_s\in\{1,\cdots,m_1\}\\ c_s\in\{1,\cdots,m_2\}}} f(r_s,c_s)\phi_{j,l,k}^{\mathrm{D}}(r_s,c_s) \tag{3.8}$$

其中，$< >$为内积操作符；l 为角度参数；$k=(k_1,k_2)\in\mathbf{Z}^2$ 为位置参数；$j\in\{1,\cdots,J\}$为尺度参数，J 为尺度总个数。当 $j=1$ 时，$C^{\mathrm{D}}(1,l,k)$为粗尺度曲波系数，这些系数均为低频系数，包含图像的主要信息；当 $j=J$ 时，曲波系数 $C^{\mathrm{D}}(J,l,k)$为细尺度曲波系数，这些系数均为高频系数，包含了图像的边缘和细节信息；当 $j\in[2,J-1]$时，曲波系数 $C^{\mathrm{D}}(j,l,k)$为中间尺度曲波系数，这些系数均为中、高频系数，包含图像的边缘信息(张繁，2009)。

然后，利用曲波逆变换，对当前尺度 j 的所有曲波系数进行重构，即令除当前尺度 j 以外其他尺度 $j'(j'\neq j)$的曲波系数均为 0，根据式(3.9)重构当前尺度 j 的曲波系数 $C^{\mathrm{D}}(j,l,k)$，从而得到当前尺度的重构图像 $\boldsymbol{x}_{gj}{}'$：

$$\boldsymbol{x}'_{gj}=\sum_{l,k}C^{\mathrm{D}}(j,l,k)\phi_{j,l,k}^{\mathrm{D}} \tag{3.9}$$

再对其尺寸进行归一化，得到图像域 $\boldsymbol{P}$ 内当前尺度的光谱特征集合 $\boldsymbol{x}_{gj}=\{x_{js};\ s=1,\cdots,S\}$，其中，$x_{js}$代表当前尺度 j 的光谱特征集合中像素 s 的光谱测度值。按尺度由粗至细的次序，依次类推，最后得到多尺度光谱特征 $\boldsymbol{x}_g=\{\boldsymbol{x}_{gj};\ j=1,\cdots,J\}=\{x_{js};\ j=1,\cdots,J,s=1,\cdots,S\}=\{\boldsymbol{x}_{gs};\ s=1,\cdots,S\}$，其中，$\boldsymbol{x}_{gs}$为像素 s 的光谱特征矢量值。

多尺度光谱特征是以由粗分辨率到细分辨率的次序将图像光谱表达出来的特征。粗尺度光谱特征是由低频曲波系数重构而成的，包含图像的主要信息，显示为原图像轮廓。细尺度光谱特征是由高频曲波系数重构而成的，故包含了图像大量的细节信息，同时含有大部分的图像噪声。中间尺度光谱特征是由中、高频系数重构而成的，故包含了图像大量的边缘；其中，随着中间尺度的不断提高，对应的光谱特征也呈现出更细尺度的边缘信息。

3.2 纹理特征

纹理是遥感图像中目标地物普遍存在却又难以描述的特征，反映了目标地物本质属性，有助于区别不同目标地物。因此，纹理特征对图像分割起到至关重要的作用。

在图像处理领域中，纹理的定义更倾向于基本纹理元素——基元——的重复。基元不是独立的像素，是由多个像素组成的，而且与该像素周围空间邻域的灰度分布状况有着密切的联系，兼顾了宏观结构与微观结构，基元的位置分布是周期性的、类似周期性的或随机性的，决定了纹理本身的均匀性(Uniformity)、粗细度(Coarseness)、粗糙度(Rotlghness)、规律性(Regularity)、线性(Linearity)、方向性(Directionality)、频率(Frequency)、相位(Phase)等定性或定量的概念特征(韦玉春 等，2019)，因此形成的纹理结构信息形式千变万化。

目前，针对该特征提出了很多方法，常见的纹理特征提取方法有统计方法和信号处理方法等(刘丽 等，2009)。下面具体介绍一下。

1. 统计方法

统计方法是利用几何统计方法来定义、提取纹理特征的方法。该方法从与图像相关属性的统计特性出发，着重于分析图像区域灰度分布的统计特性，可有效地描述图像的宏观特性。最具代表性的统计方法之一是灰度共生矩阵(Gray Level Co-occurrence Matrix, GLCM)(徐小军 等,2007)。下面具体介绍一下该方法。

GLCM 又称为灰度空间相关矩阵，该方法是以灰度级的空间相关矩阵为基础的共生矩阵法。它能很好地反映像素之间的灰度级空间相关的规律和不同像素相对位置的空间信息(朴慧,2010)。GLCM 是通过图像邻近像素灰度级之间的二阶联合条件概率密度来表示的，它的大小和灰度级大小 H 相关，它为 $H\times H$ 的矩阵(朴慧,2010)。GLCM 共有 14 个统计特征参数，用来描述图像的纹理特征量。典型的纹理特征参数有：二阶矩 (Second Monment)、熵(Entropy)、对比度(Contrast)、相关性(Correlation)、非相似性(Dissimilarity)和局部平稳性(Homogeneity)等(谢世朋,2006)。

(1) 二阶矩

能量这个纹理特征参数可表示为(贺晓建 等,2010)

$$\mathrm{ASM}=\sum_{\iota}\sum_{\upsilon}\left[P(\iota,\upsilon\mid d,\zeta)\right]^{2} \tag{3.10}$$

其中，$P(\iota,\nu\mid d,\zeta)$ 表示在给定的空间距离 d 和方向 ζ 上相邻的灰度级像素对 (ι,ν) 出现的概率。在实际处理中，(ι,ν) 一般只取 4 个方向，分别为 0°,45°,90 °和 135°(王惠明 等, 2006)。当 GLCM 中少数的元素值较大，即特定的像素对较多时，则说明图像有较好的一致性，灰度分布比较均匀，ASM 值大。能量在一定程度上反映了图像灰度分布的一致性。

(2) 熵

该统计特征参数是反映图像信息量的一种测度，可表示为(贺晓建 等,2010)

$$\mathrm{Ent}=-\sum_{\upsilon}(\iota-\upsilon)\log\Big[\sum_{\upsilon}P(\iota,\upsilon\mid d,\zeta)\Big] \tag{3.11}$$

在 GLCM 中，如果矩阵中各元素值相等，也就是说当图像的纹理密集时，熵值大；当各元素差异较大，即图像的纹理稀疏时，熵值较小。

(3)对比度

该特征参数表示图像特定位置关系下的像素对的灰度差，即清晰度，可表示为(贺晓建 等, 2010)

$$\mathrm{Con}=\sum_{\iota}\sum_{\upsilon}(\iota-\upsilon)^{2}P(\iota,\upsilon\mid d,\zeta) \tag{3.12}$$

Con 值越大，图像中纹理基元对比越强烈，视觉效果越清晰。因此，Con 值的大小反映了纹理的粗细度，即 Con 值越大，代表图像纹理越细。

(4) 相关性

该统计参数描述了图像中一定位置关系下检测域的相似程度，可表示为(贺晓建 等, 2010)

$$\mathrm{Cor}=\frac{\sum_{\iota}\sum_{\upsilon}\iota\upsilon P(\iota,\upsilon\mid d,\zeta)-\mu^2}{\sigma^2}$$

$$\mu=\frac{\sum_{\iota}\sum_{\upsilon}P(\iota,\upsilon\mid d,\zeta)}{N_G\times N_G} \tag{3.13}$$

$$\sigma^2=\frac{\sum_{\iota}\sum_{\upsilon}[P(\iota,\upsilon\mid d,\zeta)-\mu]^2}{N_G\times N_G-1}$$

其中,u 和 σ^2 分别为 GLCM 的均值和标准方差;$N_G\times N_G$ 为 GLCM 的大小。若图像中水平方向纹理占主导,则水平共生矩阵得到的 Cor 大于其他方向共生矩阵得到的 Cor。

(5) 局部平稳性

该统计参数是反映图像分布平滑性的一个测度,可表示为(Clausi,2002)

$$\mathrm{Homo}=\sum_{\iota}\sum_{\upsilon}\frac{1}{1+|\iota-\upsilon|}P(\iota,\upsilon\mid d,\zeta) \tag{3.14}$$

2. 信号处理方法

信号处理方法将纹理图像看作二维信号,使用信号处理(滤波)方法对纹理图像进行分析。根据是否预先知道待处理的纹理图像,可将该类方法分为信号法和滤波法;信号法和滤波法在计算机视觉和图像处理中占有非常重要的位置(朴慧,2010)。信号法适合于纹理的特性,能同时在空间域和频率域获得极高的分辨率,符合人类视觉系统理论模型。在分析纹理图像时,将图像分解为不同的频率和方向的成分。该类方法又可分为空间域滤波法和频率域滤波法,频率域滤波法中常用的算法有 FT、小波变换和曲波变换等。

FT 作为信号处理方法的代表,它揭示了时域与频域之间的内在联系,反映了信号在整个时间范围内的"全部"频谱成分,有很强的频域局域化能力,故 FT 虽能实现特征的定义及提取,但由于该变换无法描述信号的时频局域化特性,且不能表述非平稳信号中存在的突变性(张晗博 等,2014),故不能较好地利用其系数定义,提取纹理特征。小波变换作为 FT 的演进,克服了 FT 的缺点,具有多尺度的特点,能够很好地表达信号在时域或频域中的局部特征,因此,小波变换比 FT 更"稀疏"地表达了奇异点的位置和特性,但小波变换在一维时所具有的优异特性并不能简单地扩展到二维或更高维,故小波变换不能充分利用数据本身特有的几何特征,以较好地提取高维函数(AlZubi et al.,2011)。而曲波变换除了具有小波变换的多尺度、时-频局部化,还增加了多方向性和各向异性等特点,故该变换可更好地表达高维函数(Sayed et al.,2013)。

随着对小波变换理论研究的不断深入,小波变换在纹理特征提取中的应用已相当成熟,如 Akbarizadeh(2012)利用小波变换系数的能量定义像素纹理特征。而相比于小波变换,曲波变换可更好地定义、提取高维特征。因此,下面将利用曲波系数的能量定义提取高分辨率遥感图像的纹理特征,具体操作如下。

首先,利用基于 Wrapping 的离散曲波变换对以像素 s 为中心、尺寸大小为 $c_t\times c_t$ 像素的子图像进行多尺度分析，得到一系列曲波变换系数〔见式(3.8)〕，然后根据式(3.15)计算曲波变换系数的能量，以此作为高分辨率遥感图像中像素 s 的纹理特征：

$$x_{ts} = \frac{1}{N_t}\sum_{j,l,k} |C^{D}(j,l,k)|^2 \tag{3.15}$$

其中，N_t 为所有曲波变换系数的总数。按照上述方法，遍历整幅图像，得到高分辨率遥感图像的纹理特征 $\boldsymbol{x}_t=\{x_{ts};\ s=1,\cdots,S\}$。

3.3 边缘特征

边缘是遥感图像的另一基本特征，亦是区分不同同质区域的重要因素，对图像分割至关重要。最为常用的边缘提取方法是经典算子法，其中，Canny 算子作为最经典的算子之一，可较好地实现中、低分辨率遥感图像的边缘提取(王植 等，2004)。但高分辨率遥感图像同质区域差异大及异质区域差异小的特点，导致图像的边缘特征不易提取，从而降低了 Canny 算子边缘特征的提取精度。随着多尺度分析技术的不断提高，研究者将该技术与经典算子相结合，将经典算子应用到频率域中，以实现高分辨率遥感图像边缘特征的提取。下面以基于 Canny 算子的边缘特征提取方法与结合曲波变换和 Canny 算子的边缘特征提取方法为例，介绍边缘特征提取方法。

1. 基于 Canny 算子的边缘特征提取方法

随着经典算子技术的不断完善，1986 年 Canny 首次提出基于 Canny 算子的边缘检测方法。该方法是从不同视觉对象中提取有用的结构信息并大大减少要处理的数据量的一种技术，目前已广泛地应用于各种计算机视觉系统。Canny 算子具有 3 个特点，分别如下(王贵彬，2014)。

① 检测性能好。被检测出的边缘信息的漏检小，将非边缘点看作边缘点的概率低，得到的信噪比大。

② 定位精度高。被检测出的边缘点大部分处在实际边缘的中心。

③ 边缘响应次数少。尽可能保证仅有一个像素响应，且虚假边缘响应可得到最大抑制。

目前，基于 Canny 算子的边缘特征提取方法是具有严格定义的，可以提供良好可靠检测的方法之一。由于它具有满足边缘检测的 3 个标准和实现过程简单的优势，所以它成为边缘检测最流行的算法之一。基于 Canny 算子的边缘特征提取方法的实现步骤如下(Hornung et al.，2006)。

(1) 高斯平滑滤波

为了尽可能减少噪声对边缘检测结果的影响，须先进行图像平滑，以滤除噪声，进而避免由噪声引起的错误检测。为了平滑图像，使用高斯滤波器与图像进行卷积，该步骤将平滑图像，以减少边缘检测器上明显的噪声影响。大小为$(2\kappa+1)\times(2\kappa+1)$的高斯滤波器核的生成方程式为

$$H_s=\frac{1}{2\pi\sigma^2}\exp\left\{-\frac{[r_s-(\kappa+1)]^2+[c_s-(\kappa+1)]^2}{2\sigma^2}\right\} \tag{3.16}$$

若图像中一个窗口为A，要滤波的像素点为s，则经过高斯滤波之后，像素点s的光谱值为

$$s=H*A \tag{3.17}$$

其中，“$*$”为卷积符号。

(2) 计算梯度强度和方向

若图像中一个窗口为A，要计算梯度的像素点为s，则和Canny算子进行卷积之后，像素点s在x和y方向的梯度值可分别表示为

$$\begin{cases}G_x=C_x*A\\G_y=C_y*A\end{cases} \tag{3.18}$$

其中，C_x和C_y分别表示x方向和y方向的Canny算子。

利用G_x和G_y可计算出像素点s的梯度和方向，可表示为

$$\begin{cases}G=\sqrt{G_x^2+G_y^2}\\\zeta=\arctan(G_y/G_x)\end{cases} \tag{3.19}$$

(3) 对梯度幅值进行非极大值抑制

非极大值抑制是一种边缘稀疏技术，非极大值抑制的作用在于“瘦”边。对图像进行梯度计算后，仅基于梯度值提取的边缘仍然很模糊。其基本思想是使用一个3×3邻域作用于梯度幅值阵列的所有点，如果邻域中心点的梯度幅值比沿梯度方向上的两个相邻点幅值大，则将当前的邻域中心点判别为可能的边缘点，否则令该梯度幅值为零，判别为非边缘点。

(4) 双阈值方法检测

在施加非极大值抑制之后，剩余的像素可以更准确地表示图像中的实际边缘。然而，仍然存在由于噪声和颜色变化引起的一些边缘像素。为了解决这些杂散响应，必须用弱梯度值过滤边缘像素，并保留具有高梯度值的边缘像素，可以通过选择高低阈值来实现。如果边缘像素的梯度值高于高阈值，则将其标记为强边缘像素；如果边缘像素的梯度值小于高阈值并且大于低阈值，则将其标记为弱边缘像素；如果边缘像素的梯度值小于低阈值，则会被抑制。阈值的选择取决于给定输入图像的内容。

(5) 抑制孤立低阈值点，连接边缘

为了获得准确的结果，应该抑制由后者引起的弱边缘。通常，由真实边缘引起的弱边缘像素将连接到强边缘像素，而噪声响应未连接。为了跟踪边缘连接，查看弱边缘像素及其8个邻域像素，只要其中一个为强边缘像素，则该弱边缘点就可以保留为真实的边缘。利

用递归跟踪的算法搜集边缘,连接图像中所有边缘。

2. 结合曲波变换和 Canny 算子的边缘特征提取方法

首先,利用基于 Wrapping 的离散曲波变换对高分辨率遥感图像 f 进行多尺度分析,得到一系列曲波系数 $C^{D}(j,l,k)(j=1,\cdots,J)$;然后,利用 Canny 算子提取粗尺度和细尺度曲波系数的边缘,令粗尺度和细尺度曲波系数中非边缘系数为 0;再利用曲波逆变换,对所有曲波系数根据式(3.20)进行重构,得到重构图像 $\boldsymbol{x}_{b}$,即可得到其边缘特征,可表示为 $\boldsymbol{x}_{b}=\{x_{bs};\ s=1,\cdots,S\}$。

$$\boldsymbol{x}_{b}=\sum_{j,l,k}C^{D}(j,l,k)\varphi_{j,l,k}^{D} \tag{3.20}$$

3.4 高分辨率遥感图像特征提取实例

根据本章前三节的方法,对图 3.1 中的高分辨率遥感图像进行特征提取。图 3.1 为 3 幅大小为 256×256 像素的高分辨率遥感图像,这 3 幅图像已完成预处理,可直接进行特征提取。其中,图 3.1(a)为 RadarSat-Ⅰ SAR 强度图像,分辨率为 25 m;图 3.1(b)为 Spot-5 全色遥感图像,分辨率为 2.5 m;图 3.1(c)为 ikonos 彩色遥感图像,分辨率为 4 m。

(a) SAR图像　　(b) 全色遥感图像　　(c) 彩色遥感图像

图 3.1　高分辨率遥感图像

3.4.1 光谱特征提取实例

1. 单尺度光谱特征

给定 SAR 图像和全色遥感图像,记作 $\boldsymbol{f}=\{f_{s}=f(r_{s},c_{s});\ s=1,\cdots,S\}$,由于它们均为单波段图像,所以图像本身即可作为它们的单尺度光谱特征,记作 $\boldsymbol{f}=\{f_{s}=f(r_{s},c_{s});\ s=1,\cdots,S\}$,如图 3.1(a)和图 3.1(b)所示。而给定彩色遥感图像记作 $\boldsymbol{f}_{c}=\{\boldsymbol{f}_{R},\boldsymbol{f}_{G},\boldsymbol{f}_{B}\}=\{\boldsymbol{f}_{s};\ s=1,\cdots,S\}$,$\boldsymbol{f}_{s}$ 为像素 s 的光谱矢量值,记作 $\boldsymbol{f}_{s}=\{f_{Rs},f_{Gs},f_{Bs}\}$,由于该图像是由 R、G、B 波段构成的彩色图像,所以可将 R、G、B 这 3 个波段图像分别作为其单波段光谱特征,如图 3.2(a)至图 3.2(c)所示;也可通过式(3.3)将图像由 RGB 颜色空间转到灰度空间,记

作 $f=\{f_s=f(r_s,c_s);\ s=1,\cdots,S\}$,如图 3.2(d)所示。通过图 3.2 可以看出,R、G、B 和灰度波段的光谱特征略微不同,R 波段对应的光谱特征在 4 幅图像中颜色最深,而 B 波段对应的光谱特征在 4 幅图像中颜色最浅,G 波段对应的光谱特征与灰色图像的颜色最为接近。如图 3.1(c)的海域部分所示,4 个光谱特征有明显的差异。

(a) R波段　(b) G波段　(c) B波段　(d) 灰色图像

图 3.2　彩色遥感图像的单尺度光谱特征

以图 3.1(a)、图 3.1(b)和图 3.2(d)为实验数据,分别利用式(3.2)和式(3.3)提取它们的光谱均值和标准差这两个单一尺度光谱特征,如图 3.3 所示。通过图 3.2 可以看出,相对于图像本身所呈现的光谱特征,以子图像的光谱均值和标准差提取的光谱特征较模糊,忽略了很多细节信息。对于 SAR 图像分割来说,可以忽略大部分斑点噪声,这有利于同质区域内的分割,但同质区域间的边缘较为模糊,细节丢失严重,将影响其分割精度。

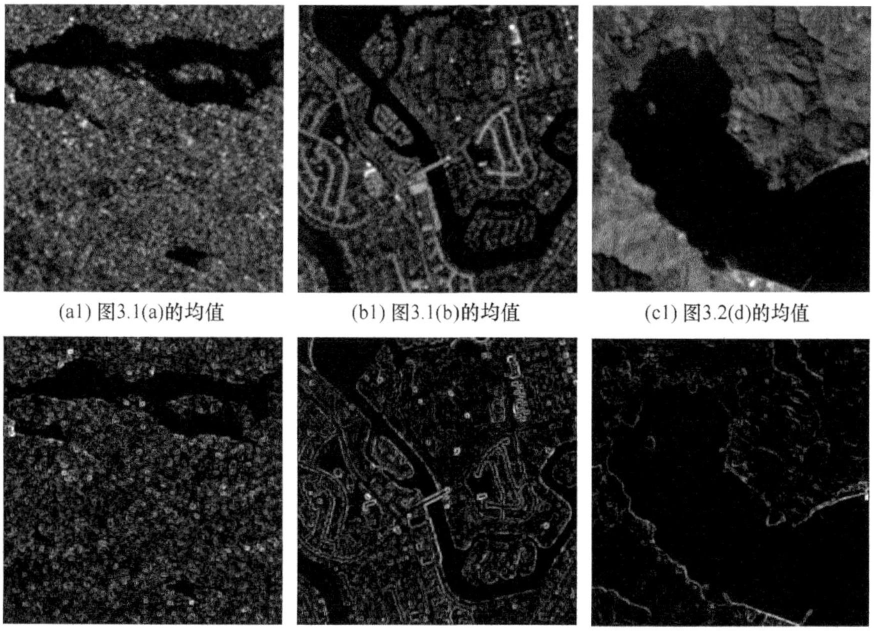

(a1) 图3.1(a)的均值　(b1) 图3.1(b)的均值　(c1) 图3.2(d)的均值

(a2) 图3.1(a)的标准差　(b2) 图3.1(b)的标准差　(c2) 图3.2(d)的标准差

图 3.3　高分辨率遥感图像的光谱特征

根据 3.1 节中式(3.4)至式(3.6)可将彩色图像由 RGB 颜色空间转换为 HSV、Lab 和 YCbCr 颜色空间,并获得颜色空间中各分量对应的光谱特征。该实验仅以图 3.1(c)为实验数据进行颜色空间转换。图 3.4 为 HSV、Lab 和 YCbCr 3 个颜色空间及各分量对应的光谱特征。通过比较不同颜色空间中各分量对应的光谱特征可以看出,在不同颜色空间中彩色遥感图像呈现的光谱特征不同,各分量表现的光谱特征也不同。

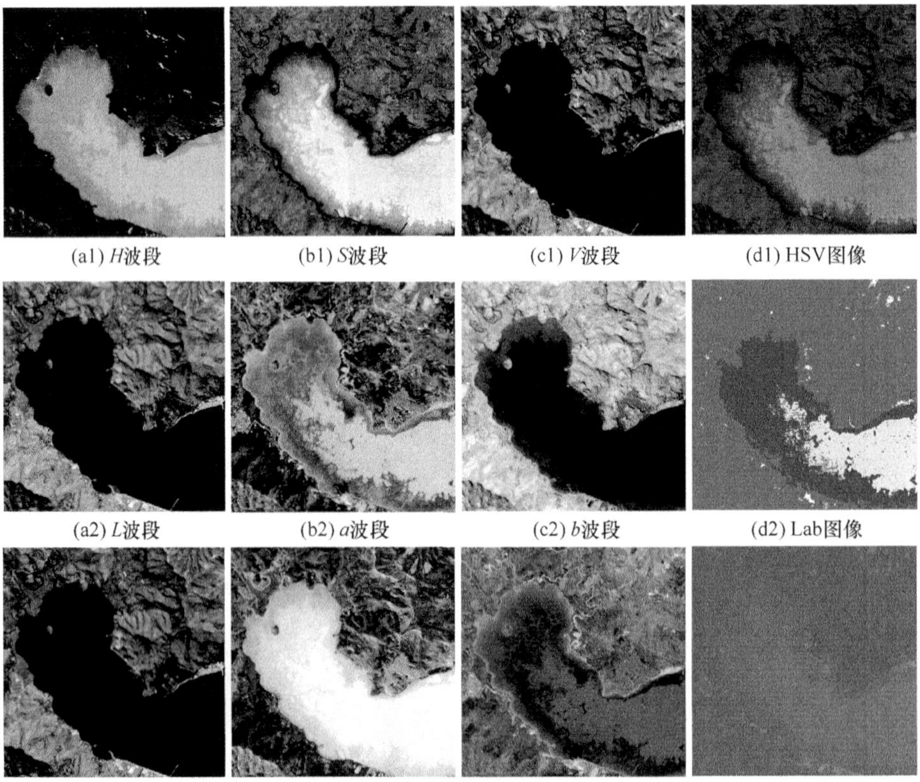

(a1) H波段　(b1) S波段　(c1) V波段　(d1) HSV图像

(a2) L波段　(b2) a波段　(c2) b波段　(d2) Lab图像

(a3) Y波段　(b3) Cb波段　(c3) Cr波段　(d3) YCbCr图像

图 3.4　彩色遥感图像的颜色空间分量

2. 多尺度光谱特征

由于 3.1 节至 3.3 节中的基于小波变换和曲波变换的提取方法均是基于二维图像实现的,故由彩色遥感图像的灰度图像作为实验数据,利用 3.1 节提出的方法分别对图 3.1(a)、图 3.1(b)和图 3.2(d)进行基于小波变换和曲波变换的多尺度光谱特征提取。

首先,利用二维 Haar 小波变换对高分辨率遥感图像进行分解,获取 LL,HL,LH 和 HH 四部分的小波系数;然后,令除当前部分以外其他部分的小波系数均为 0,利用小波逆变换,重构当前部分的小波系数,获取当前部分的特征图像。按顺序依次类推,进而获取 LL,HL,LH 和 HH 四部分的光谱特征,如图 3.5 所示。LL 部分的光谱特征图像是由低频小波系数重构而成的,包含了大量图像信息;HL 和 LH 部分的光谱特征图像是由中、高频小波系数重构而成的,包含了原始图像的边缘信息和少量细节信息;而 HH 部分的光谱特征图像是由高频小波系数重构而成的，包含了图像的大量细节信息，还含有大部分的图像噪声。

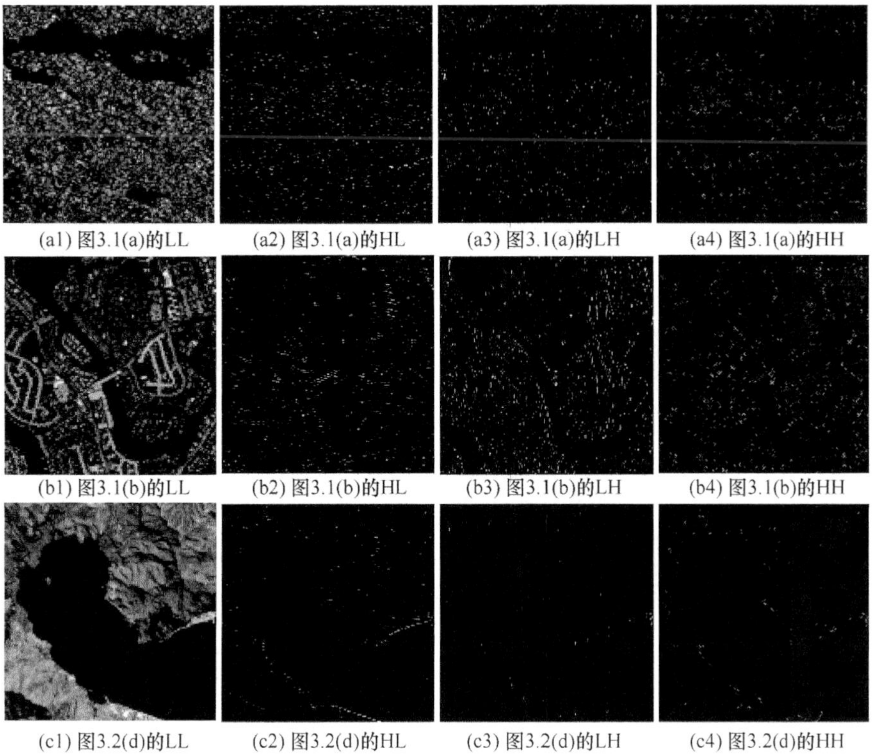

(a1) 图3.1(a)的LL　(a2) 图3.1(a)的HL　(a3) 图3.1(a)的LH　(a4) 图3.1(a)的HH

(b1) 图3.1(b)的LL　(b2) 图3.1(b)的HL　(b3) 图3.1(b)的LH　(b4) 图3.1(b)的HH

(c1) 图3.2(d)的LL　(c2) 图3.2(d)的HL　(c3) 图3.2(d)的LH　(c4) 图3.2(d)的HH

图 3.5　基于小波变换的高分辨率遥感图像多尺度光谱特征

利用曲波变换提取高分辨率遥感图像的多尺度光谱特征，令尺度总个数 $J=4$。图 3.6 为高分辨率遥感图像的多尺度光谱特征。通过图 3.6 可以看出，不同尺度(按尺度由粗至细的次序)对应不同的光谱特征。粗尺度光谱特征指的是尺度 $j=1$ 的光谱特征，它是由低频曲波系数重构而成的；通过图 3.6(a1)至图 3.6(c1)可以看出，粗尺度光谱特征包含了高分辨率遥感图像的主要信息，几乎不含有图像噪声。因此，通过粗尺度光谱特征只能看出高分辨率遥感图像的轮廓，细节不清晰。中间尺度的光谱特征是指除了 1 和 J 以外其他尺度的光谱特征，随着尺度由 2 到 J-1 不断提高，对应的光谱特征中呈现更细尺度的边缘信息。此处中间尺度指的是尺度 $j=2$ 和 3 的光谱特征，是由中、高频曲波系数重构而成的。因此，中间尺度光谱特征包含了高分辨率遥感图像边缘信息和少量细节信息。此外，中间尺度 1 的光谱特征图像〔图 3.6(a2)至图 3.6(c2)〕指的是尺度 $j=2$ 的光谱特征，包含了粗尺度光谱特征中的轮廓边缘信息。而中间尺度 2 的光谱特征图像〔图 3.6(a3)至图 3.6(c3)〕指的是尺度 $j=3$ 的光谱特征，包含了细尺度光谱特征中的边缘信息。因此，中间尺度的光谱特征图像包含了大量边缘信息。细尺度的光谱特征是由高频曲波系数重构而成的；通过图 3.6(a4)至图 3.6(c4)可以看出，细尺度的光谱特征包含了高分辨率遥感图像的大量细节信息，同时含有大部分的图像噪声。

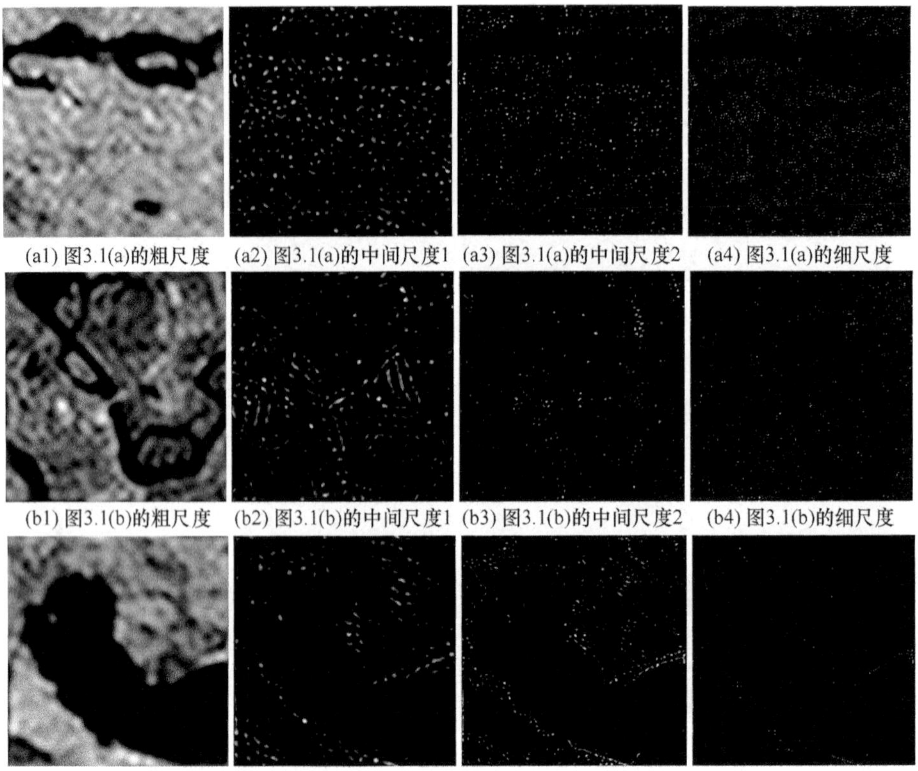

(a1) 图3.1(a)的粗尺度 (a2) 图3.1(a)的中间尺度1 (a3) 图3.1(a)的中间尺度2 (a4) 图3.1(a)的细尺度

(b1) 图3.1(b)的粗尺度 (b2) 图3.1(b)的中间尺度1 (b3) 图3.1(b)的中间尺度2 (b4) 图3.1(b)的细尺度

(c1) 图3.2(d)的粗尺度 (c2) 图3.2(d)的中间尺度1 (c3) 图3.2(d)的中间尺度2 (c4) 图3.2(d)的细尺度

图 3.6 高分辨率遥感图像的多尺度光谱特征

通过与曲波变换的提取结果进行比较可以看出，小波变换虽可较好地表达奇异点的位置和特性，但对于更高维的特征，如边缘、细节等特征信息小波变换无法较好地提取。图 3.5(a2) 和图 3.6(a2) 都是由中、高频系数重构而成的，但相比小波变换，曲波变换提取的中间尺度光谱特征包含更多的边缘信息。

3.4.2 纹理特征提取实例

1. 基于 GLCM 的纹理特征提取

利用 3.2 节中的式(3.10)至式(3.14)分别提取高分辨率遥感图像〔见图 3.1(a)、图 3.1(b)和图 3.2(d)〕的二阶矩、熵、对比度、相关性和局部平稳性，作为其纹理特征，见图 3.7。通过图 3.7 可以看出，不同的特征参数反映不同的纹理信息。

2. 基于多尺度分析的纹理特征提取

将小波变换和曲波变换作为多尺度分析技术的代表，根据 3.2 节中的原理分别利用小波系数和曲波系数的能量来定义纹理特征。图 3.8 为基于小波变换的高分辨率遥感图像纹理特征。通过图 3.8 可以看出，基于小波变换的纹理特征提取算法可较好地获取图像的纹理特征。

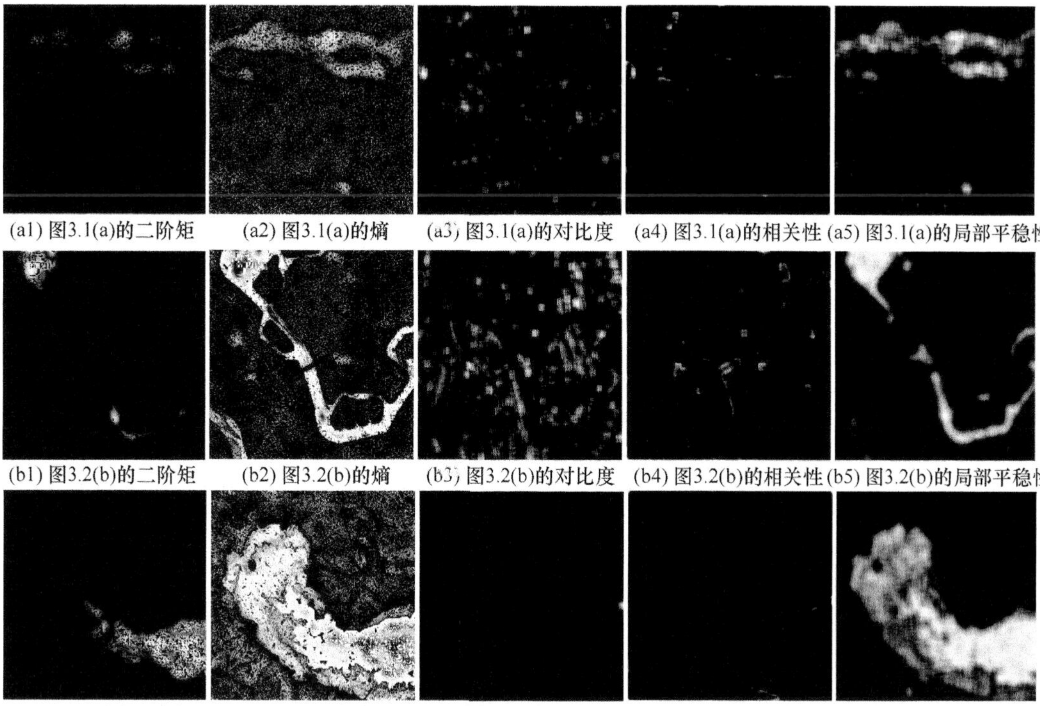

(a1) 图3.1(a)的二阶矩 (a2) 图3.1(a)的熵 (a3) 图3.1(a)的对比度 (a4) 图3.1(a)的相关性 (a5) 图3.1(a)的局部平稳性

(b1) 图3.2(b)的二阶矩 (b2) 图3.2(b)的熵 (b3) 图3.2(b)的对比度 (b4) 图3.2(b)的相关性 (b5) 图3.2(b)的局部平稳性

(c1)图3.2(d)的二阶矩 (c2) 图3.2(d)的熵 (c3) 图3.2(d)的对比度 (c4) 图3.2(d)的相关性 (c5) 图3.2(d)的局部平稳性

图 3.7 基于 GLCM 的纹理特征

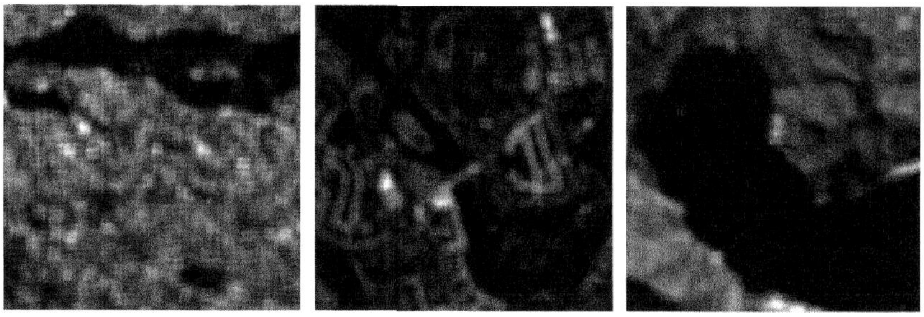

(a) SAR图像 (b) 全色遥感图像 (c) 彩色遥感图像

图 3.8 基于小波变换的高分辨率遥感图像纹理特征

利用基于 Wrapping 的离散曲波变换对高分辨率遥感图像进行纹理特征提取，其步骤为：首先，对以像素 s 为中心、尺寸大小为 7×7 像素的子图像进行多尺度分析，得到一系列曲波变换系数；其次计算曲波变换系数的能量，以此作为像素 s 的纹理特征；最后，按照上述方法，遍历整幅图像，得到高分辨率遥感图像的纹理特征。图 3.9 为高分辨率遥感图像的纹理特征。通过图 3.9 可以看出，基于曲波变换的纹理特征提取算法可较好地获取图像的纹理特征。

通过图 3.8 和图 3.9 的比较可以看出，曲波变换和小波变换提取的纹理特征非常相似，且与实际情况相符，进而说明两种变换均可较好地获取图像的纹理特征。为了进一步对基

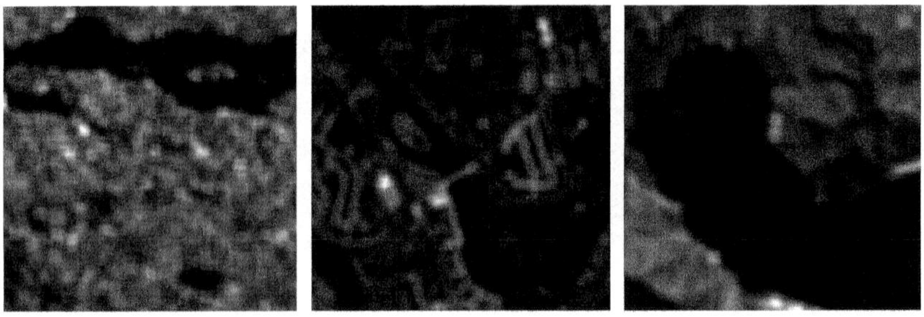

(a) SAR图像　　(b) 全色遥感图像　　(c) 彩色遥感图像

图 3.9　高分辨率遥感图像的纹理特征

于小波变换和曲波变换提取出的纹理特征进行比较,分别绘制相应的能量直方图,如图 3.10 所示。其中,图 3.10(a1)至图 3.10(c1)为曲波变换的能量直方图,图 3.10(a2)至图 3.10(c2)为小波变换的能量直方图。通过图 3.10 可以看出,高分辨率遥感图像的曲波变换和小波变换的能量分布形状相似,但曲波变换的能量取值范围均大于小波变换的能量取值范围。如图 3.10(a1)和图 3.10(a2)所示,两个能量分布形状相似,但曲波变换的能量取值范围为[0.02×10^4,3.0×10^4],小波变换的能量取值范围仅为[0.02×10^4,1.0×10^4]。通过比较可以看出,相对小波变换,曲波变换的能量更大。能量越大说明信息包含得越多,进而说明曲波变换可更有效地提取高分辨率遥感图像的纹理特征。

3.4.3　边缘特征提取实例

1. 基于 Canny 算子的边缘特征提取

利用 Canny 算子对实验图像进行边缘提取,见图 3.11。通过图 3.11 可以看出,Canny 算子虽然能提取图像的边缘特征,但高分辨率遥感图像的特点导致提取的边缘特征有明显的断点。

2. 基于多尺度分析的边缘特征提取

利用 Haar 小波变换对实验数据进行边缘特征提取。首先,利用二维 Haar 小波变换对高分辨率遥感图像进行分解,得到 LL,HL,LH 和 HH 四部分的小波系数;然后,利用 Canny算子提取 LL 和 HH 两部分小波系数的边缘,令 LL 和 HH 两部分小波系数的非边缘系数为 0;再利用 Haar 小波逆变换,对所有小波系数进行重构,得到重构图像,即提取的边缘特征,如图 3.12 所示。通过图 3.12 可以看出基于小波变换的边缘特征提取方法的可行性及有效性。相比于基于 Canny 算子的边缘特征提取方法,该方法提取的边缘特征更为丰富。

利用基于 Wrapping 的离散曲波变换对高分辨率遥感图像进行边缘特征提取的步骤为:首先,利用基于 Wrapping 的离散曲波变换对高分辨率遥感图像进行多尺度分析,得到一系列曲波系数;然后,利用 Canny 算子提取粗尺度和细尺度曲波系数的边缘,令粗尺度和细尺度曲波系数中的非边缘系数为 0;再利用曲波逆变换,对所有曲波系数根据式(3.20)进

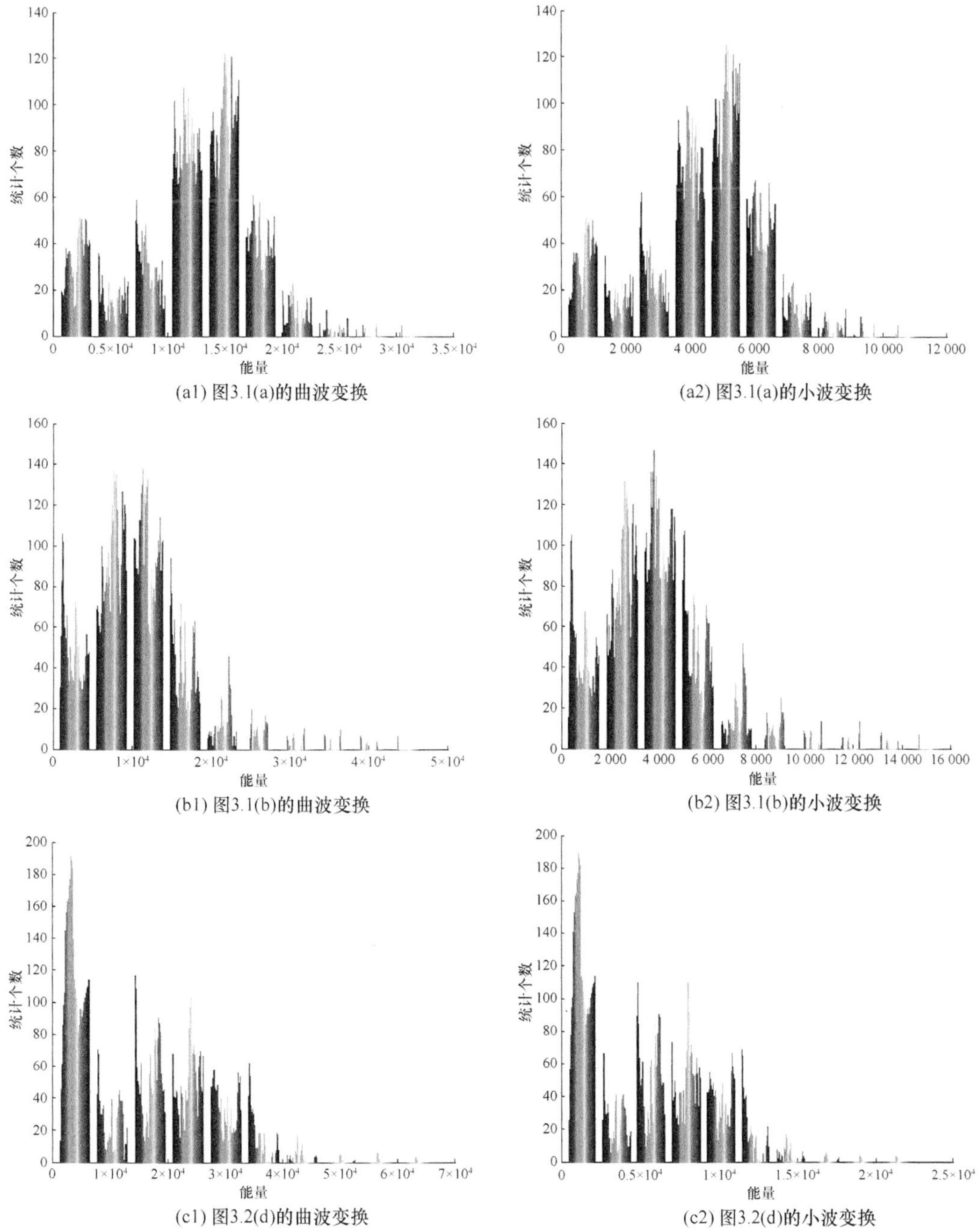
统计个数
能量
(a1) 图3.1(a)的曲波变换
(a2) 图3.1(a)的小波变换
(b1) 图3.1(b)的曲波变换
(b2) 图3.1(b)的小波变换
(c1) 图3.2(d)的曲波变换
(c2) 图3.2(d)的小波变换

图 3.10 高分辨率遥感图像的能量直方图

行重构，得到其边缘特征。图 3.13 为对应的边缘特征。由图 3.13 可以看出，提出算法可以完整且丰富地提取图像边缘，从而说明了基于曲波变换的边缘特征提取方法在高分辨率遥感图像边缘特征提取方面的可行性及有效性，这为后续特征加权统计分割奠定了特征基础。通过图 3.12 与图 3.13 的比较可以看出，曲波变换可以更好地提取图像的边缘特征，提

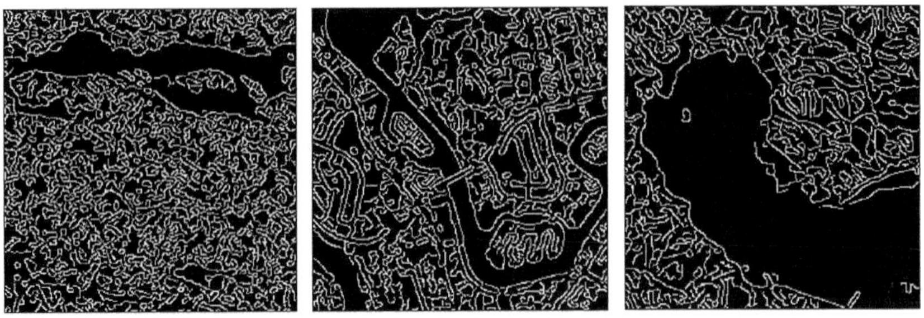

(a) SAR图像　(b) 全色遥感图像　(c) 彩色遥感图像

图 3.11　基于 Canny 算子的边缘特征

(a) SAR图像　(b) 全色遥感图像　(c) 彩色遥感图像

图 3.12　基于小波变换的边缘特征

取的边缘更加完整，进而验证了曲波变换在高分辨率遥感图像边缘特征提取方面的优越性。比较图 3.12(a)和图 3.13(a)可以看出，相比于小波变换，曲波变换提取的 SAR 图像边缘更加完整、丰富。

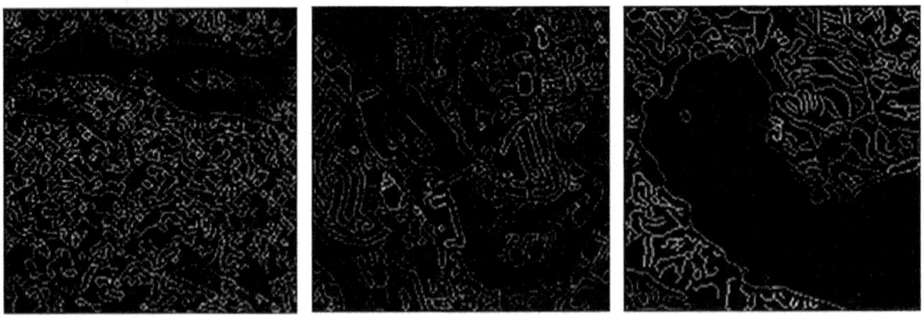

(a) SAR图像　(b) 全色遥感图像　(c) 彩色遥感图像

图 3.13　基于曲波变换的边缘特征

本节提取的特征分为空间域和频率域两类。随着多尺度分析技术的不断提高，基于多尺度分析的特征提取方法的应用越来越广泛。而作为该技术的代表算法，小波变换和曲波变换的应用较为广泛。通过实例比较可以看出，相比二维 Haar 小波变换，基于 Wrapping 的离散曲波变换可更好地实现高分辨率遥感图像的多尺度光谱特征、纹理特征和边缘特征的提取。

光谱特征是图像最基本的特征，是图像中不同物体对光谱反射情况的反映。光谱特征是区分图像地物目标的基础特征。

多尺度光谱特征是由粗分辨率到细分辨率的次序将图像光谱表达出来的特征。多尺度光谱特征将在空间域光谱特征中隐含的信息(如边缘、细节等)表达出来，有助于更好地区分高分辨率遥感图像的不同地物目标。粗尺度光谱特征是由低频曲波系数重构而成的，包含图像的主要信息，显示为原图像轮廓。细尺度光谱特征是由高频曲波系数重构而成的，故包含了图像大量的细节信息，同时含有大部分的图像噪声。中间尺度光谱特征是由中、高频系数重构而成的，故包含了图像大量的边缘，其中，随着中间尺度的不断提高，对应的光谱特征也呈现更细尺度的边缘信息。

纹理特征是一种能稳定反映图像像素空间分布的有效特征，不受图像成像时外界物理环境的影响。通过像素及其邻域像素的曲波系数定义像素的纹理特征，可有效地展现局部光谱分布，这在高分辨率遥感图像分割过程中有助于区分不同的同质区域。

高分辨率遥感图像边缘反映了图像局部特征的不连续性(如灰度突变、颜色突变等)，意味着两个区域的边界。提取不同地物之间的边缘，即可构建不同地物之间的界线，从而取得不同地物的分布信息。通过曲波系数和 Canny 算子可完整、丰富地提取图像的边缘特征，这有助于更好地分割高分辨率遥感图像的目标地物边缘。

第 4 章　贝叶斯框架下的特征分割

在统计分割方法中，通常将可观测的像素光谱测度以及隐含的像素类属性分别表示为特征场和标号场。其中，前者用以描述图像光谱测度的统计分布特性，而后者则用来表示像素对不同类别的隶属性。在此基础上建立图像分割模型，并通过模拟该模型获取最优图像分割结果。

最为常见的一种分割框架为贝叶斯分割框架。在贝叶斯框架下：①构建特征场模型、标号场模型及模型参数的先验概率模型；②根据贝叶斯定理，将构建的模型相结合，建立图像分割模型。

本章将分别介绍特征加权贝叶斯分割、光谱特征贝叶斯分割和无权重特征贝叶斯分割 3 个算法及其实例。

4.1　特征加权贝叶斯分割算法

本节将贝叶斯模型与 RJMCMC 算法和 EM 算法相结合，提出特征加权贝叶斯分割算法，以实现高分辨率遥感图像分割及确定各特征在图像分割中的作用。为了更好地区分高分辨率遥感图像，在分割算法中考虑了特征。首先，利用第 3 章算法实现多尺度光谱特征提取，构成特征集合。为了自适应地确定各特征在图像分割过程中的重要性，在建立分割模型前，先定义贡献权重，并结合其集合与特征集合定义特征加权图像。特征加权图像可以看作特征加权矢量场的一个实现。利用多值 Gaussian 分布建立特征加权矢量场模型；利用改进的静态 Potts 模型定义标号场模型；再利用贝叶斯定理，将标号场模型、特征加权矢量场模型和先验分布相结合，建立特征加权贝叶斯分割模型。分割模型建立完成后，利用 RJMCMC 算法和 EM 算法模拟该分割模型，以实现区域分割和贡献权重估计。为了验证提出算法的可行性及有效性，利用提出算法对高分辨率遥感图像进行分割实验，并对其分割结果进行定性及定量评价。

4.1.1　特征加权贝叶斯分割算法描述

1. 特征加权贝叶斯分割模型的建立

给定高分辨率遥感图像 $\boldsymbol{f}=\{f_s=f(r_s,c_s);\ s=1,\cdots,S\}$，提取其多尺度光谱特征，构成特征集合 $\boldsymbol{x}=\{\boldsymbol{x}_s;\ s=1,\cdots,S\}$，其中，$\boldsymbol{x}_s=\{x_{js};\ j=1,\cdots,J\}$为像素 s 的特征矢量值，x_{js} 为像

素 s 的第 j 个特征值。特征集合 $\boldsymbol{x}$ 可以看作定义在图像域 $\boldsymbol{P}$ 上特征矢量场 $\boldsymbol{X}=\{\boldsymbol{X}_s;\ s=1,\cdots,S\}$ 的实现，其中，$\boldsymbol{X}_s=\{X_{js};\ j=1,\cdots,J\}$ 为定义在图像域 $\boldsymbol{P}$ 上像素 s 的特征矢量，X_{js} 为像素 s 的第 j 个特征变量。

在多特征分割中，每个特征在分割过程中发挥的作用都不相同。为了自适应地确定各特征在图像分割过程中的作用，赋予特征矢量 $\boldsymbol{X}_s$ 中每个特征变量 X_{js} 不同的权重 ω_{jy_s}，即定义贡献权重。所有贡献权重构成贡献权重集合，记作 $\boldsymbol{\omega}=\{\omega_{jy_s};\ j=1,\cdots,J,s=1,\cdots,S\}$，其中，$y_s$ 为像素 s 的标号；贡献特征集合也可记作 $\boldsymbol{\omega}=\{\omega_{jo};\ j=1,\cdots,J,o=1,\cdots,O\}$，其中，$\omega_{jo}$ 为第 j 个特征分量对类别 o 的贡献权重，o 为类别索引，O 为图像总类别数。

利用上述贡献权重集合和特征集合定义特征加权图像，记作 $\boldsymbol{w}=\{\boldsymbol{w}_s;\ s=1,\cdots,S\}$，其中，$\boldsymbol{w}_s$ 为像素 s 的特征加权矢量值，可表示为 $\boldsymbol{w}_s=\{w_{js};\ j=1,\cdots,J\}$，$w_{js}=\omega_{jy_s}\times x_{js}=\omega_{jo}\times x_{js}$。特征加权图像 $\boldsymbol{w}$ 可以看作定义在图像域 $\boldsymbol{P}$ 上特征加权矢量场 $\boldsymbol{W}=\{\boldsymbol{W}_s;\ s=1,\cdots,S\}$ 的一个实现，其中，$\boldsymbol{W}_s=\{W_{js};\ j=1,\cdots,J\}$ 为定义在图像域 $\boldsymbol{P}$ 上像素 s 的特征加权矢量，$W_{js}=\omega_{jo}\times X_{js}$ 为像素 s 的第 j 个特征加权变量。

相比于中、低分辨率遥感图像，高分辨率遥感图像细节更加清晰，但同时也使同质区域内差异性越来越大；传统图像分割方法以像素为处理单元，不能较好地实现同质区域分割，降低了同质区域分割精度。为此，本书以子区域为处理单元，即利用几何划分技术划分图像域，并建立基于区域的统计模型。常见的几何划分技术包括规则划分（Askari et al.，2013）、Voronoi 划分（Zhao et al.，2016a；2016b；2016c）、Poisson 划分（Schneider，2010）和 Delaunay 划分（Silva et al.，2011）等。由于规则划分原理简单、易于实现，本书选择利用规则划分技术将特征加权图像的图像域 $\boldsymbol{P}$ 划分成一系列长方形规则子块（简称规则子块），记作 $\boldsymbol{P}=\{P_i;\ i=1,\cdots,I\}$，其中，$i$ 为规则子块索引，P_i 为第 i 个规则子块，I 为规则子块总个数，设为随机变量。每个规则子块均满足其像素数为 2 的倍数，且最小规则子块像素数为 2×2。图 4.1 为由 7 个大小不等的规则子块划分的图像域，即 $\boldsymbol{P}=\{P_i;\ i=1,\cdots,7\}$，其中，$P_3$ 为最小规则子块。

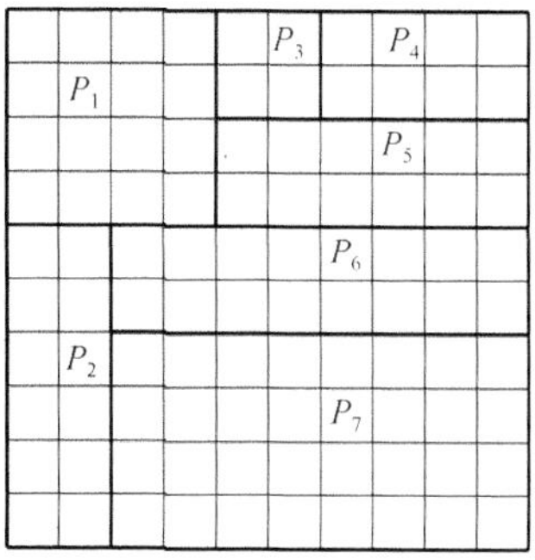

图 4.1 规则划分

在上述划分的基础上，以划分规则子块为处理单元的分割思想意味着：规则子块内像素隶属于同一目标类，具有相同标号，且其像素被赋予相同的贡献权重。在划分的图像域上，特征加权矢量场 $\boldsymbol{W}$ 还可表示为 $\boldsymbol{W}=\{\boldsymbol{W}_i;\ i=1,\cdots,I\}$，其中，$\boldsymbol{W}_i$ 为规则子块 P_i 内所有像素特征加权矢量的集合，即 $\boldsymbol{W}_i=\{\boldsymbol{W}_s;\ s\in P_i\}$。假设 $\boldsymbol{W}$ 满足两个条件：①规则子块 P_i 对应的 $\boldsymbol{W}_i$ 中所有像素的特征加权矢量 $\boldsymbol{W}_s$ 服从同一独立的多值 Gaussian 分布（王玉 等，2016）；②所有 $\boldsymbol{W}_i(i=1,\cdots,I)$ 的概率密度函数亦相互独立。则 $\boldsymbol{W}$ 的概率密度函数可表示为

$$\begin{aligned}p(\boldsymbol{W}\mid\boldsymbol{Y},\boldsymbol{\theta},I,O)&=\prod_{i=1}^{I}p(\boldsymbol{W}_i\mid Y_i=o,\boldsymbol{\theta}_o)\\&=\prod_{i=1}^{I}\prod_{s\in P_i}p(\boldsymbol{W}_s\mid Y_s=o,\boldsymbol{\theta}_o)\\&=\prod_{i=1}^{I}\prod_{s\in P_i}\frac{1}{(2\pi)^{J/2}\boldsymbol{\Sigma}_o^{1/2}}\exp\{(\boldsymbol{W}_s-\boldsymbol{\mu}_o)\boldsymbol{\Sigma}_o^{-1}(\boldsymbol{W}_s-\boldsymbol{\mu}_o)^{\mathrm{T}}\}\end{aligned}\tag{4.1}$$

其中，$\boldsymbol{Y}$ 为标号场，记作 $\boldsymbol{Y}=\{Y_i;\ i=1,\cdots,I\}$，$Y_i$ 为规则子块 P_i 对应的标号变量，$i\in\{1,\cdots,O\}$；$\boldsymbol{\theta}=\{\boldsymbol{\theta}_o;\ o=1,\cdots,O\}$ 为多值 Gaussian 分布的参数矢量；$\boldsymbol{\theta}_o=(\boldsymbol{\mu}_o,\boldsymbol{\Sigma}_o)$ 为第 o 类的参数矢量。

为了实现特征加权贝叶斯分割，需要在已知 $\boldsymbol{W}$ 的条件下求解总参数矢量 $\boldsymbol{\Theta}=\{\boldsymbol{Y},\boldsymbol{\theta},I\}$ 的条件概率密度函数 $p(\boldsymbol{Y},\boldsymbol{\theta},I\mid\boldsymbol{W})$。根据贝叶斯定理，$p(\boldsymbol{Y},\boldsymbol{\theta},I\mid\boldsymbol{W})$ 可表示为

$$p(\boldsymbol{Y},\boldsymbol{\theta},I|\boldsymbol{W})\propto p(\boldsymbol{W}|\boldsymbol{Y},\boldsymbol{\theta},I,O)p(\boldsymbol{Y}|I,O)p(\boldsymbol{\theta}|O)p(I)\tag{4.2}$$

其中，$p(\boldsymbol{W}|\boldsymbol{Y},\boldsymbol{\theta},I,O)$ 由式(4.1)获得，$p(\boldsymbol{\theta}\mid O)$ 是多值 Gaussian 分布中参数矢量 $\boldsymbol{\theta}$ 的先验分布。

参数矢量 $\boldsymbol{\theta}$ 也可表示为 $\boldsymbol{\theta}=(\boldsymbol{\mu},\boldsymbol{\Sigma})$，其中，$\boldsymbol{\mu}$ 为多值 Gaussian 分布中所有均值矢量集合，可表示为 $\boldsymbol{\mu}=\{\boldsymbol{\mu}_o;\ o=1,\cdots,O\}$，其中，$\boldsymbol{\mu}_o$ 为第 o 类的均值矢量，可表示为 $\boldsymbol{\mu}_o=\{\mu_{jo};\ j=1,\cdots,J\}$。假设 μ_{jo} 服从均值为 μ_μ、标准差为 σ_μ 的 Gaussian 分布且 $\boldsymbol{\mu}_o$ 内所有元素相互独立，则 $\boldsymbol{\mu}_o$ 的概率密度函数可表示为

$$p(\boldsymbol{\mu}_o)=\prod_{j=1}^{J}p(\mu_{jo})=\prod_{j=1}^{J}\frac{1}{\sqrt{2\pi}\sigma_\mu}\exp\left\{-\frac{(\mu_{jo}-\mu_\mu)^2}{2\sigma_\mu^2}\right\}\tag{4.3}$$

$\boldsymbol{\Sigma}$ 为多值 Gaussian 分布中所有协方差矩阵的集合，可表示为 $\boldsymbol{\Sigma}=\{\boldsymbol{\Sigma}_o;\ o=1,\cdots,O\}$，其中，$\boldsymbol{\Sigma}_o$ 为第 o 类的协方差矩阵。假定 $\boldsymbol{\Sigma}_o=[\Sigma_{jj'o}]_{J\times J}$ 为对角阵，其中，$j=\{1,\cdots,J\}$。假设 $\Sigma_{jj'o}$ 服从均值为 μ_Σ、标准差为 σ_Σ 的 Gaussian 分布且 $\boldsymbol{\Sigma}_o$ 内所有元素相互独立，则 $\boldsymbol{\Sigma}_o$ 的联合概率密度函数可写为

$$p(\boldsymbol{\Sigma}_o)=\prod_{j=1}^{J}p(\Sigma_{jj'o})=\prod_{j=1}^{J}\frac{1}{\sqrt{2\pi}\sigma_\Sigma}\exp\left\{-\frac{(\Sigma_{jj'o}-\mu_\Sigma)^2}{2\sigma_\Sigma^2}\right\}\tag{4.4}$$

假设 $\boldsymbol{\theta}=(\boldsymbol{\mu},\boldsymbol{\Sigma})$ 所有元素相互独立，则参数矢量 $\boldsymbol{\theta}$ 的概率密度函数可表示为

$$\begin{aligned}p(\boldsymbol{\theta}\mid O)&=\prod_{o=1}^{O}p(\boldsymbol{\mu}_o)p(\boldsymbol{\Sigma}_o)\\&=\prod_{o=1}^{O}\prod_{j=1}^{J}\frac{1}{\sqrt{2\pi}\sigma_\mu}\exp\left\{-\frac{(\mu_{jo}-\mu_\mu)^2}{2\sigma_\mu^2}\right\}\times\prod_{o=1}^{O}\prod_{j=1}^{J}\frac{1}{\sqrt{2\pi}\sigma_\Sigma}\exp\left\{-\frac{(\Sigma_{jj'o}-\mu_\Sigma)^2}{2\sigma_\Sigma^2}\right\}\end{aligned}\tag{4.5}$$

利用 MRF 模型定义标号场 $\boldsymbol{Y}=\{Y_i;\ i=1,\cdots,I\}$。利用改进的静态 Potts 模型定义 Y_i

及其邻域标号的空间作用关系，并假设标号场内所有元素 $Y_i(i=1,\cdots,I)$ 的概率密度函数相互独立，则标号场 $\boldsymbol{Y}$ 的概率密度函数为

$$\begin{aligned} p(\boldsymbol{Y} \mid I,O) &= \prod_{i=1}^{I} p(Y_i \mid Y_r, P_r \in \mathrm{NP}_i) \\ &= \prod_{i=1}^{I} \frac{1}{Z}\exp\left\{\gamma \sum_{P_r \in \mathrm{NP}_i} \delta(Y_i, Y_r)\right\} \end{aligned} \tag{4.6}$$

其中，Z 为归一化常数；γ 为邻域标号变量的空间作用参数；NP_i 为规则子块 P_i 的邻域规则子块 P_r 的集合，任意两个规则子块互为领域当且仅当它们具有共同边界。若 $Y_i=Y_r$，则 $\delta(Y_i,Y_r)=1$；否则，$\delta(Y_i,Y_r)=0$。

假设规则子块总个数 I 服从均值为 λ_I 的泊松分布(Green，1995)，则其概率密度函数为

$$p(I)=\frac{\lambda_I^I}{I!}\exp(-\lambda_I) \tag{4.7}$$

综上所述，式(4.2)又可表示为

$$\begin{aligned} p(\boldsymbol{Y},\boldsymbol{\theta},I \mid \boldsymbol{W}) &\propto p(\boldsymbol{W} \mid \boldsymbol{Y},\boldsymbol{\theta},I,O)\,p(\boldsymbol{Y} \mid I,O)\,p(\boldsymbol{\theta} \mid O)\,p(I) \\ &= \prod_{i=1}^{I} p(\boldsymbol{W}_i \mid \boldsymbol{Y}_i = o,\boldsymbol{\theta}_o)\,p(\boldsymbol{Y}_i \mid Y_r, P_r \in \mathrm{NP}_i)\,p(\boldsymbol{\mu}_o \mid O)\,p(\boldsymbol{\Sigma}_o \mid O)\,p(I) \\ &= \prod_{i=1}^{I}\prod_{s\in P_i} \frac{1}{(2\pi)^{J/2}\boldsymbol{\Sigma}_o^{1/2}}\exp\{(\boldsymbol{W}_s-\boldsymbol{\mu}_o)\boldsymbol{\Sigma}_o^{-1}(\boldsymbol{W}_s-\boldsymbol{\mu}_o)^{\mathrm{T}}\}\times \\ &\quad \prod_{i=1}^{I}\frac{1}{Z}\exp\left\{\gamma\sum_{P_r\in \mathrm{NP}_i}\delta(Y_i,Y_r)\right\}\prod_{o=1}^{O}\prod_{j=1}^{J}\frac{1}{\sqrt{2\pi\sigma_\mu}}\exp\left\{-\frac{(\mu_{jo}-\mu_\mu)^2}{2\sigma_\mu^2}\right\}\times \\ &\quad \prod_{o=1}^{O}\prod_{j=1}^{J}\frac{1}{\sqrt{2\pi\sigma_\Sigma}}\exp\left\{-\frac{(\Sigma_{jj'o}-\mu_\Sigma)^2}{2\sigma_\Sigma^2}\right\}\times\frac{\lambda_I^I}{I!}\exp(-\lambda_I) \end{aligned} \tag{4.8}$$

2. 特征加权贝叶斯分割模型的模拟

由于 RJMCMC 算法可在目标函数模拟过程中，构建 Markov 链，实现不同维度参数空间的跳跃，有效地解决可变维问题，故本书利用 RJMCMC 算法模拟特征加权贝叶斯分割模型〔式(4.8)〕实现区域分割及规则子块总个数求解，并利用 EM 算法实现贡献权重估计。

RJMCMC 算法在假定贡献权重集合 ω 已知的条件下根据特征加权贝叶斯分割模型设计 3 个移动操作，分别为：更新参数矢量、更新标号场和更新规则子块个数。在每次迭代中，遍历所有移动操作。下面具体介绍一下这 3 个移动操作。

(1) 更新参数矢量

随机抽取一标号 o，$o\in\{1,\cdots,O\}$，对应的参数矢量为 $\boldsymbol{\theta}_o=(\boldsymbol{\mu}_o,\boldsymbol{\Sigma}_o)$，顺序改变 $\boldsymbol{\mu}_o$ 和 $\boldsymbol{\Sigma}_o$。以 $\boldsymbol{\mu}_o$ 为例，在 $\{1,\cdots,J\}$ 中随机抽取 j，特征 j 的第 o 类候选均值 μ_{jo}^* 由均值为 μ_o、标准差为 ε_μ 的 Gaussian 分布中抽取，而在 $\boldsymbol{\mu}_o$ 中其他元素不变，则均值矢量由 $\boldsymbol{\mu}_o=\{\mu_{1o},\cdots,\mu_{jo},\cdots,\mu_{Jo}\}$ 变为 $\boldsymbol{\mu}_o^*=\{\mu_{1o},\cdots,\mu_{jo}^*,\cdots,\mu_{Jo}\}$ 的接受率为

$$a_p(\boldsymbol{\mu}_o,\boldsymbol{\mu}_o^*)=\min\left\{1,\frac{\prod_{P_i\in \boldsymbol{P}_o} p(\boldsymbol{W}_i \mid \boldsymbol{Y}_i=o,\boldsymbol{\mu}_o^*,\boldsymbol{\Sigma}_o)\,p(\boldsymbol{\mu}_o^*)}{\prod_{P_i\in \boldsymbol{P}_o} p(\boldsymbol{W}_i \mid \boldsymbol{Y}_i=o,\boldsymbol{\mu}_o,\boldsymbol{\Sigma}_o)\,p(\boldsymbol{\mu}_o)}\right\} \tag{4.9}$$

同理，协方差矩阵由 $\boldsymbol{\Sigma}_o$ 变为 $\boldsymbol{\Sigma}_o^*$ 的接受率为

$$a_p(\boldsymbol{\Sigma}_o,\boldsymbol{\Sigma}_o^*)=\min\left\{1,\ \frac{\prod_{P_i\in \boldsymbol{P}_o} p(\boldsymbol{W}_i \mid \boldsymbol{Y}_i=o,\boldsymbol{\mu}_o,\boldsymbol{\Sigma}_o^*)p(\boldsymbol{\Sigma}_o^*)}{\prod_{P_i\in \boldsymbol{P}_o} p(\boldsymbol{W}_i \mid \boldsymbol{Y}_i=o,\boldsymbol{\mu}_o,\boldsymbol{\Sigma}_o)p(\boldsymbol{\Sigma}_o)}\right\} \tag{4.10}$$

其中，$\boldsymbol{P}_o$ 为所有标号为 o 的规则子块的集合，可表示为 $\boldsymbol{P}_o=\{P_i;\ Y_i=o\}$。

抽取随机数 $g\sim U[0,1]$，当 $g\leqslant a_p(\boldsymbol{\Sigma}_o,\boldsymbol{\Sigma}_o^*)$ 时，接受该次操作结果，$\boldsymbol{\Sigma}_o$ 变为 $\boldsymbol{\Sigma}_o^*$；否则，拒绝该次操作结果，保持 $\boldsymbol{\Sigma}_o$ 不变。

(2) 更新标号场

随机抽取一规则子块 $P_i, i\in\{1,\cdots,I\}$，其对应标号为 o，候选标号 o^* 由 $\{1,\cdots,O\}$ 随机抽取，且满足 $o^*\neq o$，则标号由 o 变为 o^* 的接受率为

$$a_o(Y_i,Y_i)=\min\left\{1,\ \frac{p(\boldsymbol{W}_i \mid Y_i=o^*,\boldsymbol{\theta}_{o^*})\prod_{i\in\{i,\mathrm{NP}_i\}} p(\boldsymbol{Y}_i=o^* \mid Y_{\mathrm{r}},P_{\mathrm{r}}\in \mathrm{NP}_i)}{p(\boldsymbol{W}_i \mid Y_i=o,\boldsymbol{\theta}_o)\prod_{i\in\{i,\mathrm{NP}_i\}} p(\boldsymbol{Y}_i=o \mid Y_{\mathrm{r}},P_{\mathrm{r}}\in \mathrm{NP}_i)}\right\} \tag{4.11}$$

抽取随机数 $g\sim U[0,1]$，当 $g\leqslant a_o(Y_i,Y_i^*)$ 时，接受该次操作结果，Y_i 变为 Y_i^*；否则，拒绝该次操作结果，保持 Y_i 不变。

(3) 更新规则子块个数

更新规则子块个数可通过分裂或合并规则子块来实现。分裂操作就是将一个规则子块分解为两个标号不同的规则子块。分裂规则子块的过程如下。

① 在当前图像域 $\boldsymbol{P}=\{P_1,\cdots,P_i,\cdots,P_I\}$ 中随机选择一规则子块 P_i，其对应标号为 o。

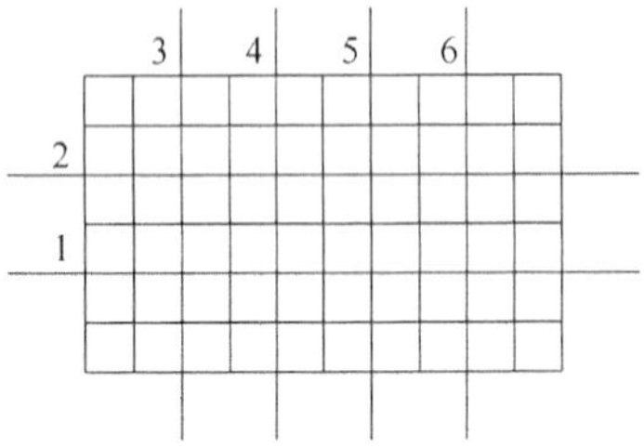

图 4.2 分裂方式

② 判断该规则子块是否可实现分裂操作，如果所选规则子块像素数大于 4 且其行数或列数为 2 的整数倍，则该规则子块可实现分裂操作。在满足最小规则子块约束条件下，分裂方式数可计算为 num＝(row ＋ col) / 2－2。为了便于对分裂方式进行选择，按顺时针方式依次将各分裂方式编号。在图 4.2 所示的规则子块中，其行数 row＝6、列数 col ＝10，均为 2 的整数倍，所以该规则子块可以沿行或列方向实现分裂操作，该规则子块有 6〔＝(6＋10)/2－2〕种分裂方式，分裂方式的编号分别为 1，…，6。

③ 随机选择一种分裂方式，将规则子块 P_i 分成两个新的规则子块 P_i^* 和 P_{I+1}^*，对应标号分别为 o 和 o^*，并满足条件 $o^*\neq o$；而分裂后图像域划分为 $\boldsymbol{P}^*=\{P_1,\cdots,P_i^*,\cdots,P_I,P_{I+1}^*\}$，规则子块个数变为 $I+1$，其接受率可表示为

$$a_{f_I}(\boldsymbol{P},\boldsymbol{P}^*)=\min\{1,\ R_{f_I}\} \tag{4.12}$$

其中

$$R_{f_I}=\frac{p(I+1)p(\boldsymbol{W}|\boldsymbol{Y}^*,\boldsymbol{\theta},I+1,O)p(\boldsymbol{Y}^*|\boldsymbol{\theta},I+1,O)r_{m_{I+1}}(\boldsymbol{\Theta}^*)}{p(I)p(\boldsymbol{W}|\boldsymbol{Y},\boldsymbol{\theta},I,O)p(\boldsymbol{Y}|\boldsymbol{\theta},I,O)r_{s_I}(\boldsymbol{\Theta})q(\boldsymbol{u})}\left|\frac{\partial\boldsymbol{\Theta}^*}{\partial(\boldsymbol{\Theta},\boldsymbol{u})}\right| \tag{4.13}$$

其中，$\boldsymbol{Y}^*=\{Y_1,\cdots,Y_i^*,\cdots,Y_I,Y_{I+1}^*\}$，$\boldsymbol{Y}=\{Y_1,\cdots,Y_i,\cdots,Y_I\}$，$\boldsymbol{\Theta}^*=(\boldsymbol{Y}^*,\boldsymbol{\theta},I+1)$，$\boldsymbol{\Theta}=(\boldsymbol{Y},\boldsymbol{\theta},I)$，$r_{s_I}$ 为 I 状态下选择分裂操作的概率，$r_{m_{I+1}}$ 为 $I+1$ 状态下选择合并操作的概率，式(4.13)的 Jacobian 项为 1。

抽取随机数 $g\sim U[0,1]$，当 $g\leqslant a_{f_I}(\boldsymbol{P},\boldsymbol{P}^*)$时，接受该次操作结果，$\boldsymbol{P}$ 变为$\boldsymbol{P}^*$；否则，拒绝该次操作结果，保持 $\boldsymbol{P}$ 不变。

合并操作是分裂操作的对偶操作，其接受率为

$$a_{h_{I+1}}(\boldsymbol{P},\boldsymbol{P}^*)=\min\{1,\ 1/R_{f_I}\} \tag{4.14}$$

为了实现上述 RJMCMC 的迭代采样，必须对贡献权重集合 $\boldsymbol{\omega}=\{\omega_{jo};\ j=1,\cdots,J,o=1,\cdots,O\}$进行估计。本书中选择 EM 算法来估计 $\boldsymbol{\omega}$。EM 算法的基本思想是通过迭代过程计算期望值和最大化期望值来完成最大或然率估计。假设第 n 次迭代的贡献权重集合估计值为 $\boldsymbol{\omega}^{(n)}$，则这次迭代的期望值计算如下：

$$Q(\boldsymbol{\omega},\boldsymbol{\omega}^{(n-1)})=E[\log p(\boldsymbol{W}|\boldsymbol{Y},\boldsymbol{\theta},I,O)\,|\,\boldsymbol{\omega}^{(n-1)}]+E[\log p(\boldsymbol{Y}|I,O)\,|\,\boldsymbol{\omega}^{(n-1)}] \tag{4.15}$$

由于标号场 $\boldsymbol{Y}$ 的概率密度函数与贡献权重集合 $\boldsymbol{\omega}$ 无关，所以忽略式(4.15)右边的后一项。$\boldsymbol{\omega}^{(n)}$ 则通过最大化 $Q(\boldsymbol{\omega},\boldsymbol{\omega}^{(n-1)})$得到，即 $\boldsymbol{\omega}^{(n)}$ 满足

$$Q(\boldsymbol{\omega}^{(n)},\boldsymbol{\omega}^{(n-1)})\geqslant Q(\boldsymbol{\omega},\boldsymbol{\omega}^{(n-1)}),\quad \forall\,\omega\in\Omega_{\omega} \tag{4.16}$$

其中，Ω_ω 为所有贡献权重的取值范围。将式(4.1)代入式(4.15)，对其进行求导并设该导数为 0，则可得到

$$\boldsymbol{\omega}^{(n)*}=\{\omega_{jo}^{(n)*};\ j=1,\cdots,J,o=1,\cdots,O\}$$

其中

$$\omega_{jo}^{(n)*}=\frac{\mu_o}{\sum\limits_{y_s=o}x_s/N_o} \tag{4.17}$$

其中，N_o 为所有标号是 o 的像素的总个数。然后，对 ω_{jo}^* 进行归一化处理，得到 $\omega_{jo}(j=1,\cdots,J,o=1,\cdots,O)$，可表示为

$$\omega_{jo}^{(n)}=\frac{\omega_{jo}^{(n)*}}{\sum\limits_{o=1}^{O}\sum\limits_{j=1}^{J}\omega_{jo}^{(n)*}} \tag{4.18}$$

进而得到贡献权重集合 $\boldsymbol{\omega}^{(n)}=\{\omega_{jo}^{(n)};\ j=1,\cdots,J,o=1,\cdots,O\}$。

3. 特征加权贝叶斯分割算法的流程

针对图像在高分辨率遥感图像分割中的作用进行研究，利用贝叶斯定理，提出特征加权贝叶斯分割算法，该算法的具体流程如下。

① 特征加权贝叶斯分割模型的建立。将特征集合、贡献权重集合与贝叶斯定理相结合，建立特征加权贝叶斯分割模型，其具体步骤为：

S1，定义贡献权重，并利用其集合与特征集合定义特征加权图像；

S2，利用规则划分技术将特征加权图像的图像域划分成一系列规则子块；

S3，以规则子块为处理单元，建立特征加权矢量场模型、标号场模型；

S4,利用贝叶斯定理将特征矢量场模型、标号场模型与先验分布结合,建立特征加权贝叶斯分割模型。

② 特征加权贝叶斯分割模型的模拟。特征加权贝叶斯分割模型建立完成后,结合 RJMCMC 算法和 EM 算法模拟求解该模型,以实现区域分割和贡献权重估计,其具体步骤为:

S1,初始化总参数矢量 $\boldsymbol{\Theta}_0=\{\boldsymbol{Y}_0, \boldsymbol{\theta}_0, I_0\}$ 和贡献权重集合 $\boldsymbol{\omega}_0$;

S2,将特征集合与贡献权重集合相乘,得到初始特征加权图像 $\boldsymbol{w}_0$;

S3,利用贡献权重集合 $\boldsymbol{\omega}^{(0)}$,执行 n_p 次 RJMCMC 算法(每次 RJMCMC 算法的流程如图 4.3 所示),得到均值矢量集合 $\boldsymbol{\mu}^{(1)}$、协方差矩阵集合 $\boldsymbol{\Sigma}^{(1)}$、规则子块个数 $I^{(1)}$ 和标号场 $\boldsymbol{Y}^{(1)}$ 的估计;

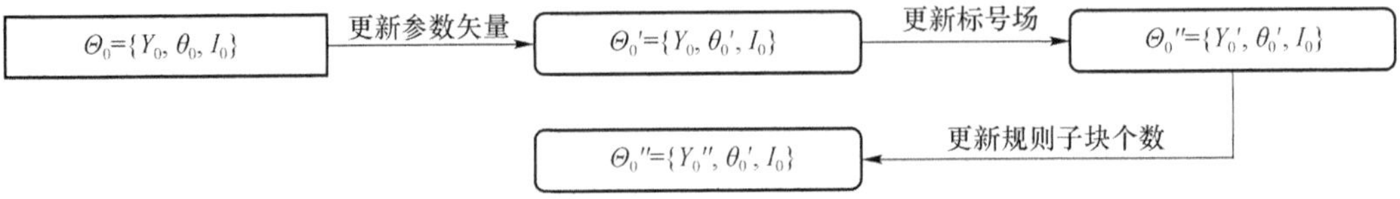

图 4.3 特征加权贝叶斯分割算法的迭代流程图

S4,将 S3 中的 $\boldsymbol{\mu}^{(1)}$ 的估计代入式(4.17)中,并对其进行归一化,进而得到贡献权重集合的估计 $\boldsymbol{\omega}^{(1)}$;

S5,返回 S2,直到达到预计的总循环数或贡献权重集合 $\boldsymbol{\omega}$ 整体收敛到稳定值,循环结束。

4.1.2 特征加权贝叶斯分割算法实例

为了验证提出的特征加权贝叶斯分割算法,利用该算法对高分辨率遥感图像(包括 SAR 图像、全色遥感图像及彩色遥感图像)进行分割实验,并对分割结果进行定性及定量评价,通过精度评价结果,验证提出的特征加权贝叶斯分割算法对高分辨率遥感图像的有效性。

1. SAR 图像贝叶斯分割实验

图 4.4(a)是 128×128 像素的图像模板,以图 4.4(a)为模板生成具有 4 个同质区域的模拟 SAR 图像,见图 4.4(b)。该模拟 SAR 图像各同质区域服从 Gamma 分布,其形状参数为 α,尺度参数为 β,见表 4.1。

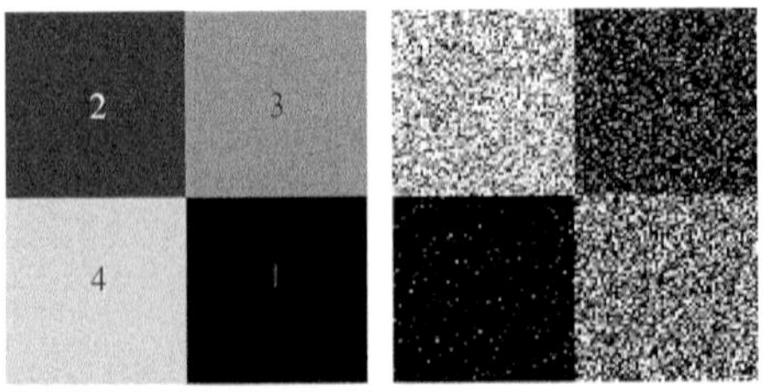

(a) 图像模板 (b) 模拟图像

图 4.4 特征加权贝叶斯分割算法的模拟 SAR 图像

表 4.1 特征加权贝叶斯分割算法的模拟 SAR 图像 Gamma 参数

参 数	同质区域			
	1	2	3	4
α	4.066 4	7.689 1	6.383 2	2.270 5
β	33.771 2	24.102 7	13.570 4	48.308 1

由于 SAR 图像斑点噪声的影响，所以 SAR 图像的多尺度光谱特征提取更加困难。图像对应的尺度总数 J 过小会导致较多信息冗余，过大会导致部分图像信息丢失。根据多次实验得，图像对应的尺度总数 $J=4$。利用基于 Wrapping 的离散曲波变换对图 4.4(b)的模拟 SAR 图像进行多尺度分析，得到一系列多尺度曲波系数；然后，令除当前尺度以外其他尺度的曲波系数为 0，利用其逆变换，对当前尺度的所有曲波系数进行重构；对其尺寸进行归一化，得到在图像域上当前尺度的光谱特征；按尺度由粗至细的次序，以此类推，进而获取模拟 SAR 图像的多尺度光谱特征，如图 4.5 所示。通过图 4.5 可以看出，不同尺度对应不同的光谱特征信息。粗尺度光谱特征〔见图 4.5(a)〕是由低频曲波系数重构而成的，它包含了模拟 SAR 图像的主要信息，几乎不含有模拟 SAR 图像的斑点噪声。因此，通过图 4.5(a) 只能看出模拟 SAR 图像的轮廓，细节不清晰。中间尺度的光谱特征是由中、高频曲波系数重构而成的。因此，中间尺度光谱特征包含了模拟 SAR 图像的边缘信息和少量细节信息。其中，中间尺度 1 的光谱特征〔见图 4.5(b)〕包含了模拟 SAR 图像的大部分边缘信息；而中间尺度 2 的光谱特征〔见图 4.5 (c)〕包含了模拟 SAR 图像部分的边缘信息和少量的细节信息。细尺度光谱特征是由高频曲波系数重构而成的。通过图 4.5(d)可以看出，细尺度光谱特征中包含了模拟 SAR 图像的斑点噪声。对两个中间尺度的光谱特征进行比较可以看出，中间尺度 1 的光谱特征包含的是粗尺度光谱特征中的边缘，而中间尺度 2 的光谱特征包含的是细尺度光谱特征中的边缘。因此，多尺度光谱特征既包含了图像的光谱信息，还包含了边缘信息。

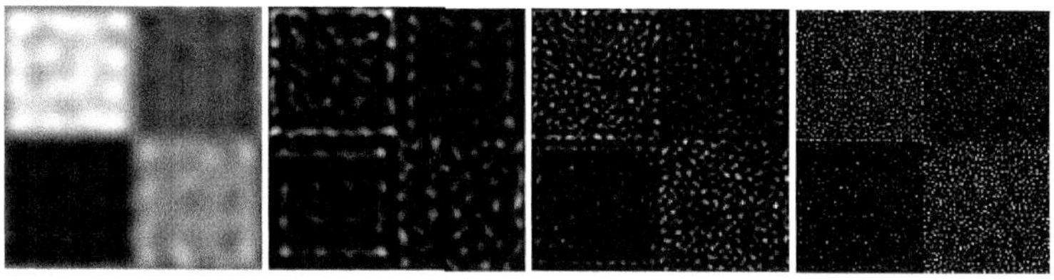

(a) 粗尺度　(b) 中间尺度1　(c) 中间尺度2　(d) 细尺度

图 4.5 模拟 SAR 图像的多尺度光谱特征

为了验证曲波变换在模拟 SAR 图像多尺度光谱特征提取中的优越性，本书选择二维 Haar 小波变换作为对比算法，利用该对比算法提取模拟 SAR 图像的多尺度光谱特征。首先，利用 Haar 小波变换对模拟 SAR 图像〔图 4.4(a)〕进行分解，获取 LL，HL，LH 和 HH 四部分的小波系数；然后，令除当前部分以外其他部分小波系数均为 0，利用小波逆变换，重构当前部分的小波系数，获取当前部分的光谱特征。以此类推，进而获取 LL，HL，LH 和 HH 四部分的光谱特征，如图 4.6 所示。LL 部分的光谱特征是由低频小波系数重构而成的，包含了大量图像信息；HL 和 LH 部分的光谱特征是由中、高频小波系数重构而成的，包含了原始图像的边缘信息和少量细节信息；而 HH 部分的光谱特征是由高频小波系数重构而成的，包含了 SAR 图像的大部分斑点噪声。通过与曲波变换的提取结果进行比较可以看出，小波变换虽能较好地表达奇异点，但对于更高维的特征，如边缘特征，小波变换不能较好地提取。图 4.5(b)和图 4.6(b)分别是由曲波变换和小波变换的中、高频系数重构而成的，相比而言，图 4.5(b)包含的边缘更清晰。

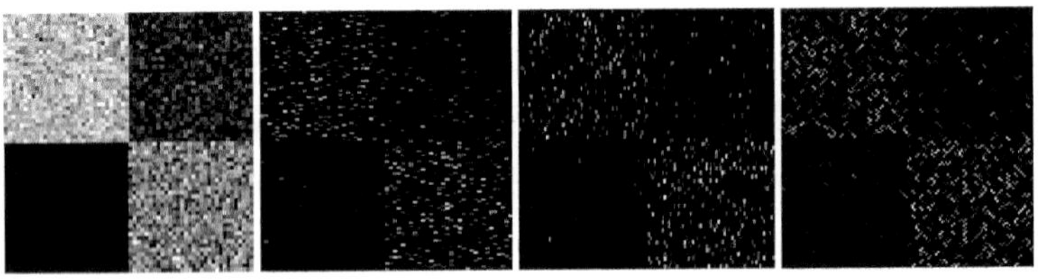

(a) LL　(b) HL　(c) LH　(d) HH

图 4.6　基于小波变换的模拟 SAR 图像多尺度光谱特征

将由曲波变换提取的多尺度光谱特征构成曲波特征集合，以此为分割依据，利用提出的特征加权贝叶斯分割算法进行分割实验，图 4.7(a)和图 4.7(b)分别为模拟 SAR 图像的规则划分结果和分割结果。通过图 4.7(b)可以看出，提出算法可准确地分割模拟 SAR 图像，无误分割像素。为了进一步验证提出算法，对分割结果进行定性评价。具体操作为：提取分割结果〔见图 4.7(b)〕的轮廓线，并将其分别叠加到规则划分结果和原图上，如图 4.7(c)和图 4.7(d)所示。通过这两幅图可以看出，实际轮廓线与提取的轮廓线完全吻合，这说明了提出算法对模拟 SAR 图像的有效性。

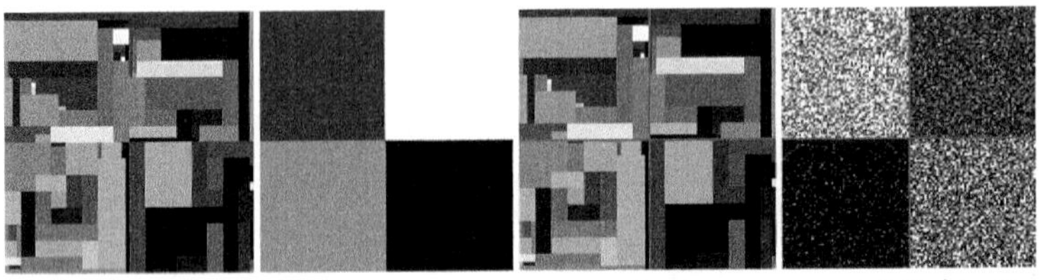

(a) 规则划分结果　(b) 分割结果　(c) 轮廓线叠加到规则划分结果上　(d) 轮廓线叠加到原图上

图 4.7　特征加权贝叶斯分割算法的模拟 SAR 图像视觉评价

为了进一步验证曲波变换在模拟 SAR 图像多尺度光谱特征提取中的优越性，将小波变换提取的多尺度光谱特征构成小波特征集合，以此为分割依据，利用提出的特征加权贝叶斯分割算法进行分割实验，图 4.8(a)和图 4.8(b)分别为小波变换对应的规则划分结果和分割结果。通过图 4.8(b)可以看出，模拟 SAR 图像的区域内部边缘出现明显的误分割现象，如第 1 和第 3 区域间的边缘存在误分割子块跨越两个区域的情况。另外，提取分割结果

〔见图 4.8(b)〕的轮廓线，并将其分别叠加到规则划分结果和原图上，如图 4.8(c)和图 4.8(d)所示。通过这两幅图可以看出，实际区域边缘与小波特征集合分割结果提取的边缘轮廓线不甚吻合。

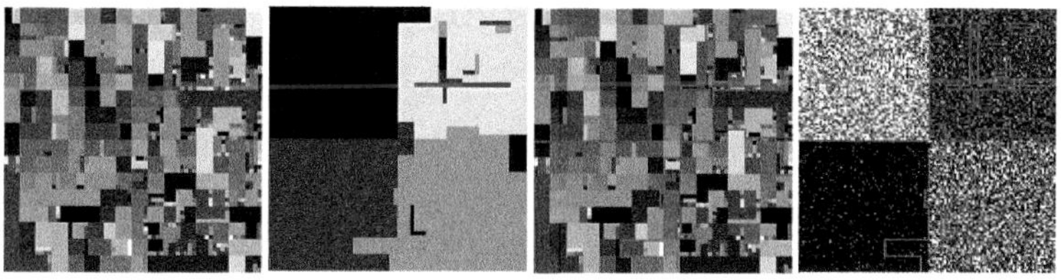

(a) 规则划分结果　(b) 分割结果　(c) 轮廓线叠加到规则划分结果上　(d) 轮廓线叠加到原图上

图 4.8　小波特征集合的模拟 SAR 图像视觉评价

以图 4.4(a)为标准分割数据，求分割结果〔见图 4.7(b)和图 4.8(b)〕的混淆矩阵，并根据所求混淆矩阵计算其产品精度、用户精度、总精度及 Kappa 值，见表 4.2。通过表 4.2 可以看出，曲波特征集合分割结果对应的各精度值均为 100%，Kappa 值高达 1.000。曲波特征集合分割结果的定量评价进一步说明了提出算法对模拟 SAR 图像的可行性及有效性。在小波特征集合分割结果对应的分割精度中，区域 3 的产品精度低至 83.4%，区域 1 的用户精度低至 89.9%，Kappa 值为 0.906。通过两个分割结果的定量评价比较可以看出，曲波特征集合对应的各精度值大于等于小波特征集合对应的各精度值，曲波特征集合对应的 Kappa 值也明显高于小波特征集合对应的 Kappa 值。这说明相比于小波特征集合对应的分割结果，曲波特征集合对应的分割结果精度更高。

表 4.2　特征加权贝叶斯分割算法的模拟 SAR 图像定量评价

特　征	产品精度(%)				用户精度(%)				总精度(%)	Kappa 值
	1	2	3	4	1	2	3	4		
曲波	100	100	100	100	100	100	100	100	100	1.000
小波	93.9	100	83.4	94.5	89.9	90.2	100	93.4	93.4	0.906

通过比较曲波特征集合和小波特征集合的视觉评价和定量评价结果可以看出，曲波特征集合对应的分割结果优于小波特征集合的分割结果。这是由于小波变换提取的多尺度光谱特征信息不足，而相比之下，曲波变换提取的多尺度光谱特征信息更充分，进而提出算法可更好地利用曲波特征集合中的多尺度光谱特征实现模拟 SAR 图像分割。

为了自适应地确定各特征在模拟 SAR 图像分割中的作用，赋予特征矢量中每个特征分量不同的贡献权重，利用提出算法估计所有的贡献权重值，以实现广义特征选择。图 4.9(a1)至图 4.9(a4)为曲波特征集合中 4 个特征在模拟 SAR 图像分割过程中对各类贡献权重值的变化情况，图 4.9(b1)至图 4.9(b4)为小波特征集合中 4 个特征在模拟 SAR 图像分割过程中对各类贡献权重值的变化情况。在图 4.9 中，红点代表所有特征对图像中类别 1 的贡献权重；绿点代表所有特征对图像中类别 2 的贡献权重；蓝点代表所有特征对图像中类别 3 的贡献权重；黑点代表所有特征对图像中类别 4 的贡献权重。通过图 4.9 可以发现，各特征权重很快收敛到其近似值。这说明提出算法可自适应地确定各特征对每一类别的贡献权重值。曲波特征集合和小波特征集合中各特征对每一类别的贡献权重近似值见表 4.3。贡献权重越大，说明该特征在图像分割过程中的作用越大。通过表 4.3 可以计算得出，曲波特征 1 的贡献权重和为 0.24，曲波特征 2 的贡献权重和为 0.20，曲波特征 3 的贡献权重和为 0.30，曲波特征 4 的贡献权重和为 0.26；而小波特征 1～4 的贡献权重和分别为 0.24，0.21，0.29 和 0.26。通过上述计算结果可以看出，在模拟 SAR 图像的分割过程中，曲波特征集合和小波特征集合均是特征 3 作用最大，特征 2 作用最小，并且在曲波特征集合和小波特征集合中对应的各特征的贡献权重和相同，但是在两个特征集合中各特征对各类别的贡献权重分配略有不同。通过比较分割结果〔见图 4.7(b)和图 4.8(b)〕可知，曲波特征集合对应的分割结果更好，这说明提出算法可更合理地分配曲波特征集合中各特征在图像分割中对每一类别的作用，从而更好地分割模拟 SAR 图像。

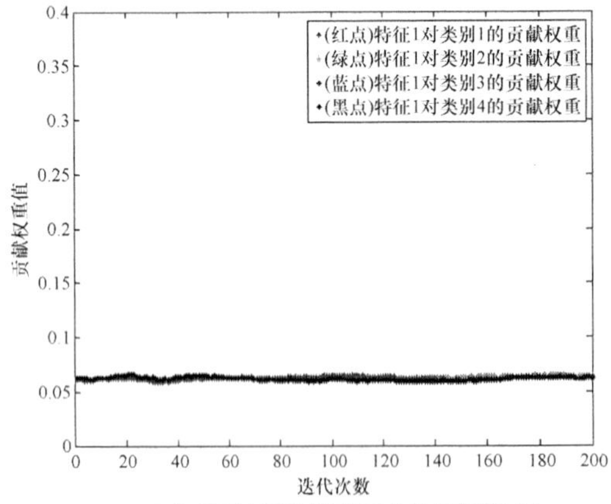

(a1) 特征1的贡献权重(曲波特征集合)

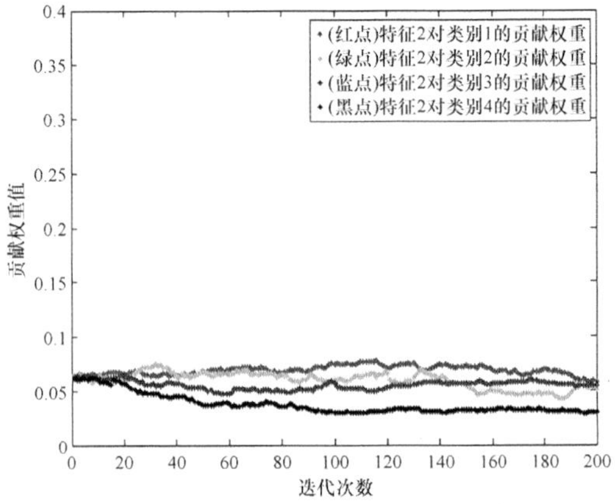

(a2) 特征2的贡献权重(曲波特征集合)

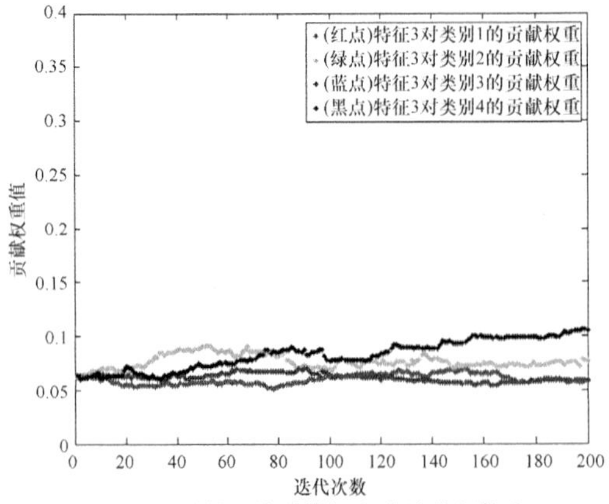

(a3) 特征3的贡献权重(曲波特征集合)

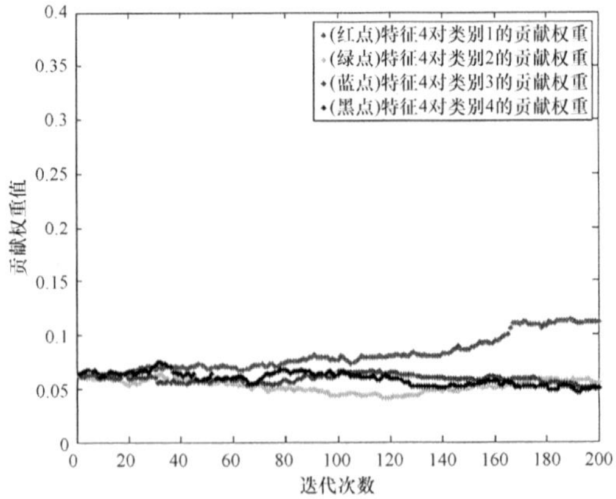

(a4) 特征4的贡献权重(曲波特征集合)

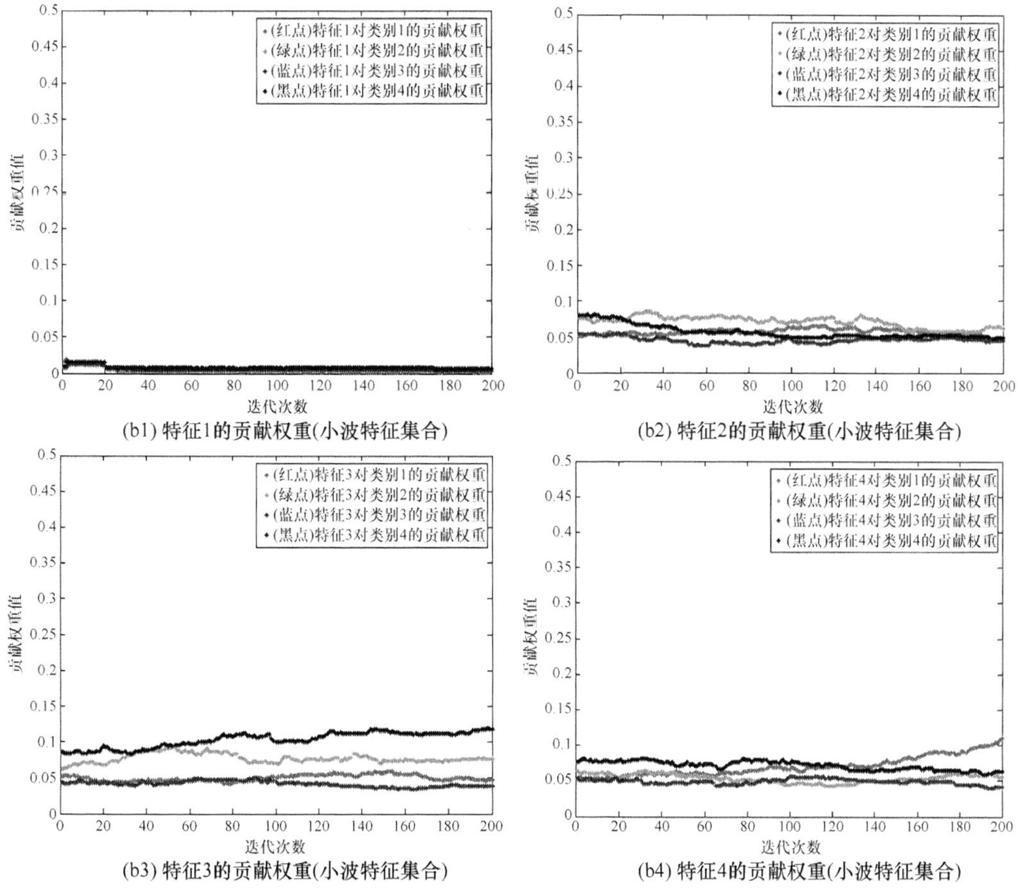

图 4.9　特征加权贝叶斯分割算法的模拟 SAR 图像贡献权重值变化

表 4.3　特征加权贝叶斯分割算法的模拟 SAR 图像贡献权重值

特　征	特征 1 ($\times10^{-2}$)				特征 2 ($\times10^{-2}$)				特征 3 ($\times10^{-2}$)				特征 4 ($\times10^{-2}$)			
	1	2	3	4	1	2	3	4	1	2	3	4	1	2	3	4
曲波	6	6	6	6	6	5	5	4	6	8	6	10	11	5	5	5
小波	5	7	4	8	5	6	5	5	5	8	4	12	10	6	4	6

根据上述模拟 SAR 图像实验结果的比较可以看出，相比于小波变换，曲波变换可更好地提取模拟 SAR 图像的多尺度光谱特征；由于曲波特征集合中多尺度光谱特征表达充分，所以提出算法可更合理地分配曲波特征集合各特征在图像分割中的作用，以更好地分割模拟 SAR 图像。因此，在真实 SAR 图像分割实验中，仅以曲波特征集合为区域分割依据，利用提出的特征加权贝叶斯分割算法进行分割实验。

图 4.10 为 4 幅真实 RadarSat-Ⅰ/Ⅱ SAR 强度图像。其中，图 4.10(a)是 RadarSat-Ⅰ图像，VV 极化，空间分辨率为 30 m，图像尺寸为 128×128 像素，图像包含 3 个区域，由浅到深分别为坚冰、融冰和水；图 4.10(b)是 RadarSat-Ⅰ图像，VV 极化，空间分辨率为 50 m，尺

寸为128×128像素,图像包含了4个区域;图4.10(c)为尺寸为256×256像素的RadarSat-Ⅱ图像,HV极化,空间分辨率为25 m,图像包含水域和陆地两个区域;图4.10(d)为尺寸为512×512像素的RadarSat-Ⅱ图像,HV极化,空间分辨率为25 m,图像由浅到深包含了3个区域,分别为生活区、耕地区和水域。

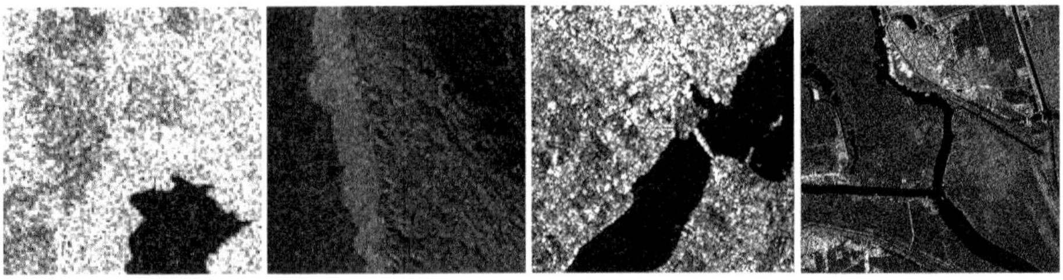

(a) SAR图像1　(b) SAR图像2　(c) SAR图像3　(d) SAR图像4

图4.10　特征加权贝叶斯分割算法的真实SAR图像

图4.11为真实SAR图像的多尺度光谱特征。获取真实SAR图像的多度光谱特征的具体步骤为:首先,利用基于Wrapping的离散曲波变换对真实SAR图像进行多尺度分析,得到一系列多尺度曲波系数,图像对应的尺度总个数$J=4$;然后,令除当前尺度以外其他尺度的曲波系数为0,利用曲波逆变换,对当前尺度的所有曲波系数进行重构;对其尺寸进行归一化,构建在图像域上当前尺度的光谱特征;按尺度由粗至细的次序,以此类推,获取真实SAR图像的多尺度光谱特征(见图4.11)。通过图4.11可以看出,不同尺度对应不同的光谱特征信息。粗尺度光谱特征〔见图4.11(a1)至图4.11(d1)〕是由低频曲波系数重构而成的,它包含了真实SAR图像的主要信息,几乎不含有图像噪声。因此,通过图4.11(a1)至图4.11(d1)只能看出原图的轮廓,细节看不清晰。中间尺度光谱特征是由中、高频曲波系数重构而形成的,因此中间尺度的光谱特征包含了原始图像的边缘信息和少量细节信息。其中,中间尺度1的光谱特征〔见图4.11(a2)至图4.11(d2)〕包含了原始图像的大部分边缘信息;而中间尺度2的光谱特征〔见图4.11(a3)至图4.11(d3)〕包含了原始图像部分的边缘信息和少量的细节信息。细尺度光谱特征是由高频曲波系数重构而成的。通过图4.11(a4)至图4.11(d4)可以看出,细尺度光谱特征中包含了图像的大量细节信息,同时含有大部分的图像噪声。

利用提取的多尺度光谱特征构成特征集合,以此为分割依据,利用提出的特征加权贝叶斯分割算法对4幅真实SAR图像进行分割实验,图4.12(a1)至图4.12(d1)为规则划分结果,图4.12(a2)至图4.12(d2)为分割结果。通过分割结果可以看出,提出算法可以较好地提取出多尺度光谱特征,并将其融入分割算法中,以实现真实SAR图像分割。为了对分割结果进行定性评价,提取其轮廓线,并将其叠加到规则划分结果与原图上,见图4.12(a3)至图4.12(d3)和图4.12(a4)至图4.12(d4)。通过图4.12(a4)至图4.12(d4)可以看出,提

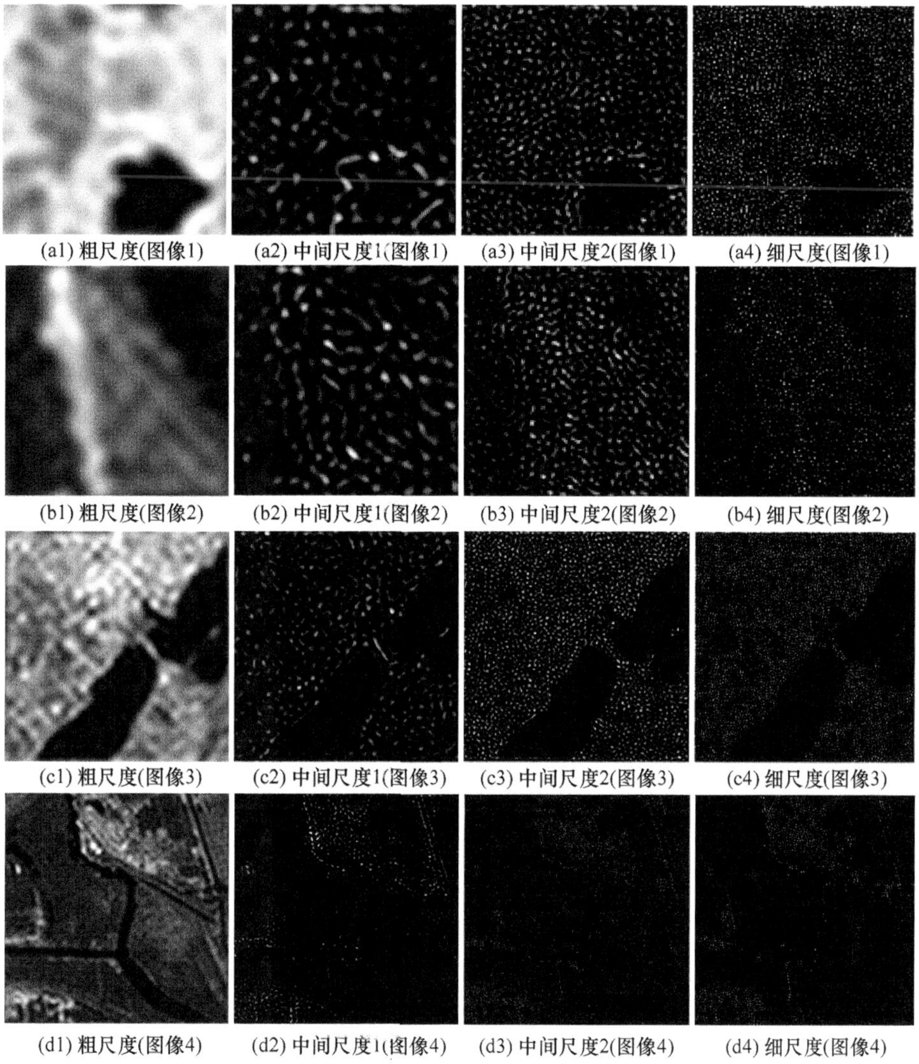

图 4.11　真实 SAR 图像的多尺度光谱特征

出算法可较好地实现区域分割和边缘分割，这进一步说明了提出算法对真实 SAR 图像的有效性。

为了对真实 SAR 图像的分割结果进行定量评价，以图 4.13 为标准分割数据，求其对应的混淆矩阵，并根据所求混淆矩阵计算各精度值，见表 4.4。通过表 4.4 可以看到，在图 4.10(a) 的分割精度值中，除了第 3 区域的产品精度和用户精度，其他的产品精度、用户精度和总精度均大于等于 95.3%，且 Kappa 值高达 0.918；在图 4.10(b) 的分割精度值中，除了第 2 区域的产品精度和第 1 区域的用户精度，其他的产品精度、用户精度和总精度均大于等于 95.5%，且 Kappa 值高达 0.938；在图 4.10(c) 的分割精度值中，除了第 1 区域的用户精度，其他精度值均大于等于 96.5%，Kappa 值高达 0.940；在图 4.10(d) 的分割精度值

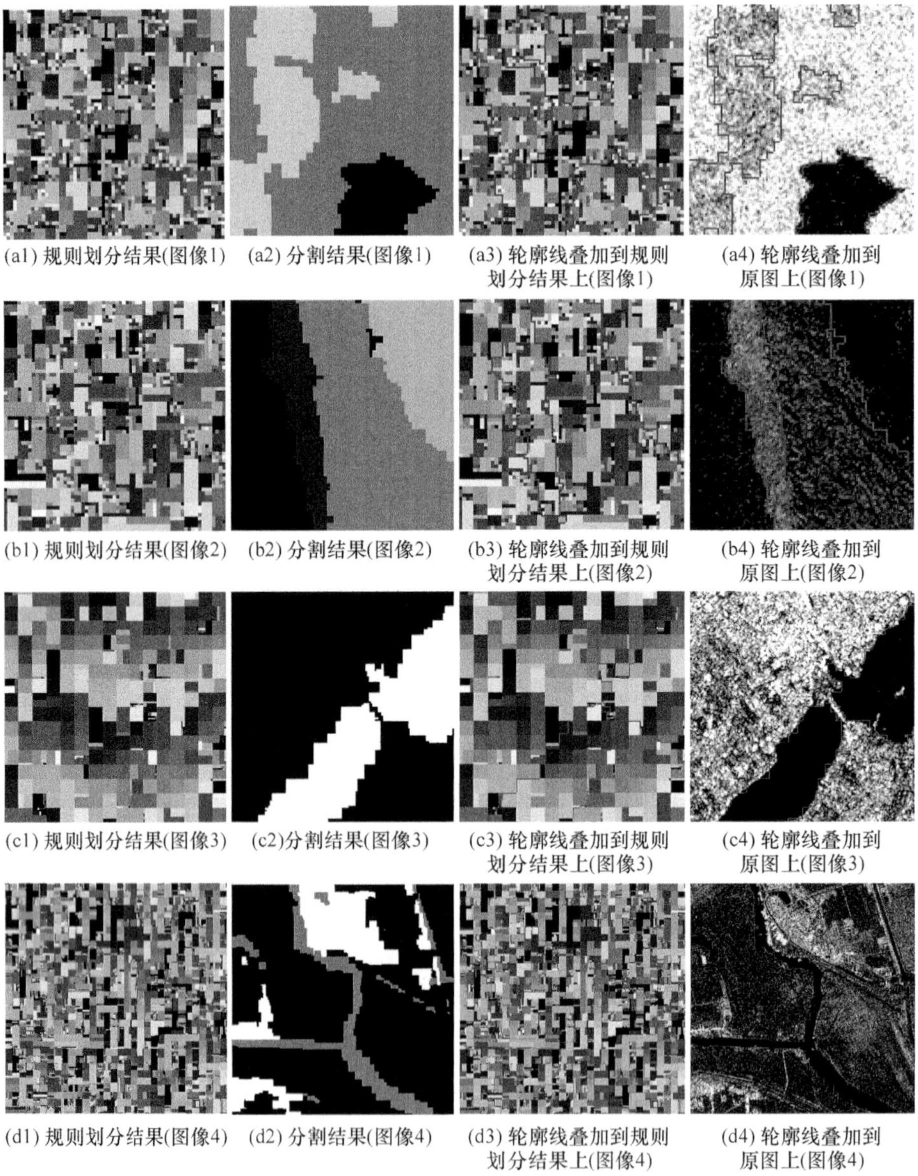

图 4.12　特征加权贝叶斯分割算法的真实 SAR 图像结果

中，除了第 1 区域的产品精度，其他的产品精度、用户精度和总精度均大于等于 90.7%，且 Kappa 值高达 0.904。通过表 4.4 计算可得，平均产品精度为 92.6%，平均用户精度为 95.4%，平均总精度为 96.4%，平均 Kappa 值为 0.925。图 4.10 分割结果〔见图 4.12(a2) 至图 4.12(c2)〕的定量评价进一步验证了提出的特征加权贝叶斯分割算法对真实 SAR 图像的有效性。

为了研究各特征在真实 SAR 图像分割中的作用，赋予特征矢量中每个特征分量不同的贡献权重，利用提出算法通过迭代估计所有的贡献权重值，以实现广义特征选择。图 4.14

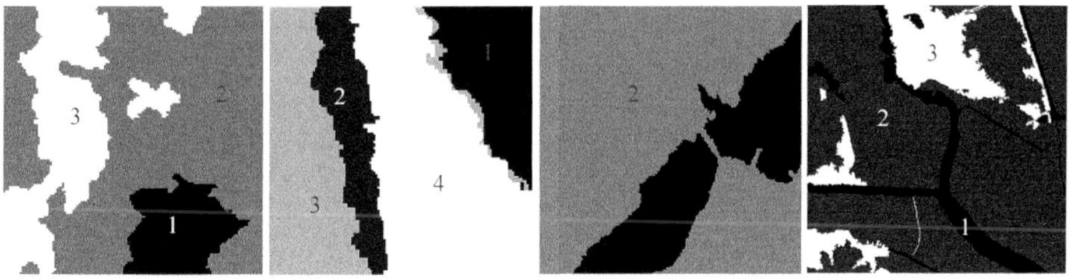

(a) 模板1　(b) 模板2　(c) 模板3　(d) 模板4

图 4.13 特征加权贝叶斯分割算法的真实 SAR 图像模板

表 4.4 特征加权贝叶斯分割算法的真实 SAR 图像定量评价

图　像	产品精度(%)				用户精度(%)				总精度(%)	Kappa 值
	1	2	3	4	1	2	3	4		
图 4.10(a)	95.3	96.3	94.2		96.1	96.8	92.9		95.7	0.918
图 4.10(b)	97.7	86.5	95.5	98.0	93.9	95.5	96.3	98.6	96.1	0.938
图 4.10(c)	96.5	98.1			94.8	98.7			97.7	0.940
图 4.10(d)	88.6	98.1	91.4		90.7	97.3	93.3		96.0	0.904

为 4 幅真实 SAR 图像对应的各特征对每一类别的贡献权重值变化图。通过图 4.14 可以发现各贡献权重值很快收敛到其近似值,这说明提出算法可自适应地确定真实 SAR 图像的各特征对每一类别的贡献权重值。各特征对各类别的贡献权重近似值见表 4.5。通过表 4.5 可以计算出图 4.10(a)的特征 1～4 的贡献权重总和分别为 0.30,0.24,0.34 和0.12;图4.10(b) 的特征 1～4 的贡献权重总和分别为 0.12,0.30,0.27 和 0.31;图 4.10(c)的特征 1～4 的贡献权重总和分别为 0.24,0.24,0.25 和 0.27;图 4.10(d)的特征 1～4 的贡献权重总和分别为 0.35,0.31,0.33 和 0.01。根据计算结果可以看出,曲波特征集合中特征 3 在图 4.10(a)的分割中作用最大,而特征 4 在图 4.10(a)的分割中作用最小;在图 4.10(b)的分割中,曲波特征集合中特征 4 的作用最大,特征 1 的作用最小;在图 4.10(c)的分割中,曲波特征集合中特征 4 的作用最大,特征 3 的作用次大,而特征 1 和 2 的作用相同,作用最小;在图 4.10(d) 的分割过程中,曲波特征集合中特征 1 作用最大,而特征 4 作用最小。图 4.14和表 4.5 说明提出算法可自适应地确定各特征在真实 SAR 图像分割中的作用;结合图 4.12 和表 4.4 可以进一步说明,提出算法合理分配曲波特征集合中各特征对各类别的贡献权重,从而可以较好地实现真实 SAR 图像分割。

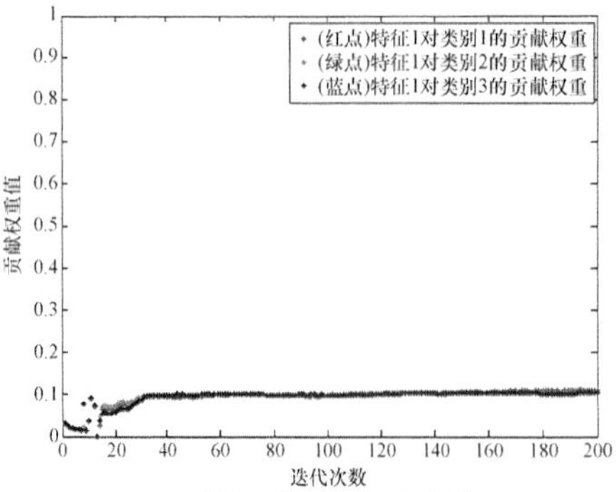

(a1) 特征1的贡献权重(图像1)

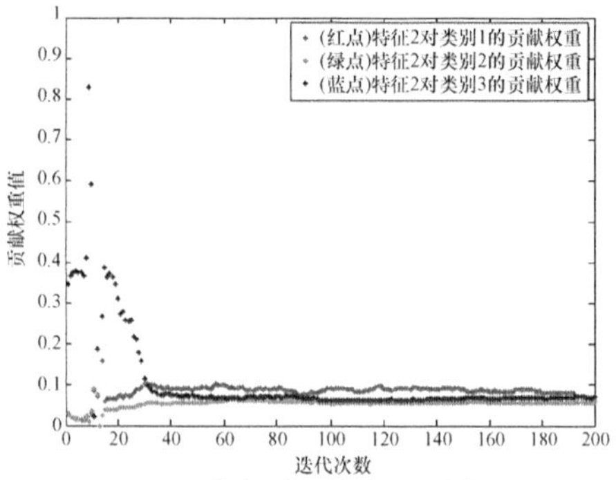

(a2) 特征2的贡献权重(图像1)

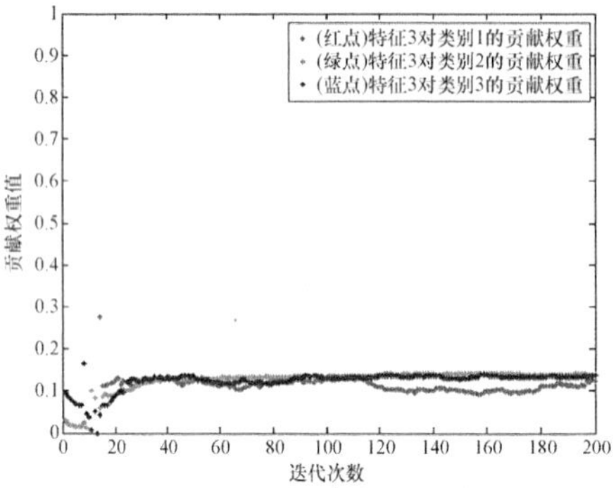

(a3) 特征3的贡献权重(图像1)

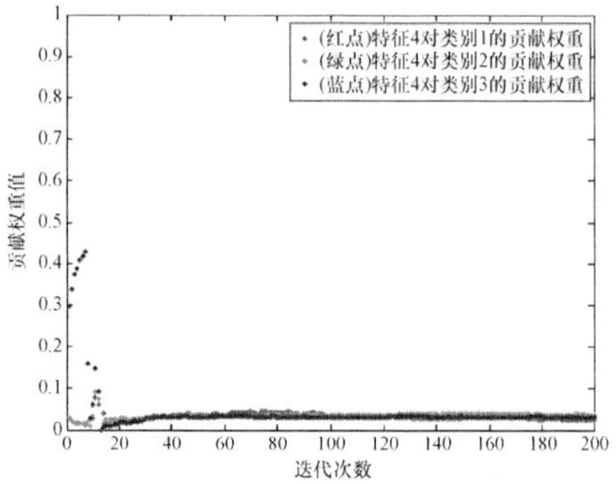

(a4) 特征4的贡献权重(图像1)

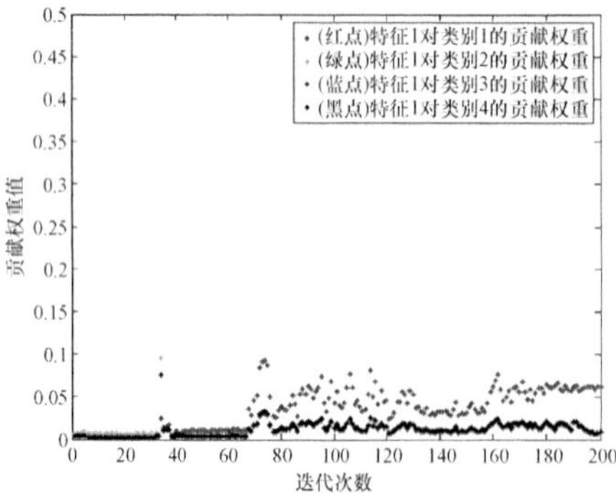

(b1) 特征1的贡献权重(图像2)

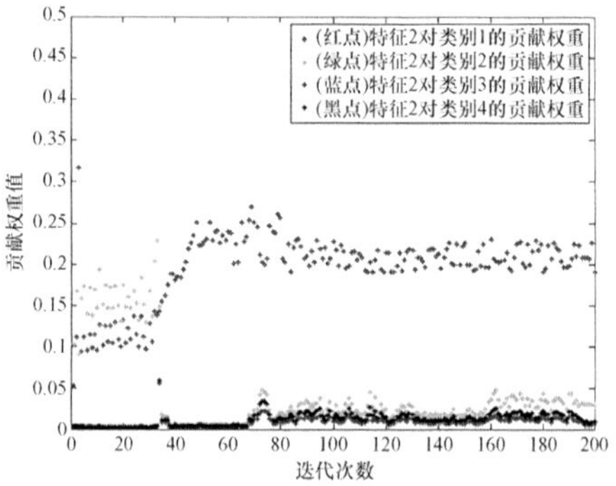

(b2) 特征2的贡献权重(图像2)

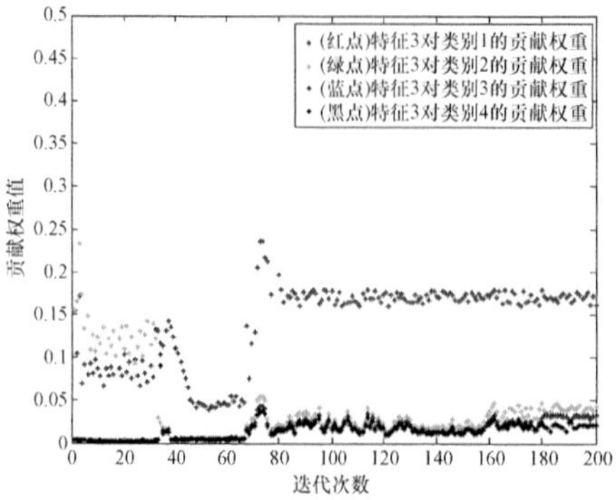

(b3) 特征3的贡献权重(图像2)

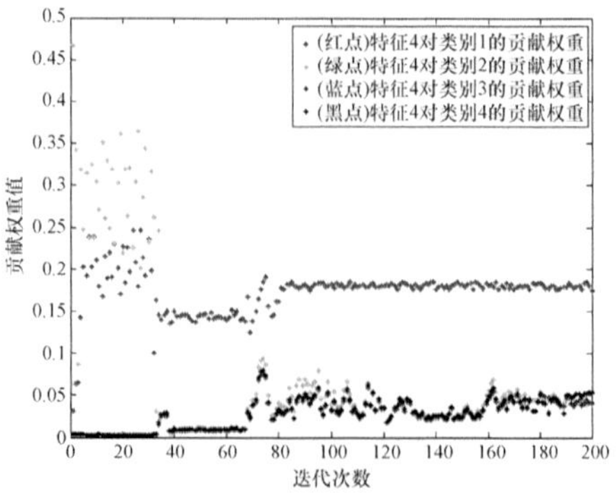

(b4) 特征4的贡献权重(图像2)

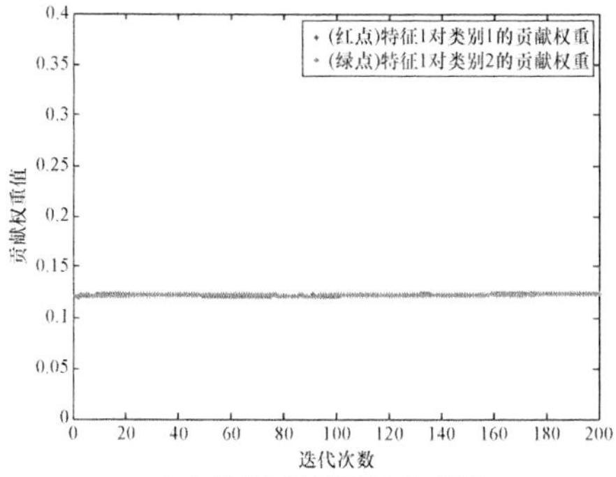

(c1) 特征1的贡献权重(图像3)

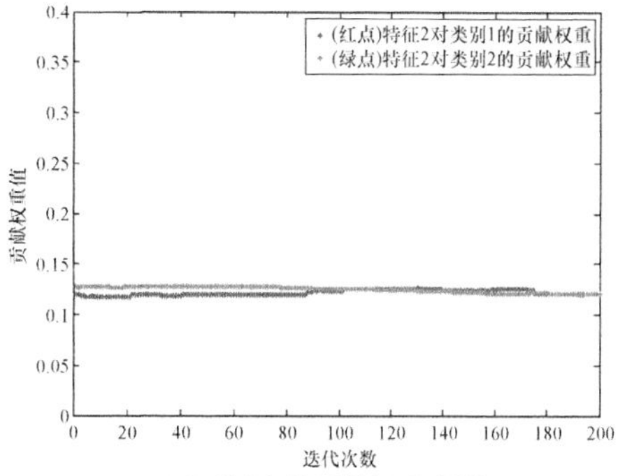

(c2) 特征2的贡献权重(图像3)

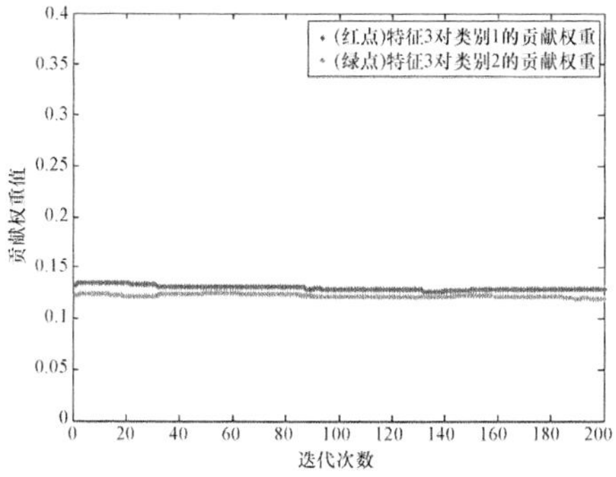

(c3) 特征3的贡献权重(图像3)

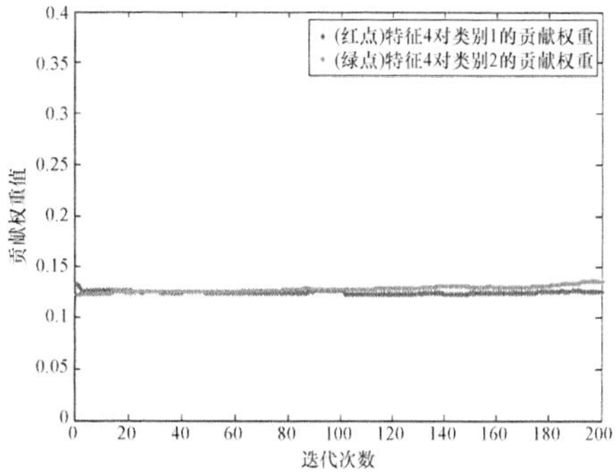

(c4) 特征4的贡献权重(图像3)

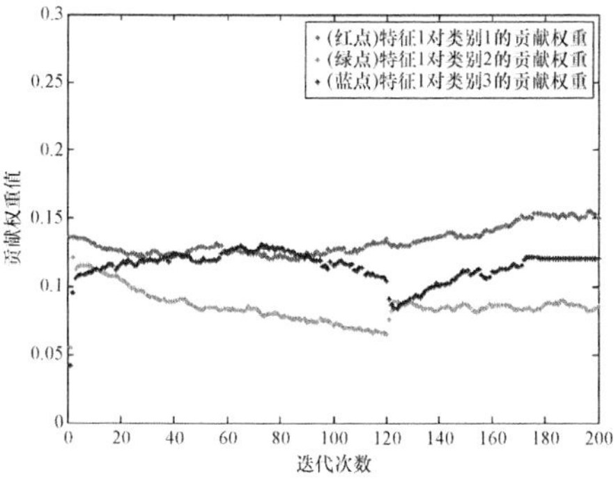

(d1) 特征1的贡献权重(图像4)

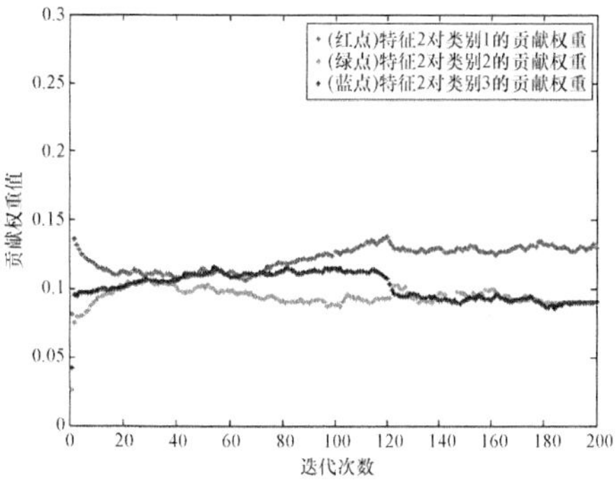

(d2) 特征2的贡献权重(图像4)

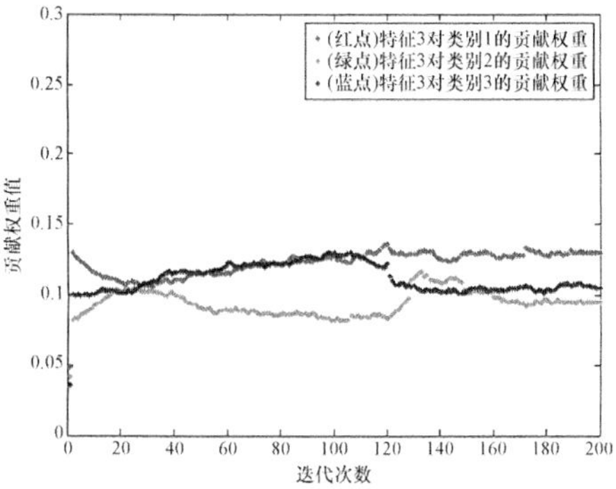

(d3) 特征3的贡献权重(图像4)

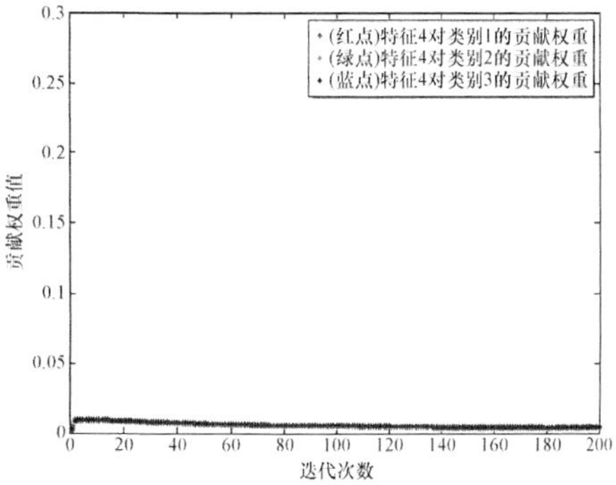

(d4) 特征4的贡献权重(图像4)

图 4.14 特征加权贝叶斯分割算法的真实 SAR 图像贡献权重值变化

表 4.5　特征加权贝叶斯分割算法的真实 SAR 图像贡献权重近似值

图　像	特征 1 ($\times 10^{-2}$)				特征 2 ($\times 10^{-2}$)				特征 3 ($\times 10^{-2}$)				特征 4 ($\times 10^{-2}$)			
	1	2	3	4	1	2	3	4	1	2	3	4	1	2	3	4
图 4.10(a)	10	10	10		9	7	8		10	12	12		4	4	4	
图 4.10(b)	6	2	2	2	23	3	2	2	18	4	3	2	18	4	4	5
图 4.10(c)	12	12			12	12			13	12			13	14		
图 4.10(d)	15	8	12		13	9	9		13	9.5	10.5		0.4	0.3	0.3	

2. 全色遥感图像贝叶斯分割实验

图 4.15 (a)为 128×128 像素的合成彩色遥感图像模板，其编号 1～4 代表不同的同质区域。利用由 WorldView-2 全色遥感图像上截取的灌木、森林、农田和人工建筑分别填充图 4.15(a)中编号为 1～4 的区域，获得合成全色遥感图像，如图 4.15(b)所示。

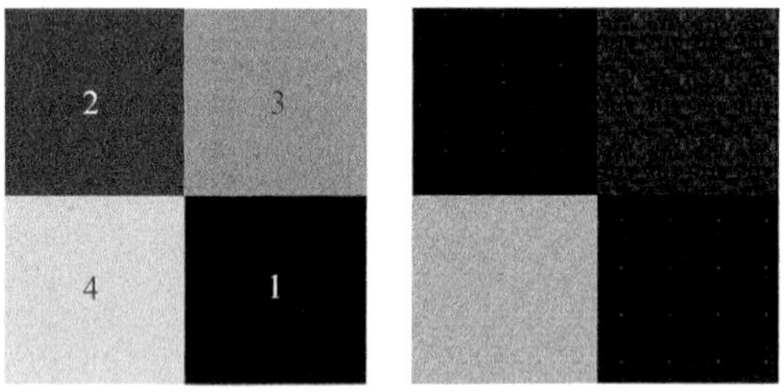

(a) 图像模板　　(b) 合成图像

图 4.15　特征加权贝叶斯分割算法的合成全色遥感图像

随着空间分辨率的不断提高，高分辨率全色遥感图像的细节变得更加清晰，但同时同质区域差异性越来越大，异质区域差异性越来越小，仅依靠单一光谱特征已无法较好地区分高分辨率全色遥感图像不同的同质区域，因此，利用第 3 章提出的算法提取图像的多尺度光谱特征。首先，利用基于 Wrapping 的离散曲波变换对合成全色遥感图像〔见图 4.15(b)〕进行多尺度分析，得到一系列多尺度曲波系数，其中，$J=4$。然后，令除当前尺度以外其他尺度的曲波系数为 0，利用曲波逆变换，对当前尺度的所有曲波系数进行重构；对其尺寸进行归一化，构建在图像域当前尺度的光谱特征；按尺度由粗至细的次序，以此类推，进而获取多尺度光谱特征，如图 4.16 所示。通过图 4.16 可以看出，不同尺度层(按尺度由粗至细的次序)对应不同的光谱特征信息。粗尺度光谱特征〔见图 4.16(a)〕是由低频曲波系数重构而成的，因此，通过图 4.16(a)只能看出原图的轮廓，细节不清晰。中间尺度光谱特征是由中、高频曲波系数重构而成的，因此，中间尺度光谱特征包含了合成全色遥感图像的大量边缘信息和少量细节信息。其中，中间尺度 1 的光谱特征〔见图 4.16(b)〕包含了图像的粗尺度光谱特征中原图轮廓的边缘；而中间尺度 2 的光谱特征〔见图 4.16(c)〕则包含了细尺度光谱特征中更为细微的边缘。细尺度光谱特征是由高频曲波系数重构而成的，高频曲波系数可形成噪声。通过图 4.16(d)可以看出，细尺度光谱特征中包含了图像的大量细节信息，还含有大部分的图像噪声。

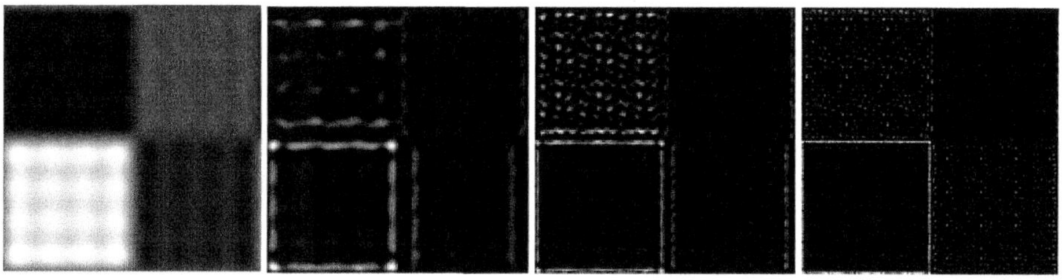

图 4.16 合成全色遥感图像的多尺度光谱特征

为了验证曲波变换在多尺度光谱特征提取中的优越性，本书选择二维 Haar 小波变换作为对比算法，对合成全色遥感图像进行多尺度光谱特征提取。图 4.17 为基于小波变换的合成全色遥感图像的多尺度光谱特征，其中，图 4.17(a)为 LL 光谱特征，是由低频小波系数重构而成的，包含了图像的主要信息；图 4.17(b)和图 4.17(c)分别为 HL 和 LH 光谱特征，是由中、高频小波系数重构而成的，包含了图像的边缘信息；图 4.17(d)为 HH 光谱特征，是由高频小波系数重构而成的，包含了图像大量的噪声。小波变换虽能较好地表达点的奇异性，但对曲线、平面等更高维的奇异性表达不甚理想，而图像边缘大部分为曲线，故小波变换不能较好地提取图像的边缘信息。通过比较图 4.16 和图 4.17 可以发现，曲波变换提取的光谱特征中包含的边缘更加丰富、完整。因此，通过比较图 4.16 和图 4.17 可以看出曲波变换可更好地提取全色遥感图像的多尺度光谱特征。

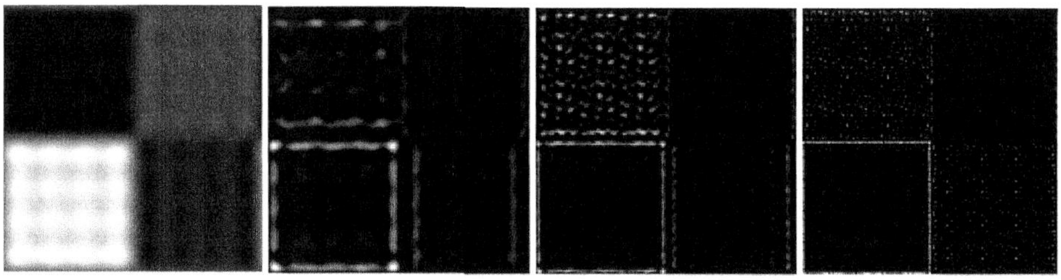

图 4.17 基于小波变换的合成全色遥感图像的多尺度光谱特征

以曲波变换提取的多尺度光谱特征为分割依据，利用提出的特征加权贝叶斯分割算法进行分割实验，图 4.18(a)为对应的规则划分结果，图 4.18(b)为其分割结果。通过这两幅图可以看出，提出算法可很好地将曲波变换提取的多尺度光谱特征应用到图像分割算法中，准确分割合成全色遥感图像，无误分割像素。为了进一步验证提出算法，提取分割结果〔见图 4.18(b)〕的轮廓线，并将其分别叠加到规则划分结果和原图上，如图 4.18(c) 和图 4.18(d)所示。通过视觉评价可以看出，提出算法提取的轮廓线与实际地物的轮廓线完全吻合，这说明了提出算法不仅可以较好地实现合成全色遥感图像的区域分割，也可很好地分割区域边缘，这也说明了提出的特征加权贝叶斯分割算法对合成全色遥感图像的有效性。

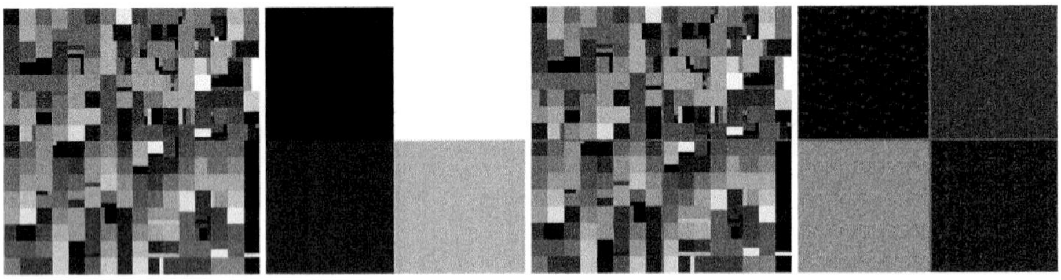

(a) 规则划分结果　(b) 分割结果　(c) 轮廓线叠加到规则划分结果上　(d) 轮廓线叠加到原图上

图 4.18　特征加权贝叶斯分割算法的合成全色遥感图像视觉评价

为了进一步验证曲波变换在合成全色遥感图像多尺度光谱特征提取中的优越性，以小波变换提取的多尺度光谱特征为分割依据，利用提出的特征加权贝叶斯分割算法对合成全色遥感图像进行分割实验，图 4.19(a) 和图 4.19(b)分别为小波变换对应的规则划分结果和分割结果。通过图 4.19(a) 和图 4.19(b) 可以看出，小波变换提取的多尺度光谱特征包含的边缘信息不足，导致合成全色遥感图像的区域边缘出现误分割现象。另外，提取分割结果〔见图 4.19(b)〕的轮廓线，并将其分别叠加到规则划分结果和原图上，如图 4.19(c) 和图 4.19(d) 所示。通过这两幅图可以看出，实际区域边缘与提取的轮廓线不甚吻合。通过比较图 4.18 和图 4.19可以看出，曲波特征集合的分割结果更好。这说明曲波变换可更好地提取合成全色遥感图像的多尺度光谱特征，从而与提出的特征加权贝叶斯分割算法有效结合，以提高合成全色遥感图像的分割精度。

以图 4.15(a)为标准分割数据，分别求出曲波特征集合和小波特征集合分割结果〔见图 4.18(b)和图 4.19(b)〕的混淆矩阵，并根据所求的混淆矩阵计算各自的产品精度、用户精度、总精度及 Kappa 值，见表 4.6。通过表 4.6 可以看出，曲波特征分割结果对应的各精度值均为 100%，Kappa 值高达 1.000。该定量评价结果进一步说明了提出算法对合成全色遥感图像的有效性。在小波特征对应的分割精度中，区域 3，4 的产品精度和区域 2 的用户精度均低于 88.0%，Kappa 值为 0.904。通过比较可以看出，曲波特征集合对应的 Kappa 值高于小波特征集合的，这说明曲波特征集合对应的分割精度更高。

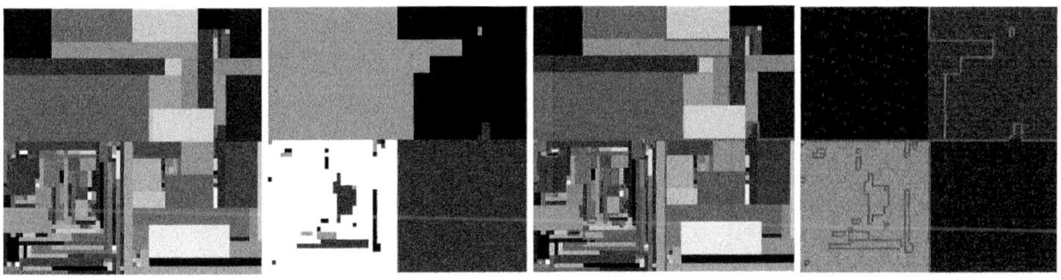

(a) 规则划分结果　(b) 分割结果　(c) 轮廓线叠加到规则划分结果上　(d) 轮廓线叠加到原图上

图 4.19　小波特征集合的合成全色遥感图像视觉评价

表 4.6　特征加权贝叶斯分割算法的合成全色遥感图像定量评价

特　征	产品精度(%)				用户精度(%)				总精度(%)	Kappa 值
	1	2	3	4	1	2	3	4		
曲波	100	100	100	100	100	100	100	100	100	1.000
小波	100	100	83.3	87.9	92.6	84.8	96.6	100	92.8	0.904

通过视觉评价和定量评价的比较可以看出，曲波特征集合对应的分割结果更好。这说明曲波变换可更好地提取多尺度光谱特征，使其多尺度光谱特征中包含更多的边缘及细节信息，从而提出算法可有效地利用曲波特征集合中的各特征，以更好地分割合成全色遥感图像。

为了研究各特征在图像分割中的作用，给特征矢量中的每个特征分量赋予不同的贡献权重，利用提出算法估计各贡献权重值。图 4.20(a1)至图 4.20(a4)为曲波变换提取的 4 个特征在合成全色遥感图像分割过程中对各类的贡献权重值的变化图，图 4.20(b1)至图 4.20(b4)为小波变换提取的 4 个特征在合成全色遥感图像分割过程中对各类的贡献权重值的变化图。通过图 4.20 可以看出，所有的贡献权重值均可很快地收敛到其近似值，这说明提出算法可自适应地确定不同特征在合成全色遥感图像分割中对于每一类别的作用。曲波特征集合和小波特征集合中各特征对各类别的贡献权重近似值见表 4.7。通过表 4.7 可以计算出曲波特征 1～4 的贡献权重和分别为 0.02，0.26，0.30 和 0.42；小波特征 1 的贡献权重和为 0.01，小波特征 2 的贡献权重和为 0.25，小波特征 3 的贡献权重和为 0.31，小波特征 4 的贡献权重和为 0.43。根据上述计算结果可以看出，在合成全色遥感图像分割过程中，曲波特征集合和小波特征集合中特征 2，3 和 4 的作用相同，特征 1 的作用最小，且两个集合中对应的特征贡献权重和近似相等。但是曲波特征集合对应的分割结果更好，这说明提出算法能更合理地分配曲波特征集合中各特征对各类别的贡献权重。

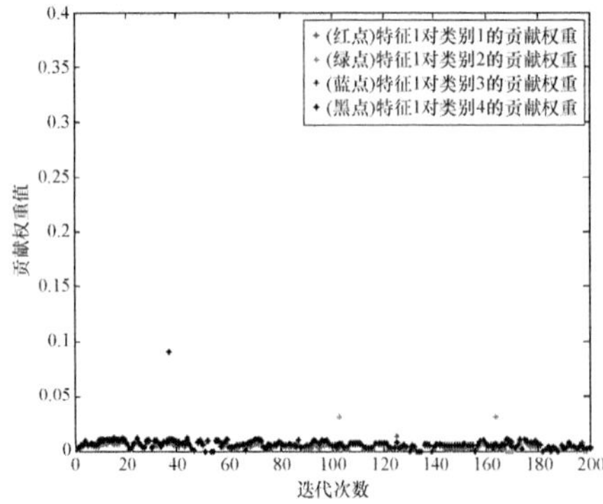

(a1) 特征1的贡献权重(曲波变换)

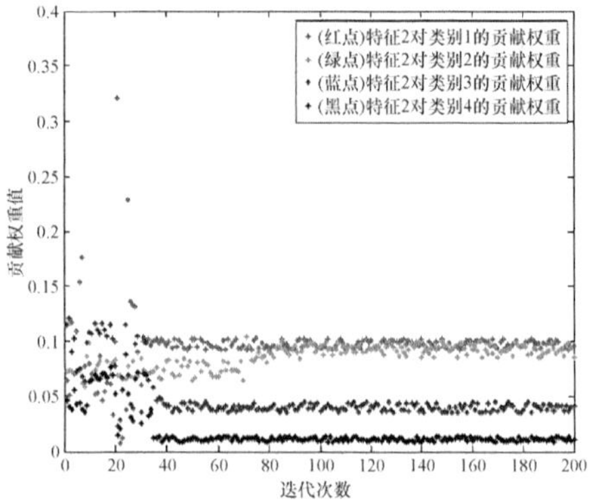

(a2) 特征2的贡献权重(曲波变换)

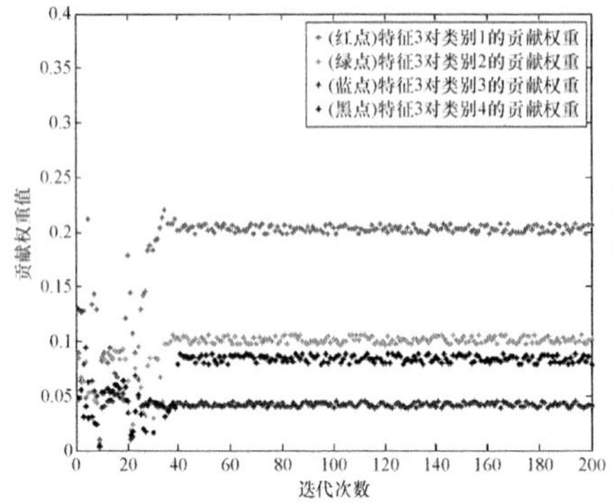

(a3) 特征3的贡献权重(曲波变换)

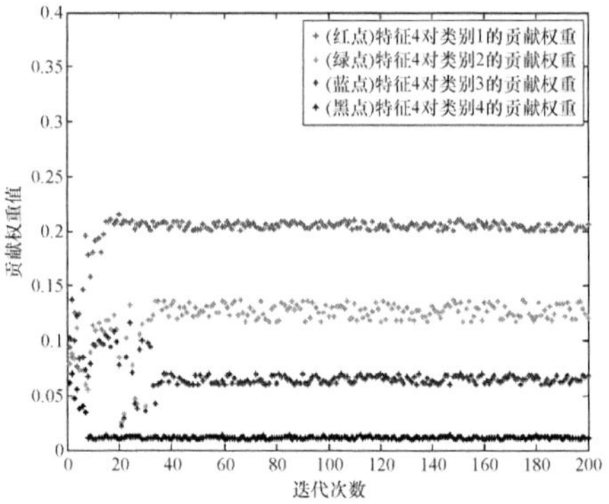

(a4) 特征4的贡献权重(曲波变换)

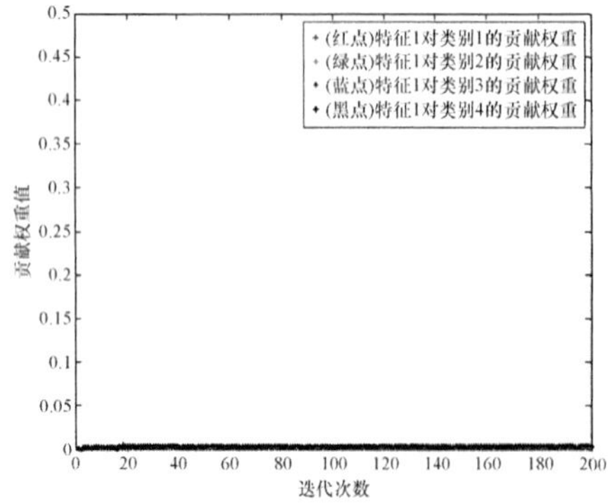

(b1)特征1的贡献权重(小波变换)

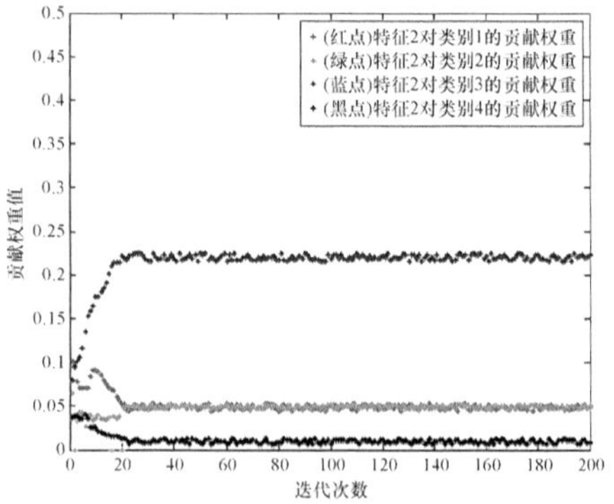

(b2) 特征2的贡献权重(小波变换)

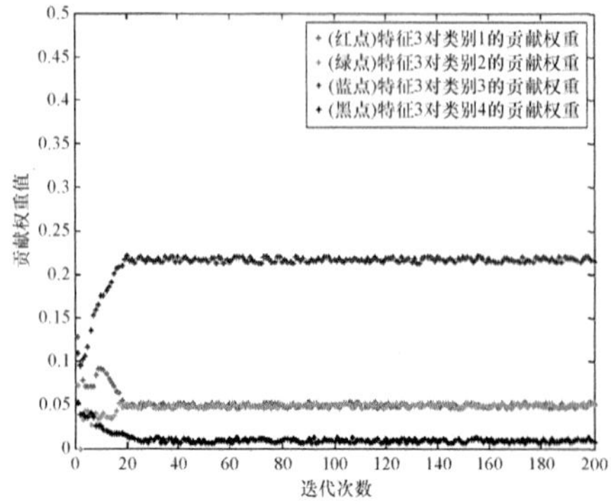

(b3) 特征3的贡献权重(小波变换)

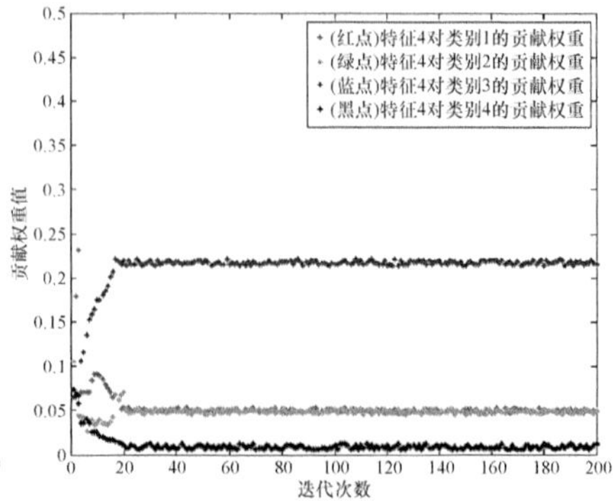

(b4) 特征4的贡献权重(小波变换)

图 4.20　特征加权贝叶斯分割算法的全色遥感图像贡献权重值变化

表 4.7　特征加权贝叶斯分割算法的合成全色遥感图像贡献权重近似值

特　征	特征 1（$\times10^{-2}$）				特征 2（$\times10^{-2}$）				特征 3（$\times10^{-2}$）				特征 4（$\times10^{-2}$）			
	1	2	3	4	1	2	3	4	1	2	3	4	1	2	3	4
曲波	0.25	0.25	0.25	0.25	4	5	12	12	5	5	12	12	5	5	13	11
小波	0.25	0.25	0.25	0.25	5	5	22	1	5	5	22	1	5	5	22	1

通过上述合成全色遥感图像实验结果的比较可以看出，相比于小波变换，曲波变换可更好地提取合成全色遥感图像的多尺度光谱特征；由于曲波特征集合中多尺度光谱特征表达更加充分，所以提出算法可更合理地分配曲波特征集合各特征在图像分割中的作用，以更好地分割合成全色遥感图像。因此，在全色遥感图像分割实验中，仅以曲波特征集合为区域分割依据，利用提出的特征加权贝叶斯分割算法进行分割实验。

图 4.21 为 4 幅全色遥感图像，其中，图 4.21(a)至图 4.21(c)的尺寸均为 128×128 像素。图 4.21(a)为 IKONOS 全色遥感图像，分辨率为 1 m，图像类别数为 3，左上方为森林，右下方为河岸，其他部分则是水域；图 4.21(b)和图 4.21(c)均为 WorldView-2 全色遥感图像，分辨率均为 0.5 m，图像类别数分别为 3 和 4；图 4.21(d)是尺寸为 128×128 像素的 IKONOS 全色遥感图像，分辨率为 1 m，图像类别数为 2，左上方为水域，右下方为岛区。

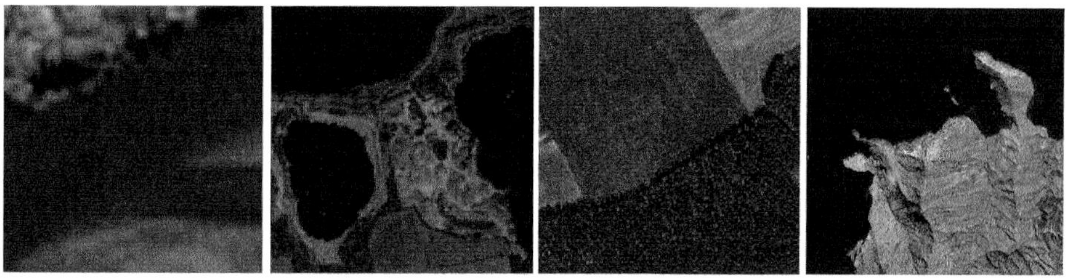

(a) 全色遥感图像1　(b) 全色遥感图像2　(c) 全色遥感图像3　(d) 全色遥感图像4

图 4.21　特征加权贝叶斯分割算法的全色遥感图像

利用基于 Wrapping 的离散曲波变换对全色遥感图像进行多尺度光谱特征提取，如图 4.22 所示。通过图 4.22 可以看出，不同尺度层（按尺度由粗至细的次序）对应不同的光谱特征信息。由于粗尺度光谱特征是由低频曲波系数重构而成的，故通过图 4.22(a1)至图 4.22(d1)仅可看到全色遥感图像的轮廓。中间尺度光谱特征是由中、高频曲波系数重构而成的，因此，中间尺度光谱特征包含了全色遥感图像的边缘信息和少量细节信息。其中，中间尺度 1 的光谱特征〔见图 4.22(a2)至图 4.22(d2)〕包含了全色遥感图像的大部分边缘信息；而中间尺度 2 的光谱特征〔见图 4.22(a3)至图 4.22(d3)〕包含了全色遥感图像部分的边缘信息和少量的细节信息。比较中间尺度 1 的光谱特征和中间尺度 2 的光谱特征可以发现，随着尺度越来越细，光谱特征中显示的边缘也更加清晰、丰富。细尺度光谱特征是由高频曲波系数重构而成的，高频曲波系数可形成噪声。故细尺度光谱特征〔见图 4.22(a4)至

图 4.22(d4)〕中包含了全色遥感图像的大量细节信息,还含有大部分的图像噪声。

(a1) 粗尺度(图像1)　(a2) 中间尺度1(图像1)　(a3) 中间尺度2(图像1)　(a4) 细尺度(图像1)

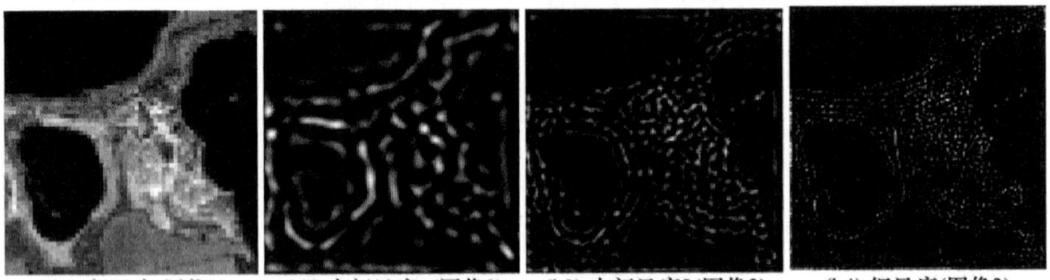

(b1) 粗尺度(图像2)　(b2) 中间尺度1(图像2)　(b3) 中间尺度2(图像2)　(b4) 细尺度(图像2)

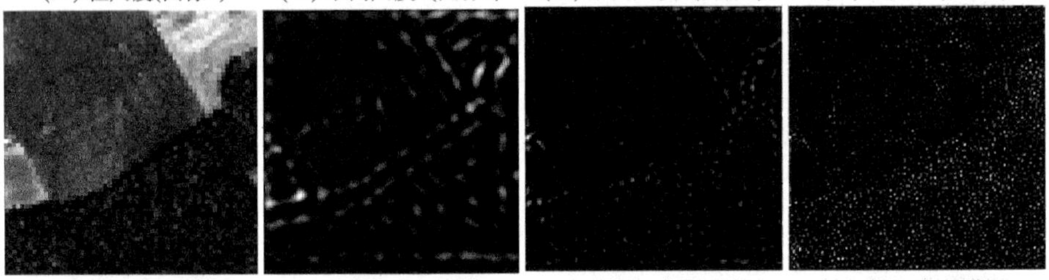

(c1) 粗尺度(图像3)　(c2) 中间尺度1(图像3)　(c3) 中间尺度2(图像3)　(c4) 细尺度(图像3)

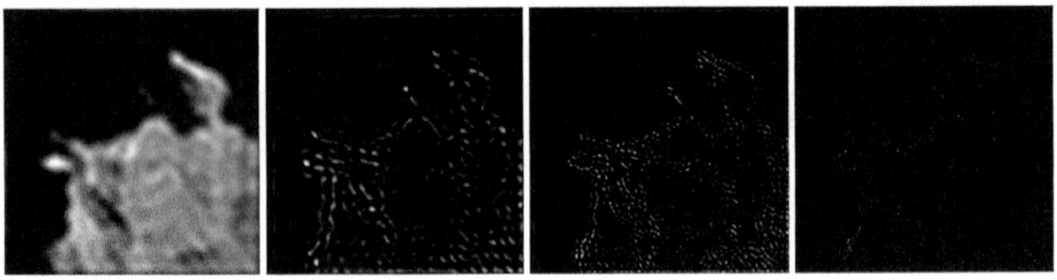

(d1) 粗尺度(图像4)　(d2) 中间尺度1(图像4)　(d3) 中间尺度2(图像4)　(d4) 细尺度(图像4)

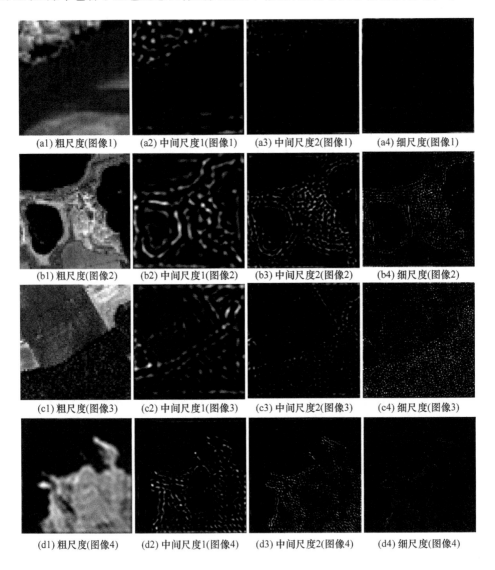

图 4.22　全色遥感图像的多尺度光谱特征

利用提出的特征加权贝叶斯分割算法对提取的多尺度光谱特征进行分割实验,图 4.23(a1)至图 4.23(d1)为规则划分结果,图 4.23(a2)至图 4.23(d2)为分割结果。通过分割结果〔图 4.23(a2)至图 4.23(d2)〕可以看出,全色遥感图像的区域内部及区域边缘可以较好地实现分割。为了对提出的特征加权贝叶斯分割算法进行定性评价,提取分割结果〔图 4.23(a2)至图 4.23(d2)〕的轮廓线,并将提取的轮廓线叠加到规则划分结果〔图 4.23(a1)至图 4.23(d1)〕与原图(图 4.21)上,如图 4.23(a3)至图 4.23(d3)和图 4.23(a4)至图 4.23(d4)所示。通过图 4.23(a4)至图 4.23(d4)可以看出,提出算法提取的轮廓线与实际地物边缘基本吻合。图 4.23 说明提出算法可以有效地利用提取的多尺度光谱特征,以实现全色遥感图像分割,这进而验证了提出的特征加权贝叶斯分割算法对全色遥感图像的可行性及有效性。

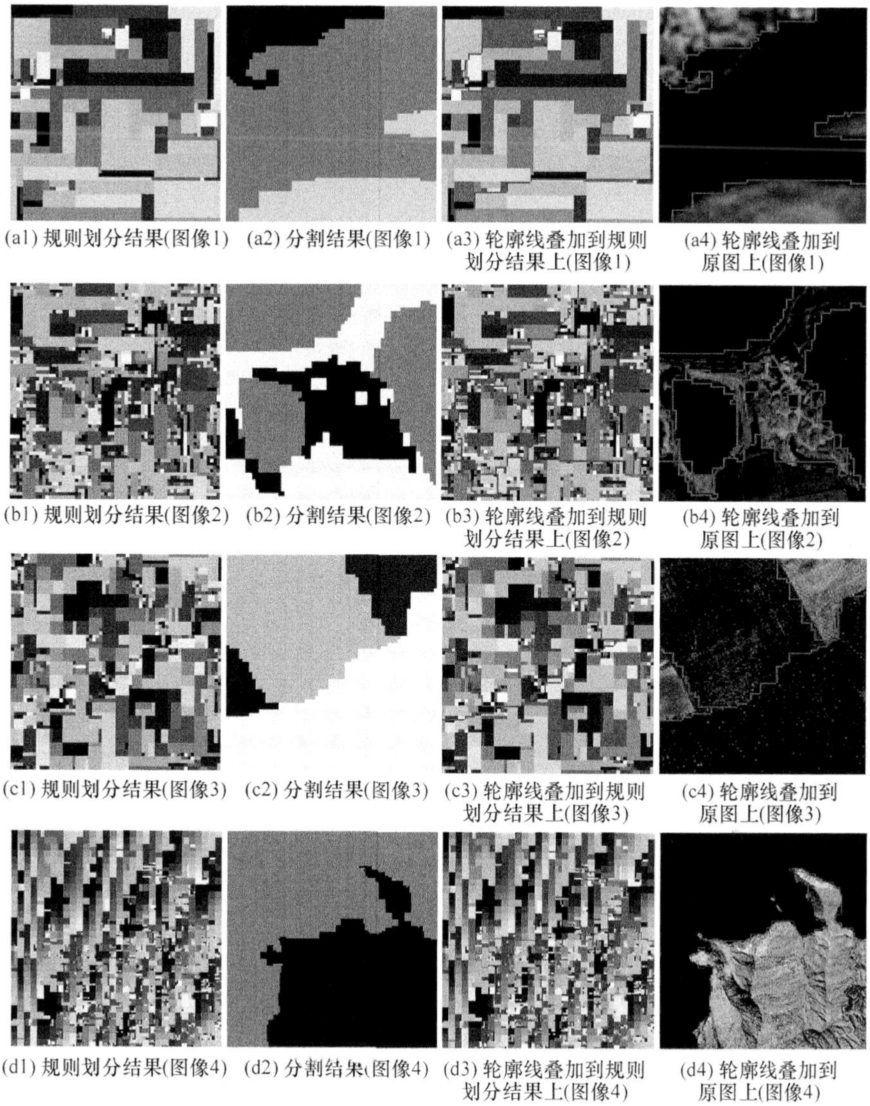

(a1) 规则划分结果(图像1) (a2) 分割结果(图像1) (a3) 轮廓线叠加到规则划分结果上(图像1) (a4) 轮廓线叠加到原图上(图像1)

(b1) 规则划分结果(图像2) (b2) 分割结果(图像2) (b3) 轮廓线叠加到规则划分结果上(图像2) (b4) 轮廓线叠加到原图上(图像2)

(c1) 规则划分结果(图像3) (c2) 分割结果(图像3) (c3) 轮廓线叠加到规则划分结果上(图像3) (c4) 轮廓线叠加到原图上(图像3)

(d1) 规则划分结果(图像4) (d2) 分割结果(图像4) (d3) 轮廓线叠加到规则划分结果上(图像4) (d4) 轮廓线叠加到原图上(图像4)

图 4.23 特征加权贝叶斯分割算法的全色遥感图像结果

为了对全色遥感图像的分割结果进行定量评价，以图 4.24 为标准分割数据，求其对应的混淆矩阵，并根据所求混淆矩阵计算各精度值，见表 4.8。通过表 4.8 可以看到，在图 4.21(a)的分割精度值中，除了第 2 区域的用户精度、第 3 区域的产品精度和用户精度，其他的产品精度、用户精度和总精度均大于等于 96.0%，且 Kappa 值高达 0.918；在图 4.21(b)的分割精度值中，除了第 1 区域的用户精度和第 2 区域的产品精度，其他的产品精度、用户精度和总精度均大于等于 95.0%，且 Kappa 值高达 0.922；在图 4.21(c)的分割精度值中，除了第 3 区域的产品精度、第 1 区域和第 4 区域的用户精度，其他的产品精度、用户精度和总精度均大于等于 96.8%，且 Kappa 值高达 0.948；图 4.21(d)的所有分割精度值均大于等于 98.1%，Kappa 值高达 0.965。通过表 4.8 中所有值计算得，平均产品精度为 96.6%，平均用户精度为 93.8，平均总精度为 96.5%，平均 Kappa 值为 0.938。全色遥感图像的定量评价结果进一步验证了提出算法对全色遥感图像的有效性。

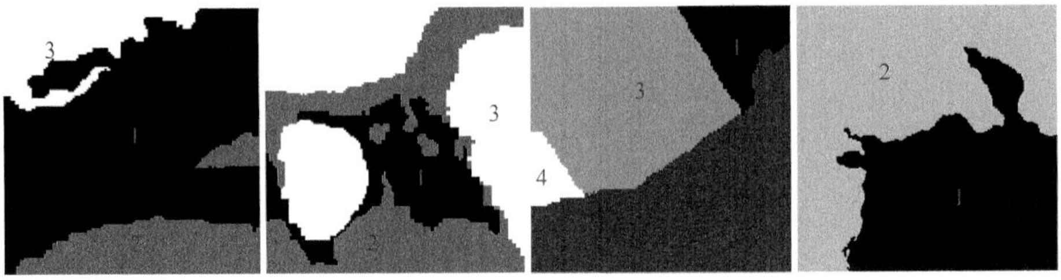

(a) 模板1　(b) 模板2　(c) 模板3　(d) 模板4

图 4.24　贡献权重贝叶斯分割算法的全色遥感图像的模板

表 4.8　特征加权贝叶斯分割算法的全色遥感图像定量评价

图　像	产品精度(%)				用户精度(%)				总精度(%)	Kappa 值
	1	2	3	4	1	2	3	4		
图 4.21(a)	96.2	98.0	92.3		97.9	92.5	91.4		96.0	0.918
图 4.21(b)	96.0	93.5	95.7		87.7	95.1	98.6		95.0	0.922
图 4.21(c)	98.7	99.2	93.6	100	91.5	97.3	99.8	77.1	96.8	0.948
图 4.21(d)	98.1	98.4			98.1	98.4			98.3	0.965

为了研究各特征在全色遥感图像分割中的作用，赋予特征矢量中每个特征分量不同的贡献权重，并利用提出算法通过迭代确定其值，以自适应地确定各特征在图像分割中的作用。图 4.25 为各特征对各类别的贡献权重变化图。通过图 4.25 可以看出，各贡献权重很快收敛到其近似值。全色遥感图像(见图 4.21)各特征对每一类别的贡献权重近似值见表 4.9。贡献权重越大，代表特征在图像分割中的作用越大。通过表 4.9 可以计算出，图 4.21(a)的特征 1～4 的贡献权重总和分别为 0.03，0.24，0.45 和 0.28；图 4.21(b)的特征 1～4 的贡献权重总和分别为 0.03，0.22，0.32 和 0.43；图 4.21(c)的特征 1～4 的贡献权重总和分别为 0.20，0.27，0.27 和 0.26；图 4.21(d)的特征 1～4 的贡献权重总和分别为 0.11，0.24，0.36 和 0.29。根据计算结果可以看出，在图 4.21(a)的分割过程中，曲波特征集合中的特征 3 对图像分割的作用最大，而特征 1 作用最小。在图 4.21(b)的分割过程中，曲波特征集合中的特征 4 作用最大，曲波特征集合中的特征 1 作用最小。在图 4.21(c)的分割过程中，曲波特征集合中的特征 2 和 3 对图像分割的作用相同且较大，特征 1 作用最小。在图 4.21(d)的分割过程中，曲波特征集合中的特征 3 作用最大，特征 1 作用最小。图 4.23、图 4.25 和表 4.9 说明提出算法可合理地分配曲波特征集合中各特征对各类别的贡献权重，即可自适应地确定各类别在图像分割中的重要性，从而较好地分割全色遥感图像。

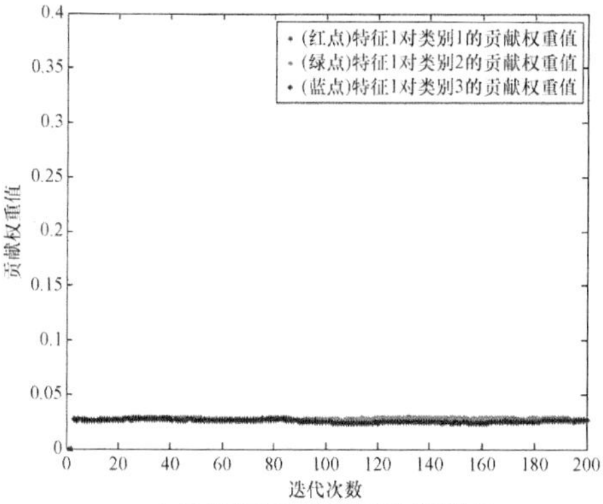

(a1) 特征1的贡献权重(图像1)

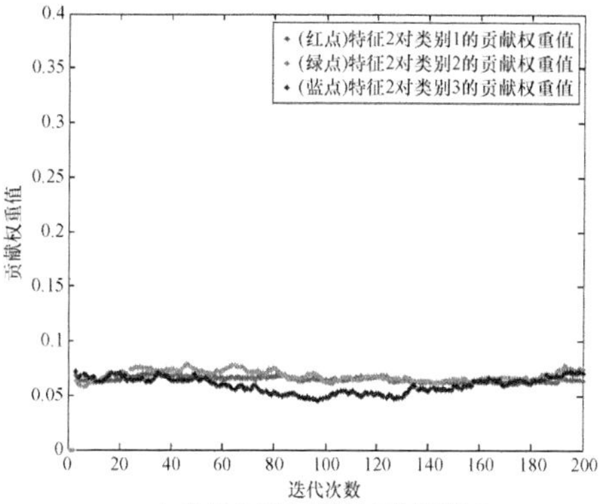

(a2) 特征2的贡献权重(图像1)

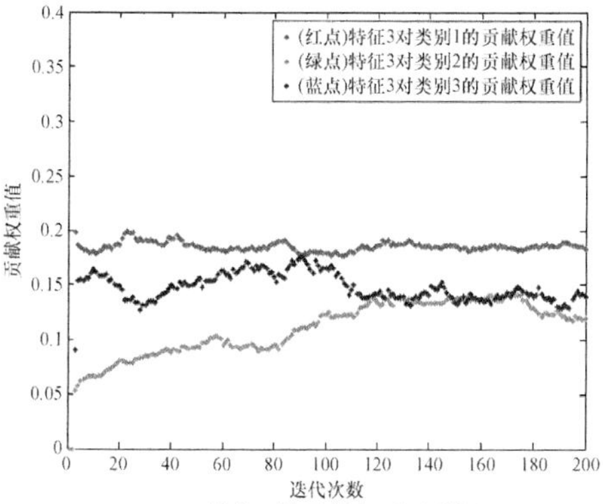

(a3) 特征3的贡献权重(图像1)

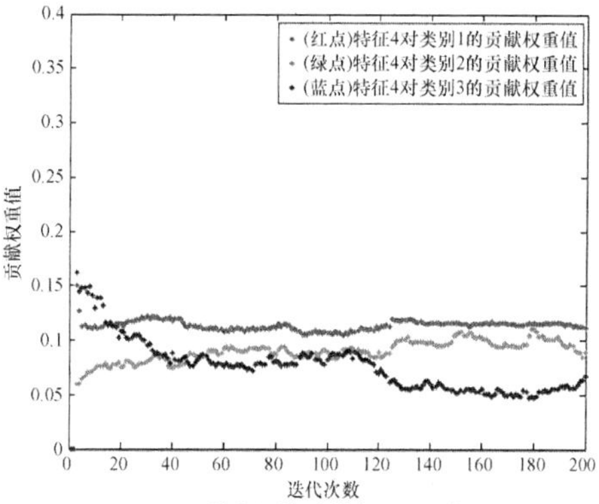

(a4) 特征4的贡献权重(图像1)

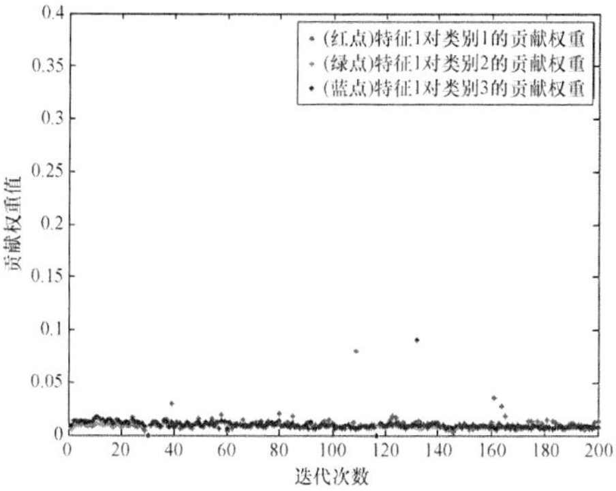

(b1) 特征1的贡献权重(图像2)

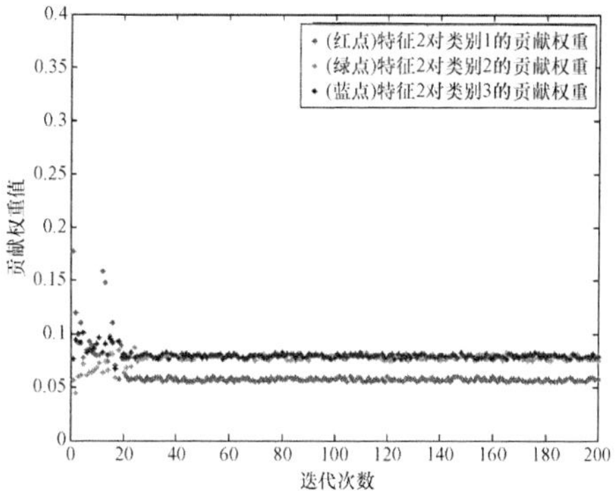

(b2) 特征2的贡献权重(图像2)

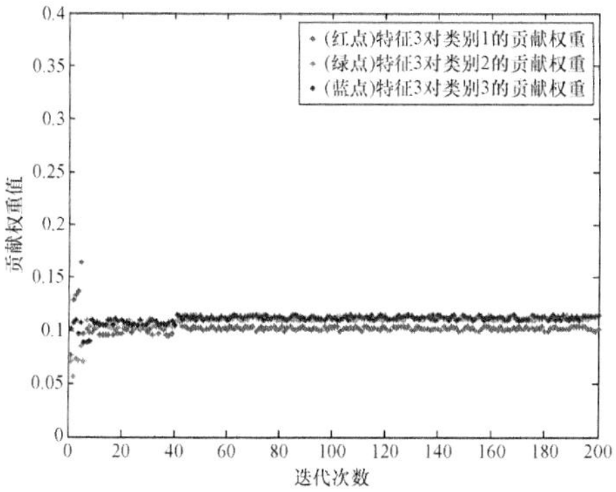

(b3) 特征3的贡献权重(图像2)

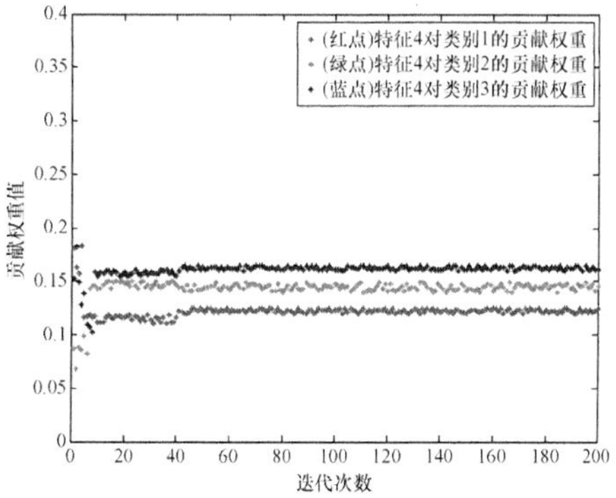

(b4) 特征4的贡献权重(图像2)

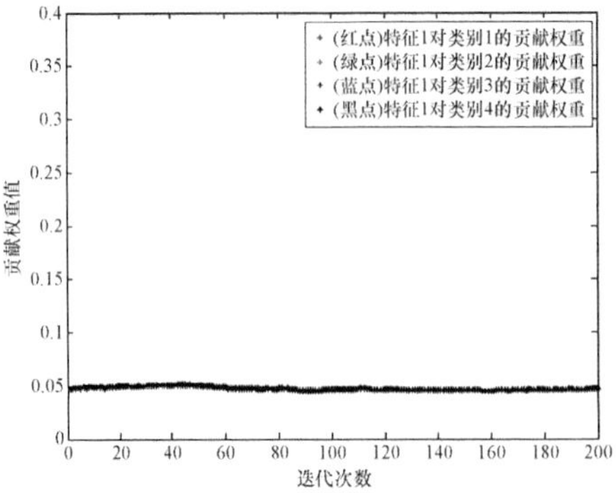

(c1) 特征1的贡献权重(图像3)

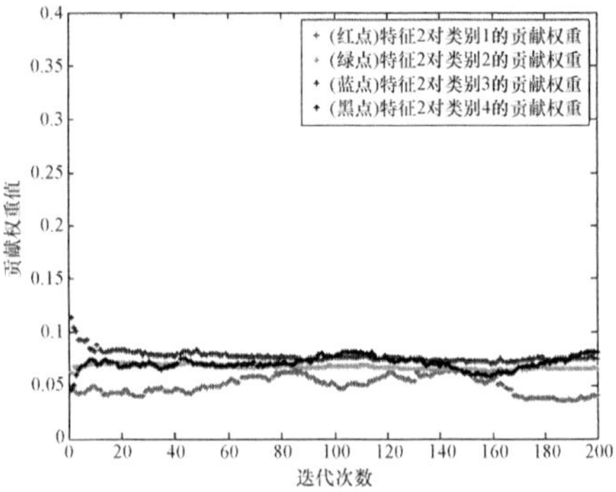

(c2) 特征2的贡献权重(图像3)

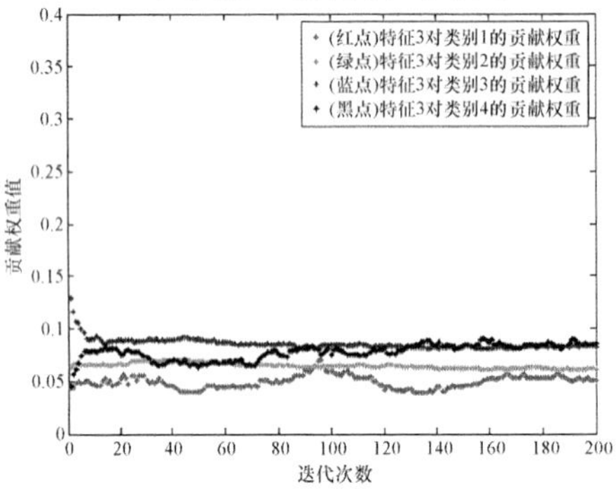

(c3) 特征3的贡献权重(图像3)

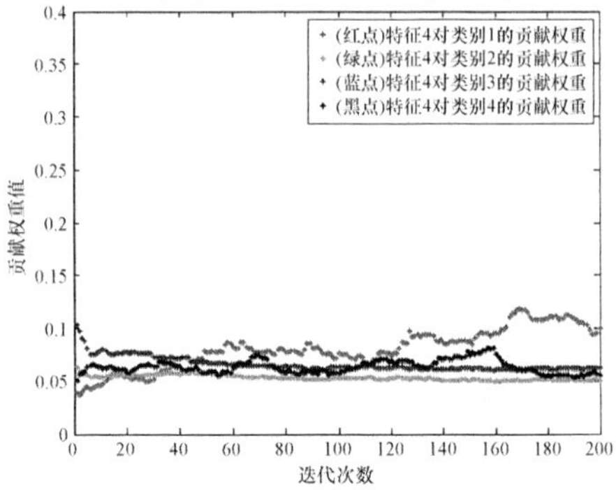

(c4) 特征4的贡献权重(图像3)

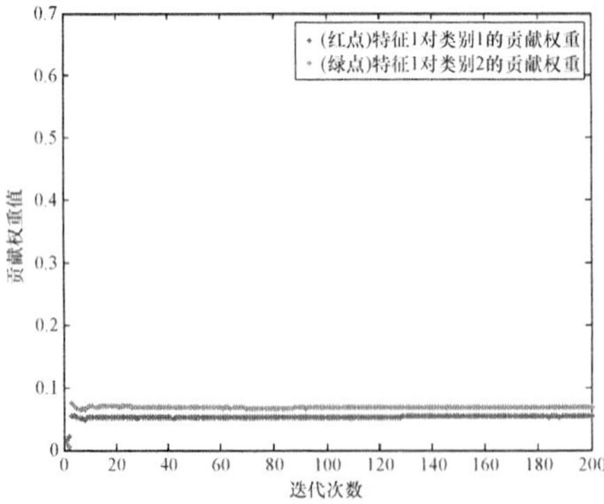

(d1) 特征1的贡献权重(图像4)

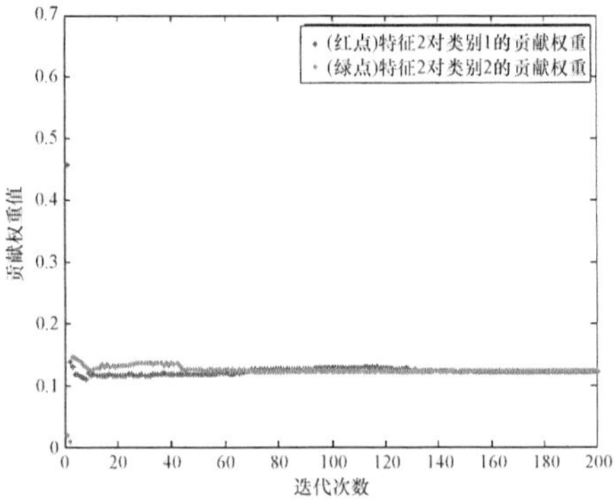

(d2) 特征2的贡献权重(图像4)

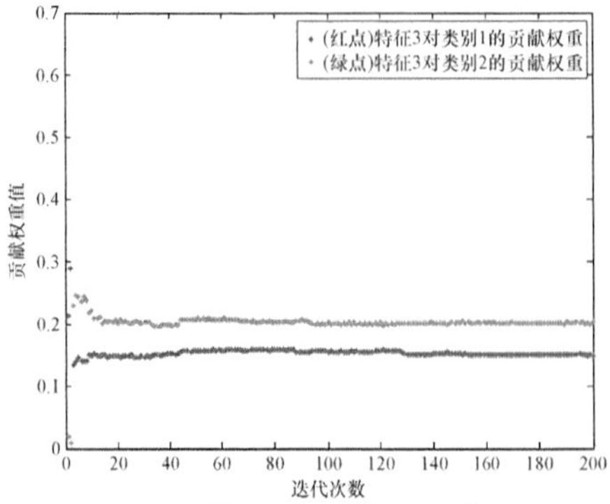

(d3) 特征3的贡献权重(图像4)

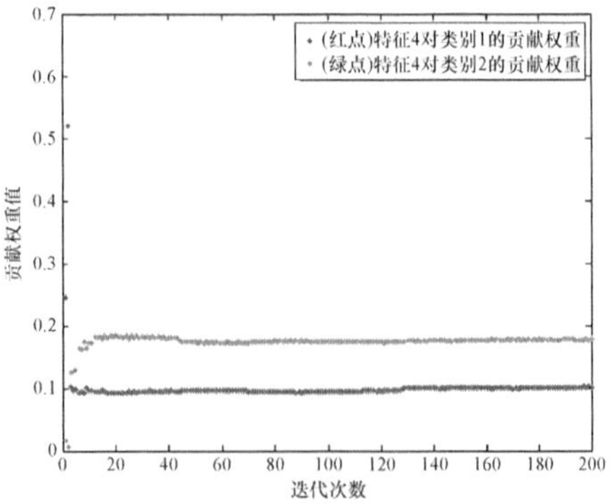

(d4) 特征4的贡献权重(图像4)

图 4.25　特征加权贝叶斯分割算法的全色遥感图像贡献权重值变化

表 4.9　特征加权贝叶斯分割算法的全色遥感图像贡献权重近似值

图　像	特征 1 (×10⁻²)				特征 2 (×10⁻²)				特征 3 (×10⁻²)				特征 4 (×10⁻²)			
	1	2	3	4	1	2	3	4	1	2	3	4	1	2	3	4
图 4.21(a)	1	1	1		7	9	8		19	12	14		11	10	7	
图 4.21(b)	1	1	1		6	8	8		10	11	11		12	15	16	
图 4.21(c)	5	5	5	5	4	7	8	8	5	6	8	8	9	5	6	6
图 4.21(d)	5	6			12	12			16	20			10	19		

3. 彩色遥感图像贝叶斯分割实验

图 4.26(a)为 128×128 像素的模拟图像模板，图 4.26(b)是 128×128 像素的合成彩色遥感图像，是由 WorldView-2 彩色图像中截取的裸地、森林、农田和人工建筑 4 个地物填充到图 4.26(a)编号为 1～4 的区域上生成的。

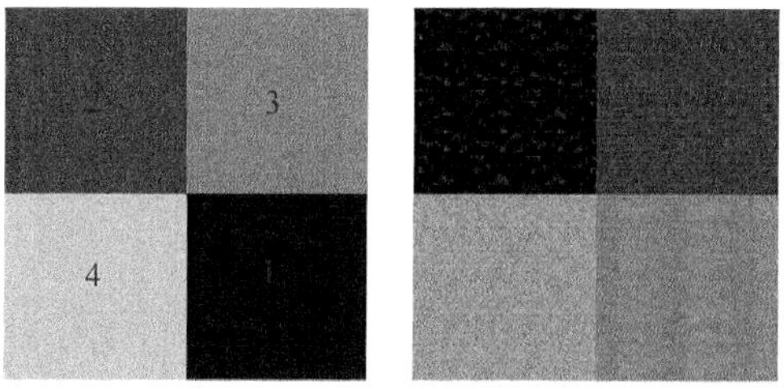

(a) 模拟图像模板　　(b)合成彩色遥感图像

图 4.26　特征加权贝叶斯分割算法的彩色遥感图像

首先，将合成彩色遥感图像转换成灰色图像；然后，利用基于 Wrapping 的离散曲波变换和二维 Harr 小波变换对合成彩色遥感图像进行多尺度光谱特征提取。具体步骤为：首先，利用两种变换对合成全色遥感图像进行多尺度分析，得到一系列变换系数；然后，令除当前以外其他的系数均为 0，对当前系数进行重构，以建立当前光谱特征；以此类推，可得到多尺度光谱特征，如图 4.27 所示。通过比较可以看出，曲波变换可以很好地提取合成彩色遥感图像的不同尺度光谱特征，特别是边缘信息。通过图 4.27(a3)和图 4.27(b3)的比较可以看出，图 4.27(a3)提取的边缘更加完整、丰富，进而说明了曲波变换可更好地且更充分地提取合成彩色遥感图像的多尺度光谱特征。

利用曲波变换提取的多尺度光谱特征构成曲波特征集合，以此为分割依据，利用提出的特征加权贝叶斯分割算法对合成彩色遥感图像进行分割实验，图 4.28(a)为对应的规则划分结果，图 4.28(b)为合成彩色遥感图像的分割结果。通过图 4.28(b)可以看出，合成彩色图像分割结果精确，可无误地分割像素。为了进一步验证，对分割结果进行定性评价。具体操作为：提取分割结果〔图 4.28(b)〕的轮廓线，并将其分别叠加到规则划分结果和

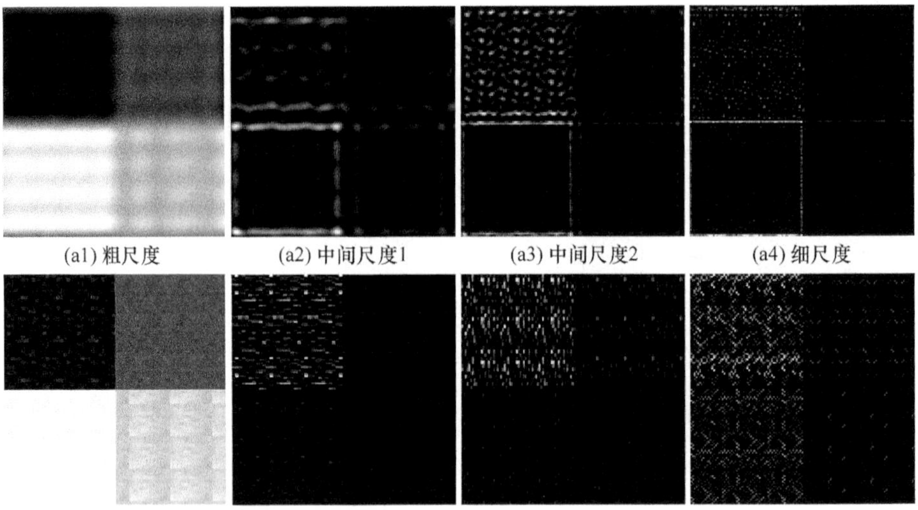

(a1) 粗尺度 (a2) 中间尺度1 (a3) 中间尺度2 (a4) 细尺度

(b1) LL (b2) HL (b3) LH (b4) HH

图 4.27 合成彩色遥感图像的多尺度光谱特征

原图上，如图 4.28(c)和图 4.28(d)所示。通过这两幅图可以看出，实际轮廓线与提取的轮廓线完全吻合。图 4.28 说明提出算法可有效地利用曲波特征集合中的各特征，以较好地实现合成彩色遥感图像分割。

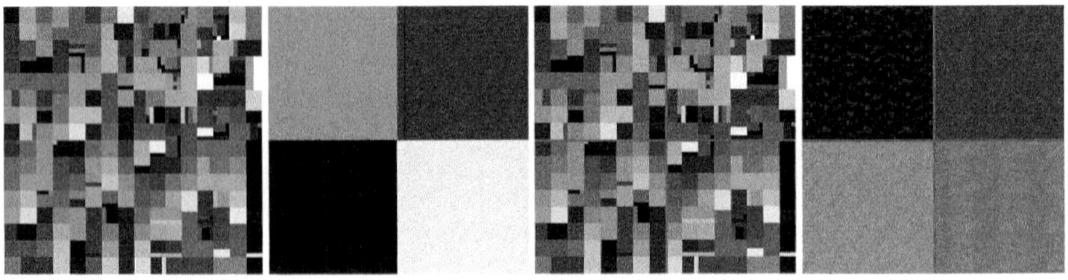

(a) 规则划分结果 (b) 分割结果 (c) 轮廓线叠加到规则划分结果上 (d) 轮廓线叠加到原图上

图 4.28 特征加权贝叶斯分割算法的合成彩色遥感图像视觉评价

另外，利用小波变换提取的多尺度光谱特征构成小波特征集合，以此为分割依据，利用提出的特征加权贝叶斯分割算法进行分割实验，图 4.29(a)和图 4.29(b)分别为对应的规则划分结果和分割结果。通过分割结果〔见图 4.29(b)〕可以看出，同质区域内部及同质区域边缘均出现误分割现象，从而降低了分割精度。另外，提取分割结果〔见图 4.29(b)〕的轮廓线，并将其分别叠加到规则划分结果和原图上，如图 4.29(c)和图 4.29(d)所示，以实现对分割结果的定性评价。通过图 4.29(c)和图 4.29(d)可以看出，提取的轮廓线与实际区域边缘不甚吻合。

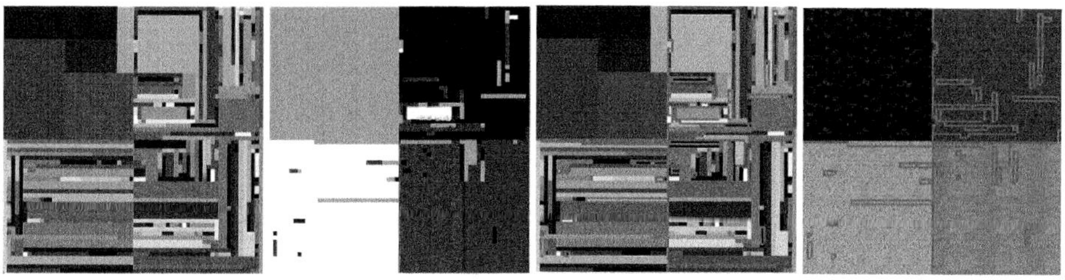

(a) 规则划分结果　(b) 分割结果　(c) 轮廓线叠加到规则划分结果上　(d) 轮廓线叠加到原图上

图 4.29　小波特征集合的合成彩色遥感图像视觉评价

以图 4.26(a)为标准分割数据，分别求曲波特征集合和小波特征集合分割结果〔见图 4.28(b)和图 4.29(b)〕的混淆矩阵，并根据所求混淆矩阵计算其产品精度、用户精度、总精度及 Kappa 值，见表 4.10。通过表 4.10 可以看出，曲波特征集合对应的各精度值均为 100%，Kappa 值高达 1.000。而小波特征集合对应的精度中，区域 3 的产品精度低至 84.3%，区域 2 的用户精度低至 88.4%，Kappa 值为 0.906。相比之下，小波特征集合对应的分割精度较低。

表 4.10　特征加权贝叶斯分割算法的合成彩色遥感图像定量评价

特　征	产品精度(%)				用户精度(%)				总精度(%)	Kappa 值
	1	2	3	4	1	2	3	4		
曲波	100	100	100	100	100	100	100	100	100	1.000
小波	93.7	100	84.3	93.8	91.4	88.4	96.7	96.4	92.9	0.906

通过比较曲波特征集合和小波特征集合的视觉评价和定量评价可以看出，曲波特征集合对应的分割结果更好。这是由于小波变换提取的多尺度光谱特征信息不足，而曲波变换提取的多尺度光谱特征信息更充分，进而提出算法可更好地利用曲波特征集合中的特征实现合成彩色遥感图像分割。

为了自适应地确定多个特征在合成彩色遥感图像〔见图 4.26(b)〕分割过程中的作用，赋予特征矢量中每个特征分量不同的贡献权重，利用提出算法估计各贡献权重值，以实现广义特征选择。图 4.30(a1)至图 4.30(a4)为曲波特征集合中的 4 个特征在合成彩色遥感图像分割过程中对各类的贡献权重值的变化图，图 4.30(b1)至图 4.30(b4)为小波特征集合中的 4 个特征在合成彩色遥感图像分割过程中对各类的贡献权重值的变化图。通过图 4.30 可以看出，各贡献权重很快收敛到其近似值，这说明提出算法可自适应地确定各特征对每一类别的贡献权重值。曲波变换特征集合和小波变换特征集合中各特征对每一类别的贡献权重近似值见表 4.11。贡献权重越大，表示特征在图像分割过程中的作用越大。通过表 4.11 可以计算出，曲波特征集合中特征 1～4 的贡献权重和分别为 0.02，0.26，0.30 和 0.42；而小波特征集合中特征 1～4 的贡献权重和分别为 0.01，0.25，0.31 和 0.43。根据上述计算结果可以看出，在合成彩色遥感图像分割过程中，曲波特征集合和小波特征集合中均为特征 4 的贡献权重和最大，特征 1 的最小，即特征 4 对图像分割的作用最大，而特征 1 对图像分割的作用最小。虽然曲波特征集合和小波特征集合中各特征对合成彩色遥感图像的作用近似相同，但曲波特征集合对应的贡献权重分布更合理，进而使提出算法更好地分割合成彩色遥感图像。如曲波特征集合和小波特征集合中所有特征对类别 3 和 4 的贡献权重和近似相同，但在合成彩色图像分割过程中，相比于小波特征集合，曲波特征集合强调特征 3 的作用，弱化特征 4 的作用。通过比较对应分割结果〔见图 4.28(b)和图 4.29(b)〕可以看出，提出算法可更合理地分配曲波特征集合中各特征的作用，进而更好地分割合成彩色图像。

根据上述合成彩色遥感图像实验结果的比较可以看出，相比于小波变换，曲波变换可更好地提取合成彩色遥感图像的多尺度光谱特征；曲波特征集合中多尺度光谱特征表达充分，使提出算法可更合理地分配曲波特征集合中各特征在图像分割中的作用，进而更好地分割合成彩色遥感图像。因此，在彩色遥感图像分割实验中，仅以曲波特征集合为分割依据，利用提出的特征加权贝叶斯分割算法进行分割实验。

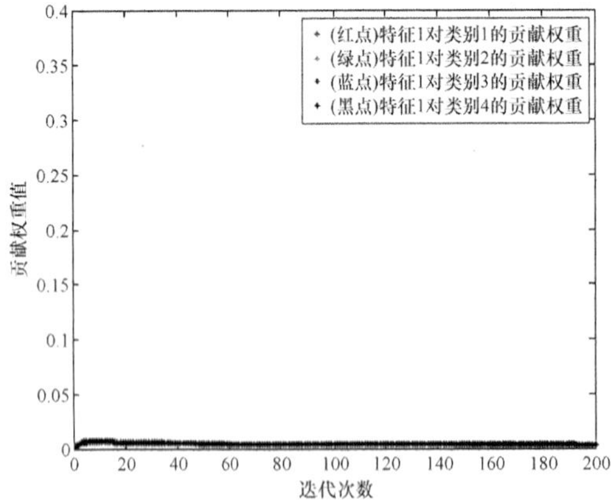

(a1) 特征1的贡献权重(曲波变换)

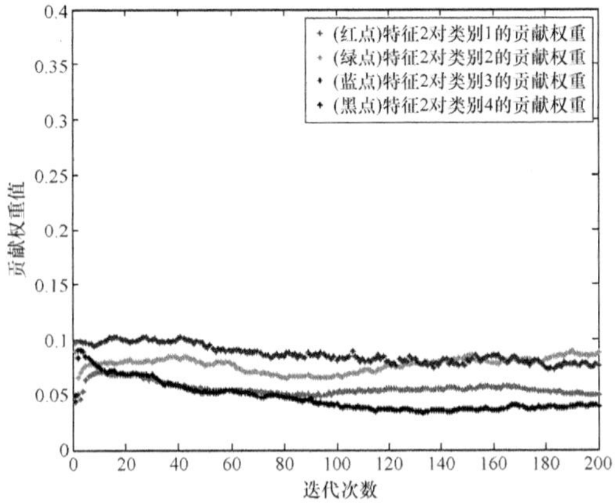

(a2) 特征2的贡献权重(曲波变换)

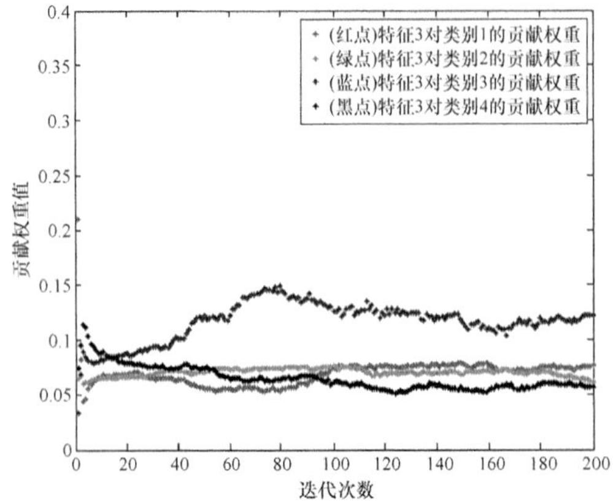

(a3) 特征3的贡献权重(曲波变换)

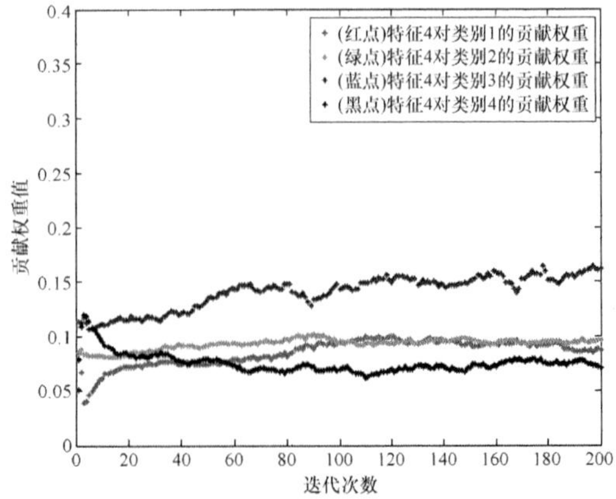

(a4) 特征4的贡献权重(曲波变换)

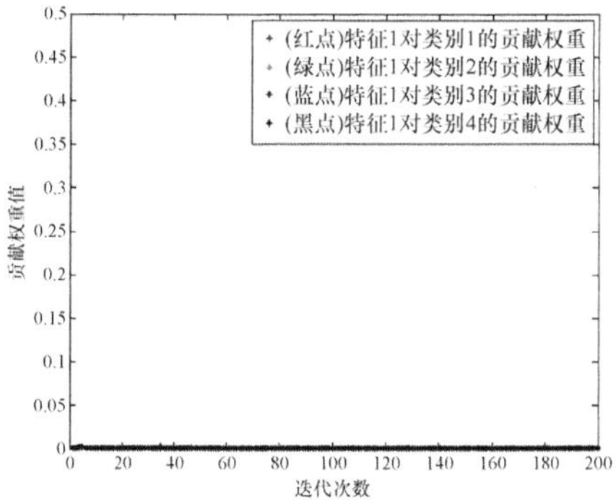

(b1) 特征1的贡献权重(小波变换)

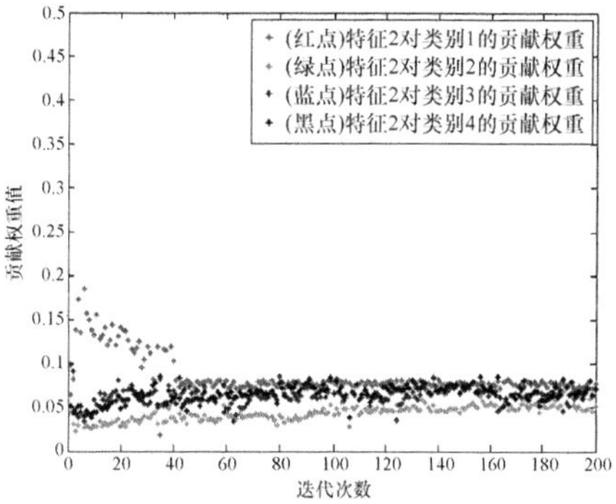

(b2) 特征2的贡献权重(小波变换)

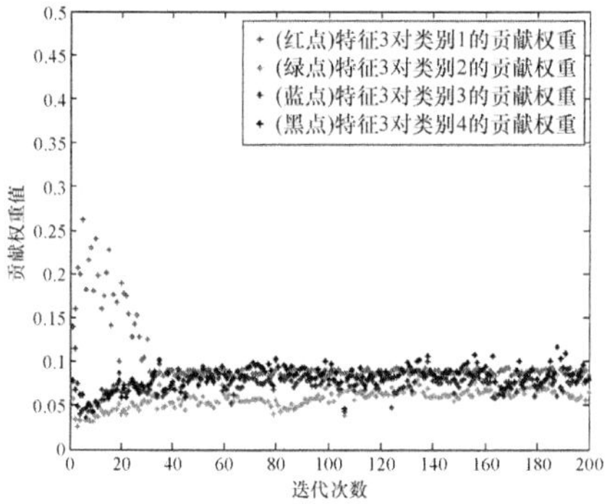

(b3) 特征3的贡献权重(小波变换)

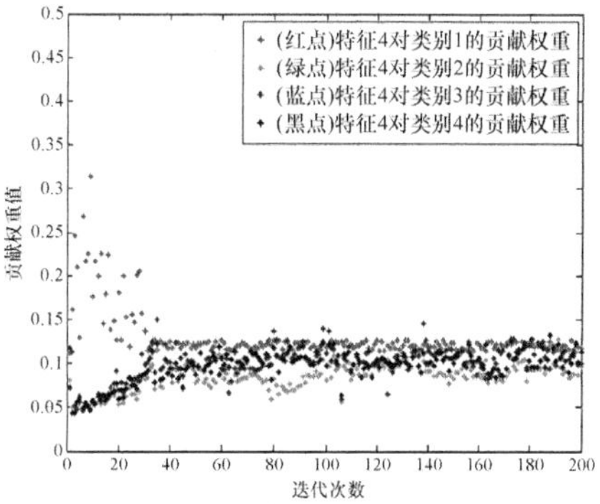

(b4) 特征4的贡献权重(小波变换)

图 4.30 特征加权贝叶斯分割算法的合成彩色遥感图像贡献权重值变化

表 4.11 特征加权贝叶斯分割算法的合成彩色遥感图像贡献权重近似值

特 征	特征 1 (×10^{-2})				特征 2 (×10^{-2})				特征 3 (×10^{-2})				特征 4 (×10^{-2})			
	1	2	3	4	1	2	3	4	1	2	3	4	1	2	3	4
曲波	0.5	0.5	0.5	0.5	5	9	8	4	7	6	5	12	9	10	16	7
小波	0.25	0.25	0.25	0.25	8	5	6	6	9	6	8	8	12	9	11	11

图 4.31 为 3 幅分辨率为 1.8 m 的 WorldView-2 彩色遥感图像，其中，图 4.31(a)至图 4.31(c)尺寸均为 128×128 像素，图 4.31(a)中包含裸地和绿地两部分，图 4.31(b)包括左上区域的森林、左下区域的裸地及右区域的绿地，图 4.31(c)包括裸地、森林、农田和绿地四部分，图 4.31(a)、图 4.31(b)、图 4.31(c)的类别数分别为 2,3 和 4。图 4.31(d)尺寸为 256 × 256 像素，包括裸地、农田、居民地和绿地 4 个部分，类别数为 4。

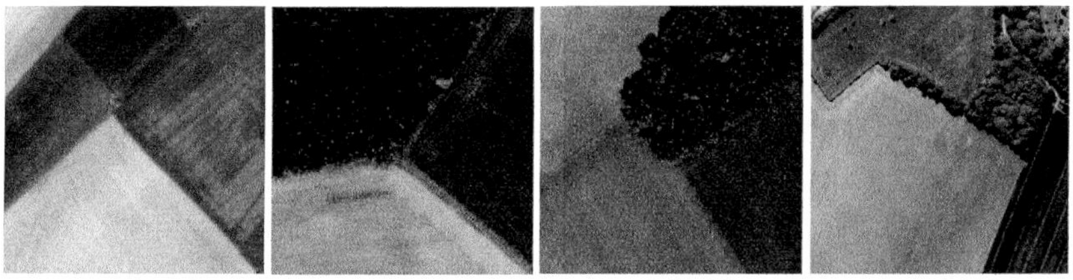
(a) 彩色图像1 (b) 彩色图像2 (c) 彩色图像3 (d) 彩色图像4

图 4.31 特征加权贝叶斯分割算法的 WorldView-2 彩色图像

首先，将彩色遥感图像转换成灰度图像，再提取其多尺度光谱特征，如图 4.32 所示。通过图 4.32 可以看出，不同尺度对应不同的光谱特征信息。由于粗尺度光谱特征是由低频曲波系数重构而成的，因此，通过图 4.32(a1)至图 4.32(d1)只能看出原图像的轮廓，看不出图像细节。细尺度光谱特征是由高频曲波系数重构而成的，所以通过图 4.32(a4)至图 4.32(d4)只能看见原图像的细节信息，还包含图像的噪声。中间尺度特征是由中、高频曲波系数重构成的，所以通过图 4.32(a2)至图 4.32(d2)和图 4.32(a3)至图 4.32(d3)只能看到图像的大量边缘信息。其中，中间尺度 1 的光谱特征〔见图 4.32(a2)至图 4.32(c2)〕包含了粗尺度光谱特征中原图像轮廓的边缘信息；而中间尺度 2 的光谱特征〔见图 4.32(a3)至图 4.32(c3)〕包含了细尺度光谱特征中原图像细节的边缘信息。

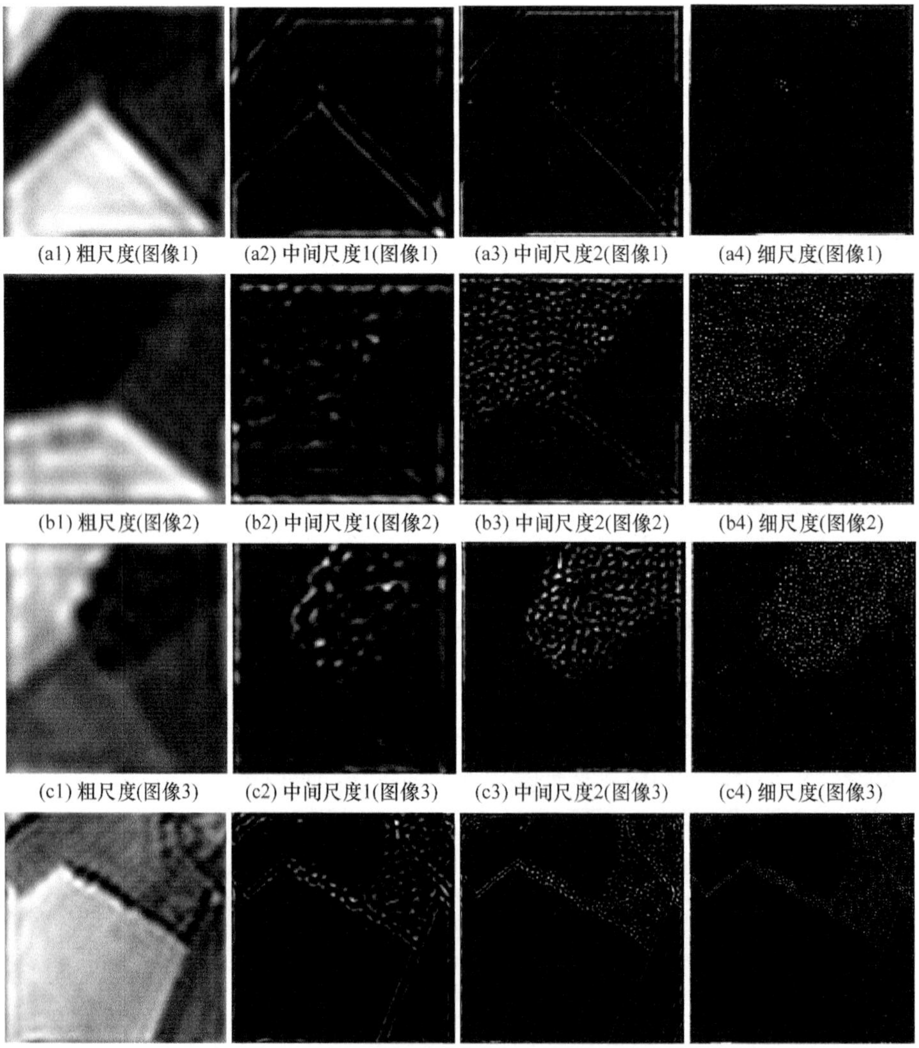

(a1) 粗尺度(图像1)　(a2) 中间尺度1(图像1)　(a3) 中间尺度2(图像1)　(a4) 细尺度(图像1)

(b1) 粗尺度(图像2)　(b2) 中间尺度1(图像2)　(b3) 中间尺度2(图像2)　(b4) 细尺度(图像2)

(c1) 粗尺度(图像3)　(c2) 中间尺度1(图像3)　(c3) 中间尺度2(图像3)　(c4) 细尺度(图像3)

(d1) 粗尺度(图像4)　(d2) 中间尺度1(图像4)　(d3) 中间尺度2(图像4)　(d4) 细尺度(图像4)

图 4.32　彩色遥感图像的多尺度光谱特征

以曲波变换提取的多尺度光谱特征构成特征集合，以此为分割依据，利用提出的特征加权贝叶斯分割算法进行分割实验，图 4.33(a1)至图 4.33(d1)为规则划分结果，图 4.33(a2)至图 4.33(d2)为分割结果。通过分割结果可以看出，提出算法可较好地实现彩色遥感图像分割。为了对彩色遥感图像的分割结果进行定性评价，提取分割结果的轮廓线，将其叠加到规则划分结果与原图上，见图 4.33(a3)至图 4.33(d3)和图 4.33(a4)至图 4.33(d4)。通过图 4.33 可以看出，提出算法提取的轮廓线与实际地物边缘基本吻合，这进一步说明了提出算法对彩色遥感图像的有效性。

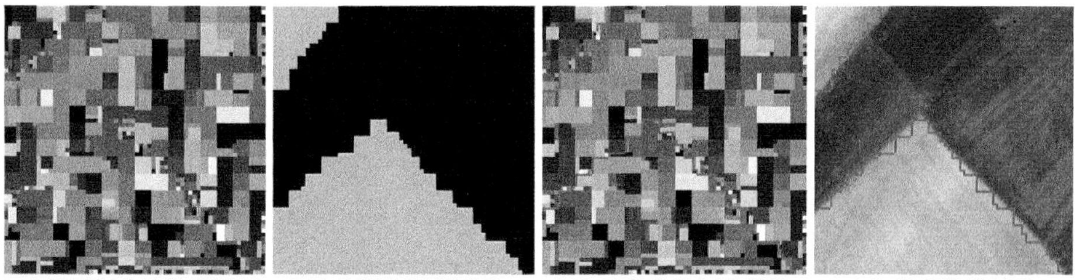

(a1) 规则划分结果(图像1) (a2) 分割结果(图像1) (a3) 轮廓线叠加到规则划分结果上(图像1) (a4) 轮廓线叠加到原图上(图像1)

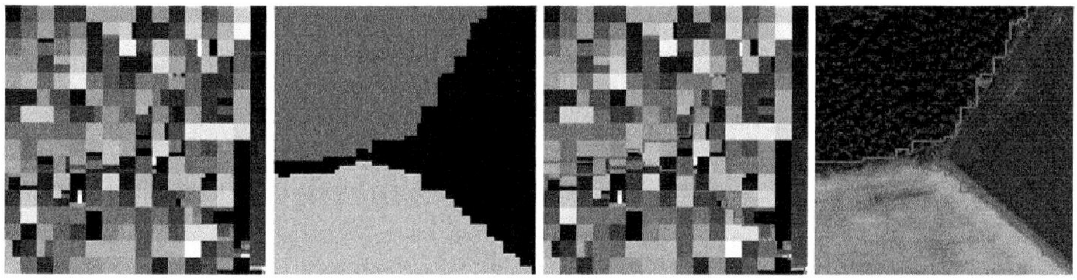

(b1) 规则划分结果(图像2) (b2) 分割结果(图像2) (b3) 轮廓线叠加到规则划分结果上(图像2) (b4) 轮廓线叠加到原图上(图像2)

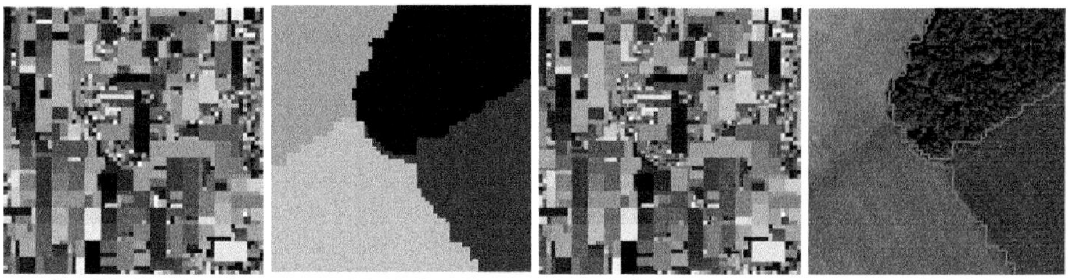

(c1) 规则划分结果(图像3) (c2) 分割结果(图像3) (c3) 轮廓线叠加到规则划分结果上(图像3) (c4) 轮廓线叠加到原图上(图像3)

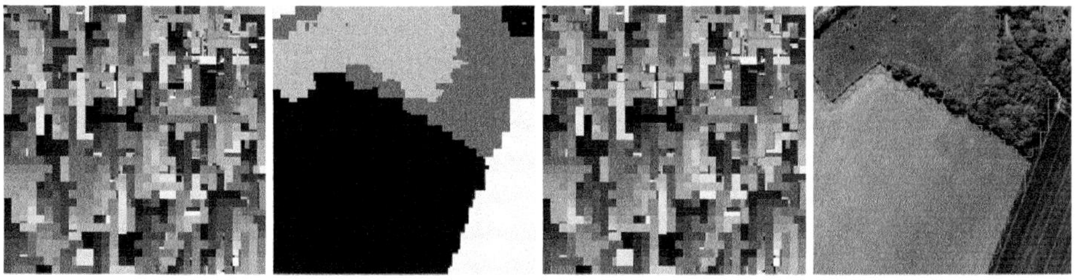

(d1) 规则划分结果(图像4) (d2) 分割结果(图像4) (d3) 轮廓线叠加到规则划分结果上(图像4) (d4) 轮廓线叠加到原图上(图像4)

图 4.33 特征加权贝叶斯分割算法的彩色遥感图像结果

为了对彩色遥感图像的分割结果进行定量评价，以图 4.34 为标准分割数据，求其对应的混淆矩阵，并根据所求混淆矩阵计算其产品精度、用户精度、总精度和 Kappa 值，见表 4.12。通过表 4.12 可以看出，图 4.31(a)的精度值均大于等于 95.1%，Kappa 值高达 0.948；图 4.31(b)中除了第 2 区域的用户精度，其他精度值均大于等于 95.3%，且 Kappa 值高达 0.952；图 4.31(c)中的精度值均大于等于 94.9%，Kappa 值高达 0.963；在图 4.31(d)中，除了第 2 区域的用户精度和第 3 区域的产品精度，其他精度值均大于等于 93.2%，Kappa 值为 0.938。根据表 4.12 计算可得，平均总精度为 96.9，平均 Kappa 值为 0.950。定量评价结果进一步验证了提出算法的有效性。

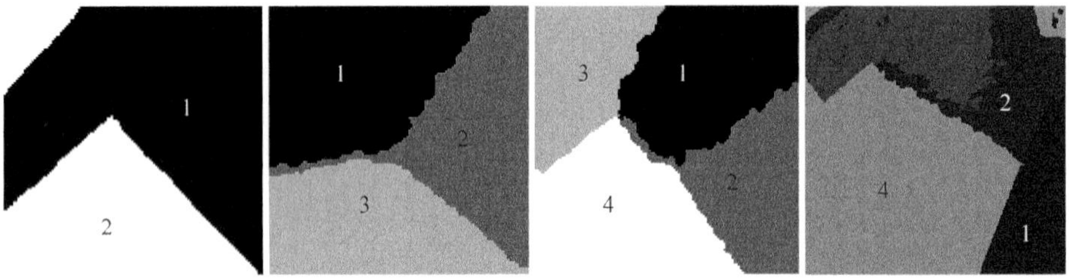

(a) 模板1　　(b) 模板2　　(c) 模板3　　(d) 模板4

图 4.34　特征加权贝叶斯分割算法的彩色遥感图像模板

表 4.12　特征加权贝叶斯分割算法的彩色遥感图像定量评价

图　像	产品精度(%)				用户精度(%)				总精度(%)	Kappa 值
	1	2	3	4	1	2	3	4		
图 4.31(a)	99.2	95.1			96.9	98.6			97.6	0.948
图 4.31(b)	95.3	98.8	96.5		99.6	91.8	99.2		96.8	0.952
图 4.31(c)	96.6	94.9	97.9	99.3	98.0	97.0	97.6	96.6	97.2	0.963
图 4.31(d)	97.4	93.2	92.7	97.7	95.4	89.1	95.5	98.6	95.9	0.938

为了研究各特征在彩色遥感图像分割过程中的作用，赋予特征矢量中每个特征分量不同的贡献权重，利用提出算法通过迭代估计贡献权重值，以自适应地确定各特征在图像分割中的作用。图 4.35 为彩色遥感图像(见图 4.31)的曲波特征集合中各特征对各类别的贡献权重变化图。通过图 4.35 可以看出，不同的贡献权重很快地收敛到其近似值，见表 4.13。这说明提出算法可自适应地确定各特征在彩色遥感图像分割中的作用。图 4.31(a)的特征 1～4 的贡献权重总和分别为 0.036，0.28，0.38 和 0.304；图 4.31(b)的特征 1～4 的贡献权重总和分别为 0.03，0.37，0.30 和 0.30；图 4.31(c)的特征 1～4 的贡献权重总和分别为0.02，0.295，0.34 和 0.355；图 4.10(d)的特征 1～4 的贡献权重总和分别为 0.24，0.26，0.27 和 0.23。根据计算结果可以看出，在图 4.31(a)的分割过程中，特征 3 对图像分

割的贡献权重和最大，而特征 1 对图像分割的贡献权重和最小，即特征 3 在图 4.31(a)的分割中作用最大，特征 1 作用最小。在图 4.31(b)的分割过程中，特征 2 对图像分割的贡献权重和最大，而特征 1 对图像分割的贡献权重和最小，即曲波变换提取的特征 2 在图 4.31(b)的分割过程中作用最大，而曲波变换提取的特征 1 在图 4.31(b)的分割过程中作用最小。在图 4.31(c)的分割过程中，特征 3 对图像分割的贡献权重和最大，特征 1 对图像分割的贡献权重和最小，即曲波变换提取的特征 3 在图 4.31(c)的分割过程中作用最大，而曲波变换提取的特征 1 在图 4.31(c)的分割过程中作用最小。在图 4.31(d)的分割过程中，曲波特征集合中特征 3 的贡献权重和最大，特征 4 的贡献权重和最小，即曲波特征集合中特征 3 在图 4.31(d)的分割中作用最大，特征 4 的作用最小。通过图 4.35 和表 4.13 可知提出算法可自适应地确定提取的各特征在彩色遥感图像分割中的作用规律；而结合图 4.33 和表 4.12 可知提出算法可合理地分配彩色遥感图像曲波特征集合中各特征对各类别的贡献权重，从而可较好地实现彩色遥感图像分割。

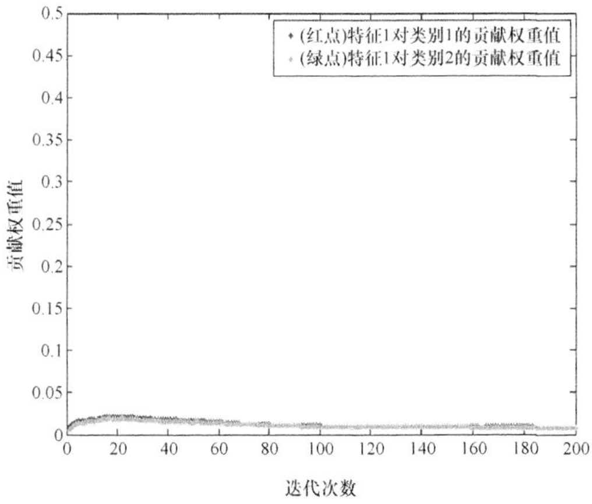

(a1) 特征1的贡献权重(图像1)

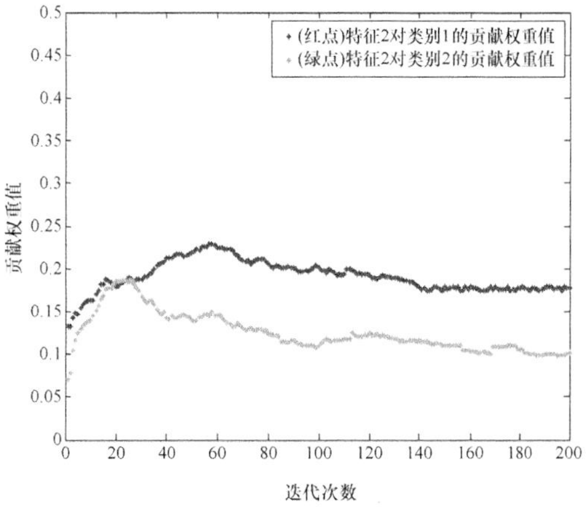

(a2) 特征2的贡献权重(图像1)

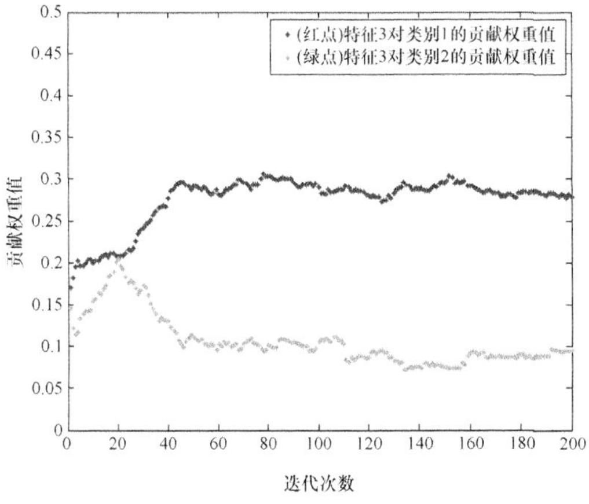

(a3) 特征3的贡献权重(图像1)

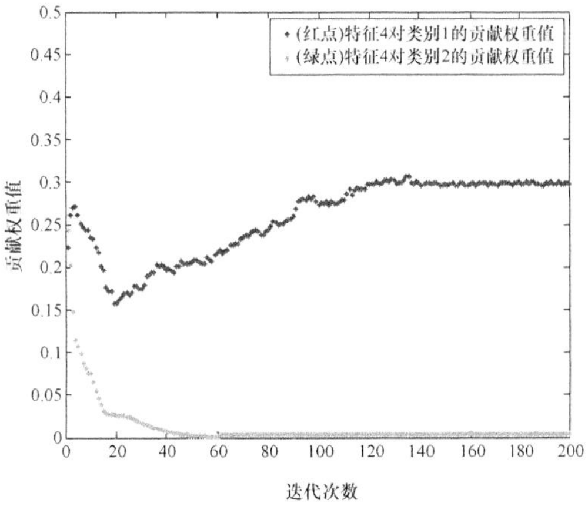

(a4) 特征4的贡献权重(图像1)

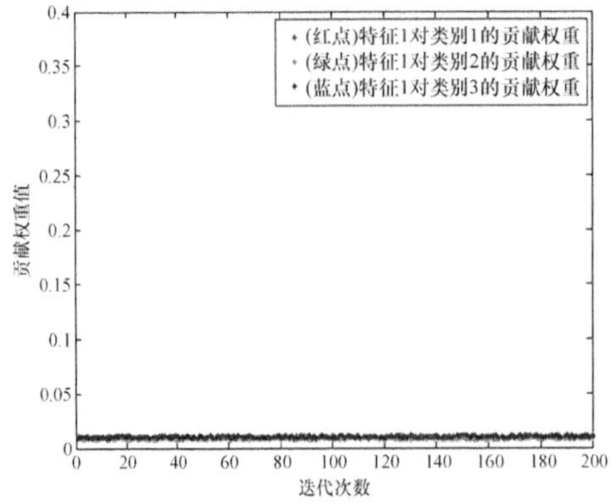

(b1) 特征1的贡献权重(图像2)

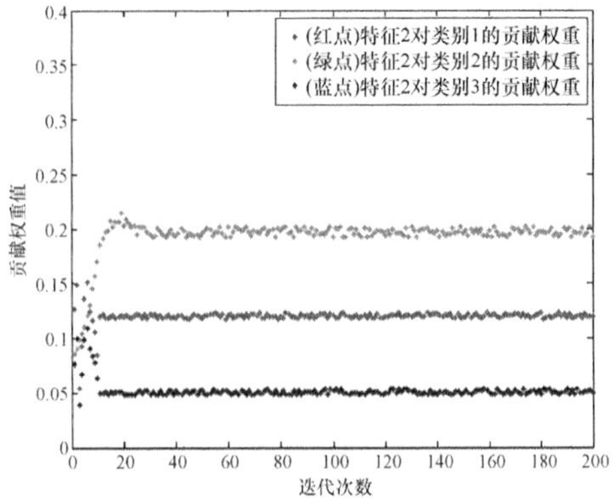

(b2) 特征2的贡献权重(图像2)

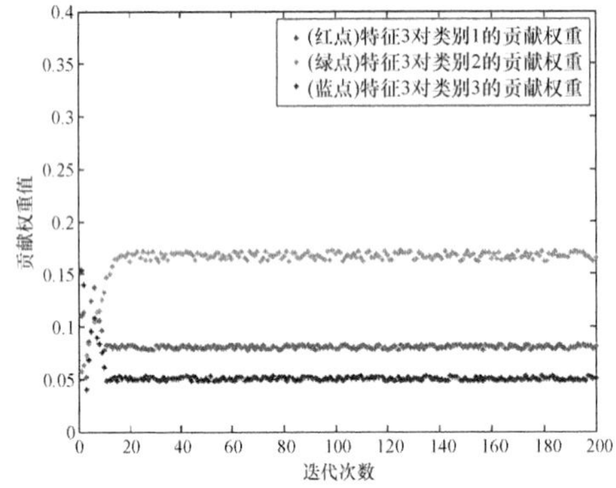

(b3) 特征3的贡献权重(图像2)

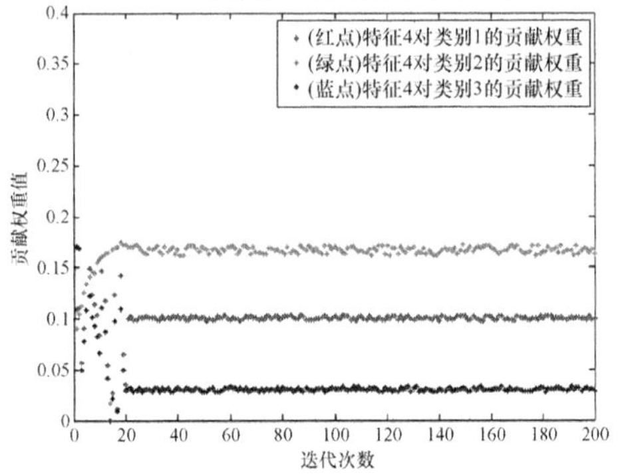

(b4) 特征4的贡献权重(图像2)

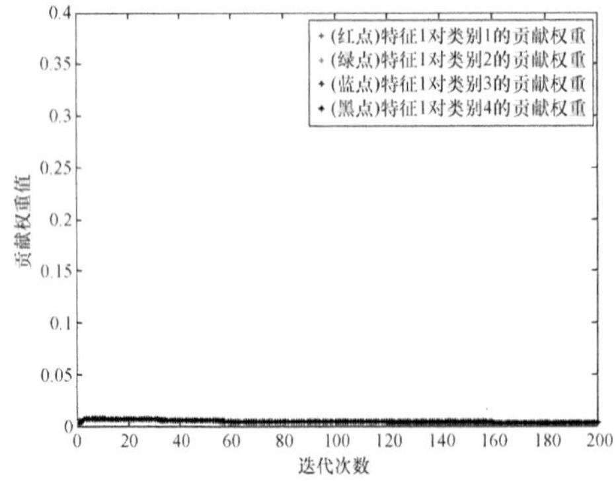

(c1) 特征1的贡献权重(图像3)

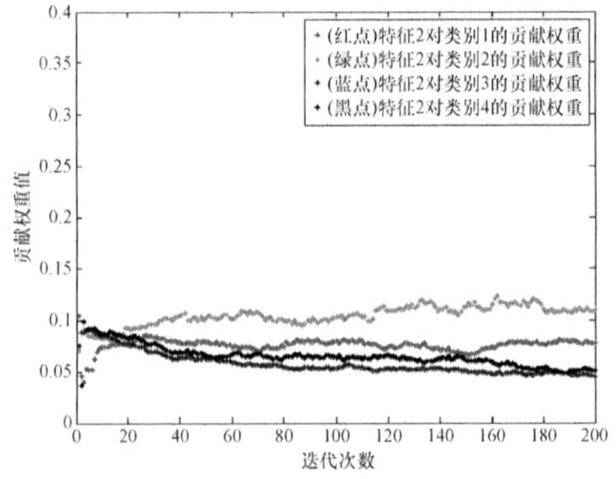

(c2) 特征2的贡献权重(图像3)

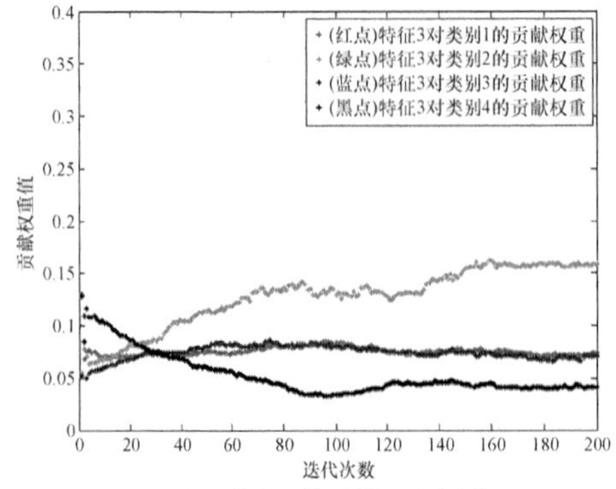

(c3) 特征3的贡献权重(图像3)

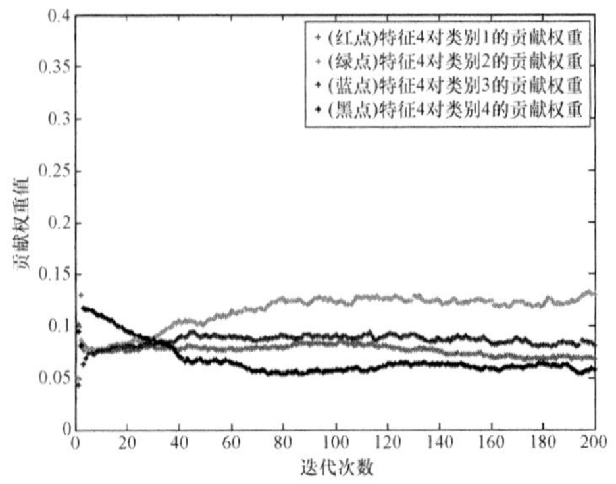

(c4) 特征4的贡献权重(图像3)

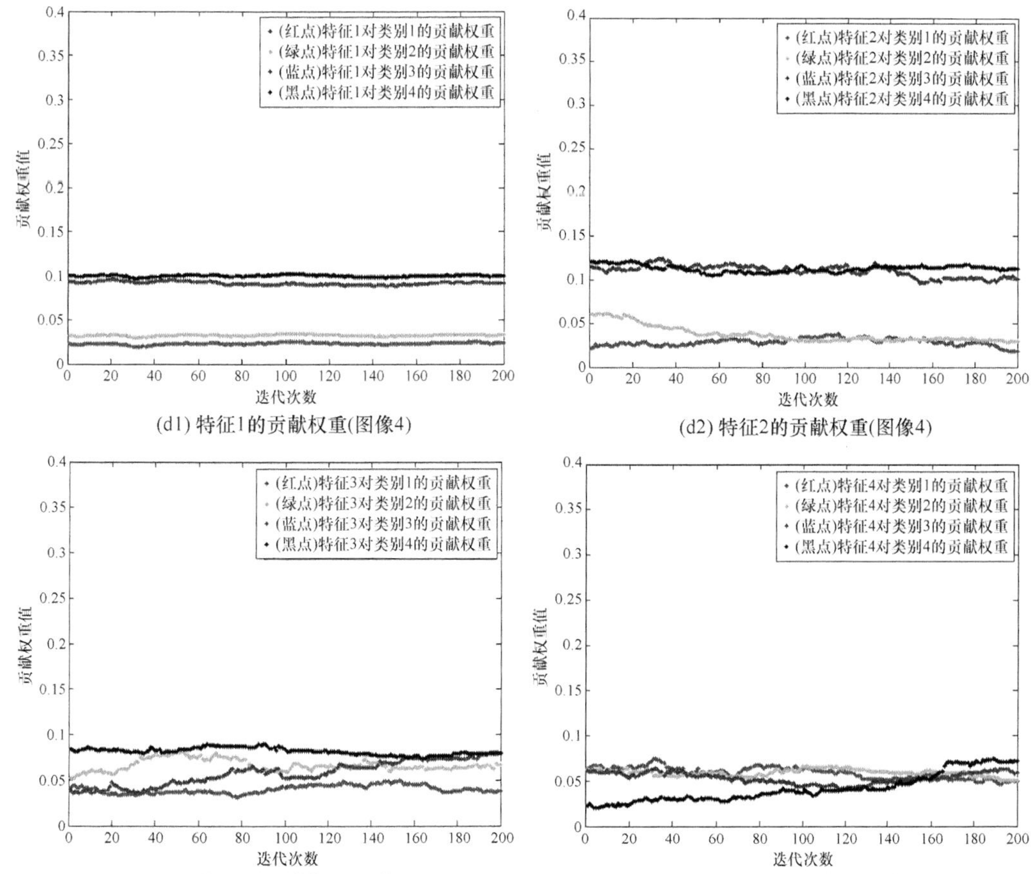

(d1) 特征1的贡献权重(图像4)　(d2) 特征2的贡献权重(图像4)

(d3) 特征3的贡献权重(图像4)　(d4) 特征4的贡献权重(图像4)

图 4.35　特征加权贝叶斯分割算法的彩色遥感图像贡献权重值变化

表 4.13　特征加权贝叶斯分割算法的彩色遥感图像贡献权重近似值

图　像	特征 1 ($\times 10^{-2}$)				特征 2 ($\times 10^{-2}$)				特征 3 ($\times 10^{-2}$)				特征 4 ($\times 10^{-2}$)			
	1	2	3	4	1	2	3	4	1	2	3	4	1	2	3	4
图 4.31(a)	1.8	1.8			18	10			28	10			30	0.4		
图 4.31(b)	1	1	1		12	20	5		8	17	5		10	17	3	
图 4.31(c)	0.25	0.25	0.25	0.25	8	11	5	5.5	7	16	7	4	7	13	9	6.5
图 4.31(d)	2	3	9	10	2	3	10	11	4	7	8	8	5	5	6	7

4.2　光谱特征贝叶斯分割算法

本节以光谱特征为依据，结合贝叶斯定理和 RJMCMC 算法，提出一种光谱特征贝叶斯分割算法。首先，利用规则划分技术将图像域划分成一系列规则子块；然后，以规则子块为处理单元，假设规则子块内所有像素隶属于同一标号，利用改进的静态 Potts 模型定义标号场；假设规则子块内的像素服从同一独立的统计分布，且各子块相互独立，进而建立特征场模型；再根据贝叶斯定理，结合上述所建模型，建立贝叶斯光谱特征分割模型；最后，利用RJMCMC算法模拟该分割模型，以实现区域分割。在RJMCMC算法中，根据光谱特征贝叶斯分割模型，设计了3个移动操作，分别为更新参数矢量、更新标号场和更新规则子块个数。利用该算法分别对上节中的所有高分辨率遥感图像进行分割实验，并对其分割结果进行定性与定量评价，以验证本节算法的可行性及有效性。以光谱特征贝叶斯分割算法作为一个对比算法，通过将其实验结果与4.1节的实验结果相比较，验证4.1节提出的特征加权贝叶斯分割算法的优越性。

4.2.1 光谱特征贝叶斯分割算法描述

1. 光谱特征贝叶斯分割模型的建立

高分辨率遥感图像 $\boldsymbol{f}=\{f_s=f(r_s,c_s);\ s=1,\cdots,S\}$，其中，$s$ 为像素索引；$r_s\in\{1,\cdots,m_1\}$ 为像素 s 所在行数，$c_s\in\{1,\cdots,m_2\}$ 为像素 s 所在列数，m_1 和 m_2 分别为图像的行数和列数；(r_s,c_s) 为像素 s 所在位置；f_s 为像素 s 的光谱测度值；S 为图像总像素数，可表示为 $S=m_1\times m_2$。$\boldsymbol{P}=\{(r_s,c_s);\ s=1,\cdots,S\}$ 为图像所有像素位置的集合(图像域)。

相比于中、低分辨率遥感图像，高分辨率遥感图像细节更加清晰，但同时也使同质区域内差异性越来越大；传统图像分割方法以像素为处理单元，不能较好地实现同质区域分割，降低了同质区域分割精度。为此，选择利用规则划分技术将特征加权图像的图像域 $\boldsymbol{P}$ 划分成一系列长方形规则子块(简称规则子块)，记作 $\boldsymbol{P}=\{P_i;\ i=1,\cdots,I\}$，其中，$i$ 为规则子块索引，P_i 为第 i 个规则子块，I 为规则子块总个数，设为随机变量。每个规则子块均满足其像素数为2的倍数，且最小规则子块像素数为 2×2。

在上述划分的基础上，以划分规则子块为处理单元的分割思想意味着：规则子块内像素隶属于同一目标类，具有相同标号。在划分的图像域上，每个规则子块 P_i 被赋予一个标号变量 Y_i，所有的标号变量构成一个标号场，记作 $\boldsymbol{Y}=\{Y_i;\ i=1,\cdots,I\}$。选择利用MRF模型定义该标号场，并利用改进的静态Potts模型定义 Y_i 及其邻域标号的空间作用关系，假设标号场内所有元素 $Y_i(i=1,\cdots,I)$ 的概率密度函数相互独立，则标号场 $\boldsymbol{Y}$ 的概率密度函数为

$$p(\boldsymbol{Y}\mid I,O)=\prod_{i=1}^{I}p(Y_i\mid Y_r,P_r\in \mathrm{NP}_i)=\prod_{i=1}^{I}\frac{1}{Z}\exp\Big\{\gamma\sum_{P_r\in \mathrm{NP}_i}\delta(Y_i,Y_r)\Big\}\tag{4.19}$$

其中，Z 为归一化常数；γ 为邻域标号变量的空间作用参数；NP_i 为规则子块 P_i 的邻域规则子块 P_r 的集合，任意两个规则子块互为领域当且仅当它们具有共同边界；若 $Y_i=Y_r$，则 $\delta(Y_i,Y_r)=1$，否则，$\delta(Y_i,Y_r)=0$。

定义在(规则划分的)图像域 $\boldsymbol{P}$ 上的标号场 $\boldsymbol{Y}$ 可以完备地刻画出对特征场 $\boldsymbol{F}$ 的分割。故先在划分的图像域上建立特征场模型。在划分的图像域上，特征场 $\boldsymbol{F}$ 还可表示为 $\boldsymbol{F}=\{\boldsymbol{F}_i;\ i=1,\cdots,I\}$，假设所有的 $F_i(i=1,\cdots,I)$ 相互独立，则特征场的概率密度函数可表示为

$$p(\boldsymbol{F} \mid \boldsymbol{Y},\boldsymbol{\theta},I,O) = \prod_{i=1}^{I} p(\boldsymbol{F}_i \mid Y_i = o,\boldsymbol{\theta}_o) \tag{4.20}$$

其中，$\boldsymbol{\theta}=\{\boldsymbol{\theta}_o;\ o=1,\cdots,O\}$为特征场模型的参数矢量。

对于不同的高分辨率遥感图像，根据其类型，式(4.20)中的 $p(\boldsymbol{F}_i \mid Y_i=o,\boldsymbol{\theta}_o)$不同。以SAR图像、全色遥感图像和彩色遥感图像为例。

(1) SAR图像

对于SAR图像来说，$\boldsymbol{F}_i=\{F_s, s\in P_i\}$为规则子块 P_i 内所有像素的强度变量的集合，F_s代表像素 s 的强度变量。假设具有标号 $Y_i=o$ 的规则子块 P_i 对应的 $\boldsymbol{F}_i$ 内所有元素相互独立，且元素 F_s服从形态、尺度参数分别为 α_o和 β_o的 Gamma 分布(王玉 等，2016a)，则 $p(\boldsymbol{F}_i \mid Y_i=o,\boldsymbol{\theta}_o)$可表示为

$$p(\boldsymbol{F}_i \mid Y_i = o,\boldsymbol{\theta}_o) = \prod_{s\in P_i} p(F_s \mid Y_s = o,\boldsymbol{\theta}_o) = \prod_{s\in P_i} \frac{1}{\Gamma(\alpha_o)} \frac{F_s^{\alpha_o-1}}{\beta_o^{\alpha_o}} \exp\left(-\frac{F_s}{\beta_o}\right) \tag{4.21}$$

其中，$\Gamma(\cdot)$为 Gamma 函数，$\boldsymbol{\theta}_o=(\alpha_o,\beta_o)$为第 o 类的参数矢量。假设形状(尺度)参数为 $\alpha_o(\beta_o)$，$o\in\{1,\cdots,O\}$，服从均值为 $\mu_\alpha(\mu_\beta)$、标准差为 $\sigma_\alpha(\sigma_\beta)$的正态分布且相互独立(Yang et al.，2006)，则 $\boldsymbol{\theta}_o$的概率密度函数可写为

$$p(\boldsymbol{\theta}_o)=p(\alpha_o)p(\beta_o)=\frac{1}{\sqrt{2\pi}\sigma_\alpha}\exp\left\{-\frac{(\alpha_1-\mu_\alpha)^2}{2\sigma_\alpha^2}\right\}\frac{1}{\sqrt{2\pi}\sigma_\beta}\exp\left\{-\frac{(\beta_1-\mu_\beta)^2}{2\sigma_\beta^2}\right\} \tag{4.22}$$

(2) 全色遥感图像

对于全色遥感图像来说，$\boldsymbol{F}_i=\{F_s, s\in P_i\}$为规则子块 P_i 内所有像素的光谱变量的集合，F_s代表像素 s 的光谱变量。假设具有标号 $Y_i=o$ 的规则子块 P_i 对应的 $\boldsymbol{F}_i$ 内所有元素相互独立，且元素 F_s服从均值和标准差参数分别为 μ_o和 σ_o的 Gaussian 分布，则 $p(\boldsymbol{F}_i \mid Y_i=o,\boldsymbol{\theta}_o)$可表示为

$$p(\boldsymbol{F}_i|Y_i=o,\boldsymbol{\theta}_o)=\prod_{s\in P_i} p(F_s|Y_s=o,\boldsymbol{\theta}_o)=\prod_{s\in P_i}\frac{1}{\sqrt{2\pi}\sigma_o}\exp\left\{-\frac{(F_s-\mu_o)^2}{2\sigma_o^2}\right\} \tag{4.23}$$

其中，$\boldsymbol{\theta}_o=(\mu_o,\sigma_o)$。假设均值(标准差)为 $\mu_o(\sigma_o)$，$o\in\{1,\cdots,O\}$，服从均值为 $\mu_\mu(\mu_\sigma)$、标准差为 $\sigma_\mu(\sigma_\sigma)$的 Gaussian 分布且相互独立(赵泉华 等，2013b)，则 $\boldsymbol{\theta}_o$的概率密度函数可写为

$$p(\boldsymbol{\theta}_o)=p(\mu_o)p(\sigma_o)=\frac{1}{\sqrt{2\pi}\sigma_\sigma}\exp\left\{-\frac{(\sigma_1-\mu_\sigma)^2}{2\sigma_\sigma^2}\right\}\frac{1}{\sqrt{2\pi}\sigma_\mu}\exp\left\{-\frac{(\mu_1-\mu_\mu)^2}{2\sigma_\mu^2}\right\} \tag{4.24}$$

(3) 彩色遥感图像

对于彩色遥感图像来说，$\boldsymbol{F}_i=\{\boldsymbol{F}_s, s\in P_i\}$为规则子块 P_i 内所有像素的彩色矢量的集合，$\boldsymbol{F}_s$代表像素 s 的彩色矢量，记作 $\boldsymbol{F}_s=\{F_{sR},F_{sG},F_{sB}\}$。

假设具有标号 $Y_i=o$ 的规则子块 P_i 对应的 $\boldsymbol{F}_i$ 内所有元素相互独立，且元素 F_s服从均值矢量为 $\boldsymbol{\mu}_o$和协方差矩阵为 $\boldsymbol{\Sigma}_o$的多值 Gaussian 分布(Kato，2008)，则 $p(\boldsymbol{F}_i \mid Y_i=o,\boldsymbol{\theta}_o)$具体如下：

$$p(\boldsymbol{F}_i \mid Y_i = o, \boldsymbol{\theta}_o) = \prod_{s \in P_i} p(F_s \mid Y_s = o, \boldsymbol{\theta}_o)$$

$$= \prod_{s \in P_i} \frac{1}{\sqrt{(2\pi)^3 \mid \boldsymbol{\Sigma}_o \mid}} \exp\{(\boldsymbol{Z}_s - \boldsymbol{\mu}_o)\boldsymbol{\Sigma}_o^{-1}(\boldsymbol{Z}_s - \boldsymbol{\mu}_o)^{\mathrm{T}}\} \tag{4.25}$$

其中，$\boldsymbol{\theta}_o = (\boldsymbol{\mu}_o, \boldsymbol{\Sigma}_o)$，$\boldsymbol{\mu}_o = (u_{oR}, u_{oG}, u_{oB})$和 $\boldsymbol{\Sigma}_o = [\Sigma_{oee'}]_{3\times 3}(e、e' \in \{R, G, B\})$ 分别为多值 Gaussian 分布的均值矢量和协方差矩阵。假设均值(协方差)参数 $\boldsymbol{\mu}_o(\boldsymbol{\Sigma}_o)$的各分量服从均值为$\mu_\mu(\mu_\Sigma)$、标准差为 $\sigma_\mu(\sigma_\Sigma)$的 Gaussian 分布且相互独立(王玉 等,2016)，则其概率密度函数可写为

$$p(\boldsymbol{\theta}_o) = p(\boldsymbol{\mu}_o)p(\boldsymbol{\Sigma}_o)$$

$$= \prod_{e \in \{R,G,B\}} p(\mu_{oe}) \times \prod_{e \in \{R,G,B\}} \prod_{e' \in \{R,G,B\}} p(\Sigma_{oee'})$$

$$= \prod_{e \in \{R,G,B\}} \frac{1}{\sqrt{2\pi}\sigma_\mu} \exp\left\{-\frac{(\mu_{oe} - \mu_\mu)^2}{2\sigma_\mu^2}\right\} \times \prod_{e \in \{R,G,B\}} \prod_{e' \in \{R,G,B\}} \frac{1}{\sqrt{2\pi}\sigma_\Sigma} \exp\left\{-\frac{(\Sigma_{oee'} - \mu_\Sigma)^2}{2\sigma_\Sigma^2}\right\} \tag{4.26}$$

进一步假设特征场模型的参数矢量 $\boldsymbol{\theta} = \{\boldsymbol{\theta}_o; o = 1, \cdots, O\}$的所有元素相互独立，则参数矢量 $\boldsymbol{\theta}$ 的概率密度函数可表示为

$$p(\boldsymbol{\theta} \mid O) = \prod_{o=1}^{O} p(\boldsymbol{\theta}_o) \tag{4.27}$$

假设规则子块总个数 I 服从均值为 λ_I 的泊松分布(Green,1995)，则其概率密度函数为

$$p(I) = \frac{\lambda_I^I}{I!}\exp(-\lambda_I) \tag{4.28}$$

为了实现基于贝叶斯定理的光谱特征分割，需要在已知 $\boldsymbol{F}$ 的条件下求解总参数矢量 $\boldsymbol{\Theta} = \{\boldsymbol{Y}, \boldsymbol{\theta}, I\}$ 的条件概率密度函数 $p(\boldsymbol{Y}, \boldsymbol{\theta}, I \mid \boldsymbol{F})$。根据贝叶斯定理，$p(\boldsymbol{Y}, \boldsymbol{\theta}, I \mid \boldsymbol{F})$可表示为

$$p(\boldsymbol{Y}, \boldsymbol{\theta}, I \mid \boldsymbol{F}) \propto p(\boldsymbol{F} \mid \boldsymbol{Y}, \boldsymbol{\theta}, I, O)p(\boldsymbol{Y} \mid I, O)p(\boldsymbol{\theta} \mid O)p(I) \tag{4.29}$$

2. 基于贝叶斯定理的光谱特征分割模型的模拟

根据基于贝叶斯定理的光谱特征分割模型〔式(4.29)〕设计 3 个移动操作，分别为更新参数矢量、更新标号场和更新规则子块个数。在每次迭代中，遍历所有移动操作。

(1)更新参数矢量

随机抽取一标号 o，$o \in \{1, \cdots, O\}$，对应的参数矢量为 $\boldsymbol{\theta}_o = (\boldsymbol{\mu}_o, \boldsymbol{\Sigma}_o)$，顺序改变 $\boldsymbol{\mu}_o$和 $\boldsymbol{\Sigma}_o$。当改变 $\boldsymbol{\theta}_o$时，候选参数 $\boldsymbol{\theta}_o{}^*$ 从均值为 $\boldsymbol{\theta}_o$、标准差为 ε_θ 的 Gaussian 分布中抽取，其中 $\varepsilon_{\boldsymbol{\Phi}}$ 为预定义参数，由均值为 μ_o、标准差为 ε_μ 的 Gaussian 分布中抽取，则其接受率为

$$a_p(\boldsymbol{\theta}_o, \boldsymbol{\theta}_o^*) = \min\left\{1, \frac{\prod_{P_i \in \boldsymbol{P}_o} p(\boldsymbol{F}_i \mid \boldsymbol{Y}_i = o, \boldsymbol{\theta}_o^*)p(\boldsymbol{\theta}_o^*)}{\prod_{P_i \in \boldsymbol{P}_o} p(\boldsymbol{F}_i \mid \boldsymbol{Y}_i = o, \boldsymbol{\theta}_o)p(\boldsymbol{\theta}_o)}\right\} \tag{4.30}$$

其中，$\boldsymbol{P}_o$为所有标号为 o 的规则子块的集合，可表示为 $\boldsymbol{P}_o = \{P_i; Y_i = o\}$。

抽取随机数 $g \sim U[0,1]$，当 $g \leqslant a_p(\boldsymbol{\Sigma}_o, \boldsymbol{\Sigma}_o{}^*)$ 时，接受该次操作结果，$\boldsymbol{\Sigma}_o$变为 $\boldsymbol{\Sigma}_o{}^*$；否

则,拒绝该次操作结果,保持 $\boldsymbol{\Sigma}_o$ 不变。

(2) 更新标号场

随机抽取一规则子块 $P_i, i\in\{1,\cdots,I\}$,其对应标号为 o,候选标号 o^* 由 $\{1,\cdots,O\}$ 随机抽取,且满足 $o^*\neq o$,则其接受率为

$$a_o(Y_i,Y_i)=\min\left\{1,\ \frac{p(\boldsymbol{F}_i\mid Y_i=o^*,\boldsymbol{\theta}_{o^*})\prod\limits_{i\in\{i,\mathrm{NP}_i\}}p(\boldsymbol{Y}_i=o^*\mid Y_r,P_r\in\mathrm{NP}_i)}{p(\boldsymbol{F}_i\mid Y_i=o,\boldsymbol{\theta}_o)\prod\limits_{i\in\{i,\mathrm{NP}_i\}}p(\boldsymbol{Y}_i=o\mid Y_r,P_r\in\mathrm{NP}_i)}\right\}\tag{4.31}$$

抽取随机数 $g\sim U[0,1]$,当 $g\leqslant a_o(Y_i,Y_i^*)$ 时,接受该次操作结果,Y_i 变为 Y_i^*;否则,拒绝该次操作结果,保持 Y_i 不变。

(3) 更新规则子块个数

更新规则子块个数可通过分裂或合并规则子块来实现。分裂操作就是将一个规则子块分解为两个标号不同的规则子块。分裂规则子块的过程如下。

① 在当前图像域 $\boldsymbol{P}=\{P_1,\cdots,P_i,\cdots,P_I\}$ 中随机选择一规则子块 P_i,其对应标号为 o。

② 判断该规则子块是否可实现分裂操作,如果所选规则子块像素数大于 4 且其行数或列数为 2 的整数倍,则该规则子块可实现分裂操作。

③ 随机选择一种分裂方式将规则子块 P_i 分成两个新的规则子块 P_i^* 和 P_{I+1}^*,对应标号分别为 o 和 o^*,并满足条件 $o^*\neq o$;分裂后图像域划分为 $\boldsymbol{P}^*=\{P_1,\cdots,P_i^*,\cdots,P_I,P_{I+1}^*\}$,规则子块个数变为 $I+1$,其接受率可表示为

$$a_{f_I}(\boldsymbol{P},\boldsymbol{P}^*)=\min\{1,\ R_{f_I}\}\tag{4.32}$$

其中

$$R_{f_I}=\frac{p(I+1)p(\boldsymbol{F}|\boldsymbol{Y}^*,\boldsymbol{\theta},I+1,O)p(\boldsymbol{Y}^*|\boldsymbol{\theta},I+1,O)r_{m_{I+1}}(\boldsymbol{\Theta}^*)}{p(I)p(\boldsymbol{F}|\boldsymbol{Y},\boldsymbol{\theta},I,O)p(\boldsymbol{Y}|\boldsymbol{\theta},I,O)r_{s_I}(\boldsymbol{\Theta})q(\boldsymbol{u})}\left|\frac{\partial\boldsymbol{\Theta}^*}{\partial(\boldsymbol{\Theta},\boldsymbol{u})}\right|\tag{4.33}$$

其中,$\boldsymbol{Y}^*=\{Y_1,\cdots,Y_i^*,\cdots,Y_I,Y_{I+1}^*\}$,$\boldsymbol{Y}=\{Y_1,\cdots,Y_i,\cdots,Y_I\}$,$\boldsymbol{\Theta}^*=(\boldsymbol{Y}^*,\boldsymbol{\theta},I+1)$,$\boldsymbol{\Theta}=(\boldsymbol{Y},\boldsymbol{\theta},I)$,$r_{s_I}$ 为 I 状态下选择分裂操作的概率,$r_{m_{I+1}}$ 为 $I+1$ 状态下选择合并操作的概率,式(4.33)的 Jacobian 项为 1(Green, 1995)。

抽取随机数 $g\sim U[0,1]$,当 $g\leqslant a_{f_I}(\boldsymbol{P},\boldsymbol{P}^*)$时,接受该次操作结果,$\boldsymbol{P}$ 变为 $\boldsymbol{P}^*$;否则,拒绝该次操作结果,保持 $\boldsymbol{P}$ 不变。

合并操作是分裂操作的对偶操作,其接受率为

$$a_{h_{I+1}}(\boldsymbol{P},\boldsymbol{P}^*)=\min\{1,\ 1/R_{f_I}\}\tag{4.34}$$

3. 基于贝叶斯定理的光谱特征分割算法的流程

① 基于贝叶斯定理的光谱特征分割模型的建立。其具体步骤为:

S1,利用规则划分技术将特征加权图像的图像域划分成一系列规则子块;

S2,以规则子块为处理单元,建立特征场模型、标号场模型;

S3,利用贝叶斯定理将特征场模型、标号场模型与先验分布结合,建立基于贝叶斯定理的光谱特征分割模型。

② 基于贝叶斯定理的光谱特征分割模型的模拟。分割模型建立完成后，利用 RJMCMC 算法模拟求解该模型，以实现区域分割，其具体步骤为：

S1，初始化总参数矢量 $\boldsymbol{\Theta}_0=\{\boldsymbol{Y}_0,\boldsymbol{\theta}_0,I_0\}$；

S2，利用贡献权重集合 $\boldsymbol{\omega}^{(0)}$ 执行 n_p 次 RJMCMC 算法，得到参数矢量 $\boldsymbol{\theta}^{(1)}$、规则子块个数 $I^{(1)}$ 和标号场 $\boldsymbol{Y}^{(1)}$ 的估计；

S3，返回 $S2$，直到达到预计的总循环数或标号场 $\boldsymbol{Y}$ 整体收敛到稳定值，循环结束。

4.2.2 光谱特征贝叶斯分割算法实例

利用该对比算法对上节中的所有高分辨率遥感图像进行分割实验，图 4.36 为对应的规则划分结果，图 4.37 为对应的分割结果。通过图 4.37 可以看出，区域及其边缘分割结果不甚理想，甚至有些图像分割结果与实际情况不符。图 4.37(a2) 中将区域 1 和 3 划分为同一同质区域，该对比算法不能区分这两个区域。这是由于高分辨率遥感图像同质区域差异性大，异质区域差异性小，导致仅利用单一光谱特征无法较好地区分不同的同质区域，分割精度较低。与 4.1 节相应的结果进行比较可以看出，提出算法不仅能较好地实现区域内部分割，还可以较好地实现区域边缘分割，有效地提高了高分辨率遥感图像分割精度，这说明了提出算法的优越性。

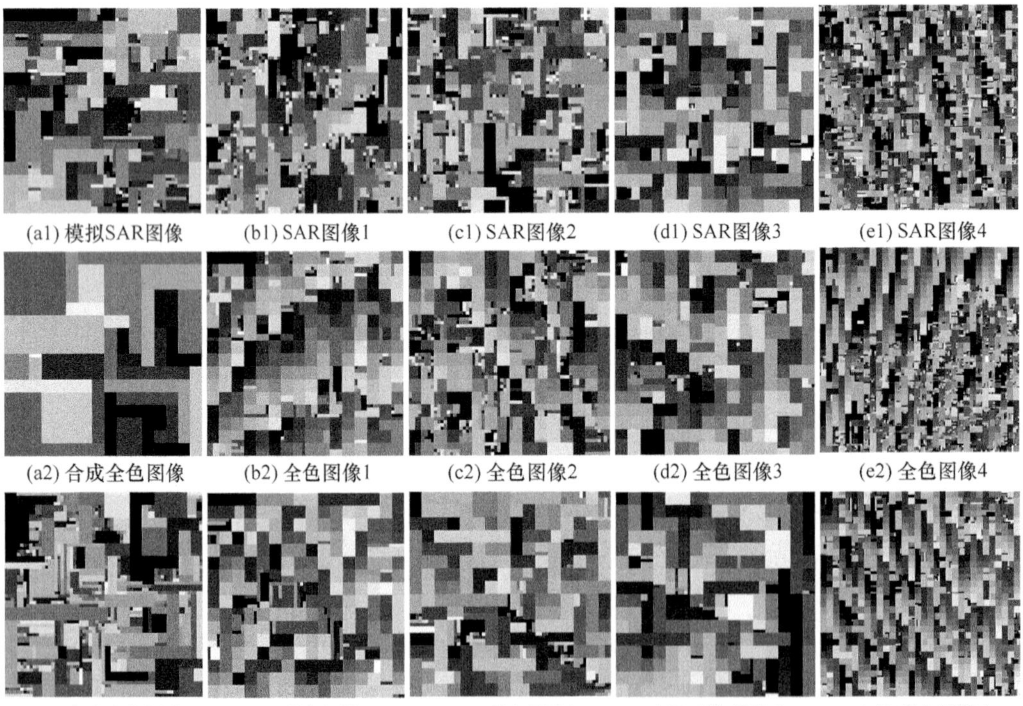

(a1) 模拟SAR图像　(b1) SAR图像1　(c1) SAR图像2　(d1) SAR图像3　(e1) SAR图像4

(a2) 合成全色图像　(b2) 全色图像1　(c2) 全色图像2　(d2) 全色图像3　(e2) 全色图像4

(a3) 合成彩色图像　(b3) 彩色图像1　(c3) 彩色图像2　(d3) 彩色图像3　(e3) 彩色图像4

图 4.36　基于贝叶斯定理的光谱特征分割算法的规则划分结果

为了进一步比较两个算法，提取分割结果〔见图 4.37〕的轮廓线，并将提取的轮廓线叠加到规则划分结果和原图上，如图 4.38 和图 4.39 所示。通过与上节相应的结果进行比较可以看出，对比算法中边缘分割结果没有提出算法好，这进一步说明了提出算法的优越性。

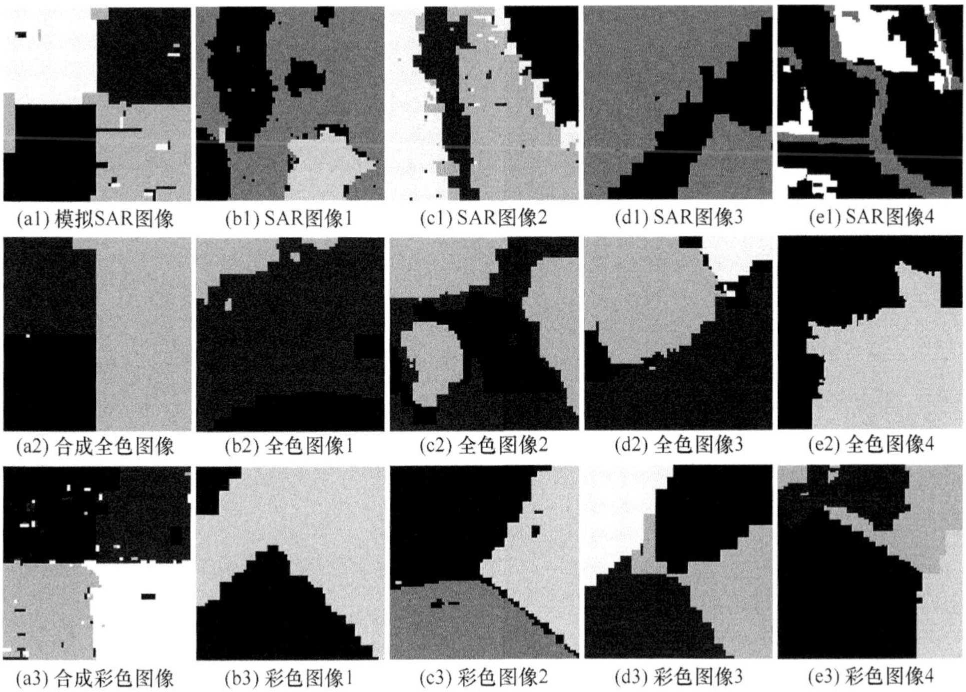

图 4.37　基于贝叶斯定理的光谱特征分割算法的分割结果

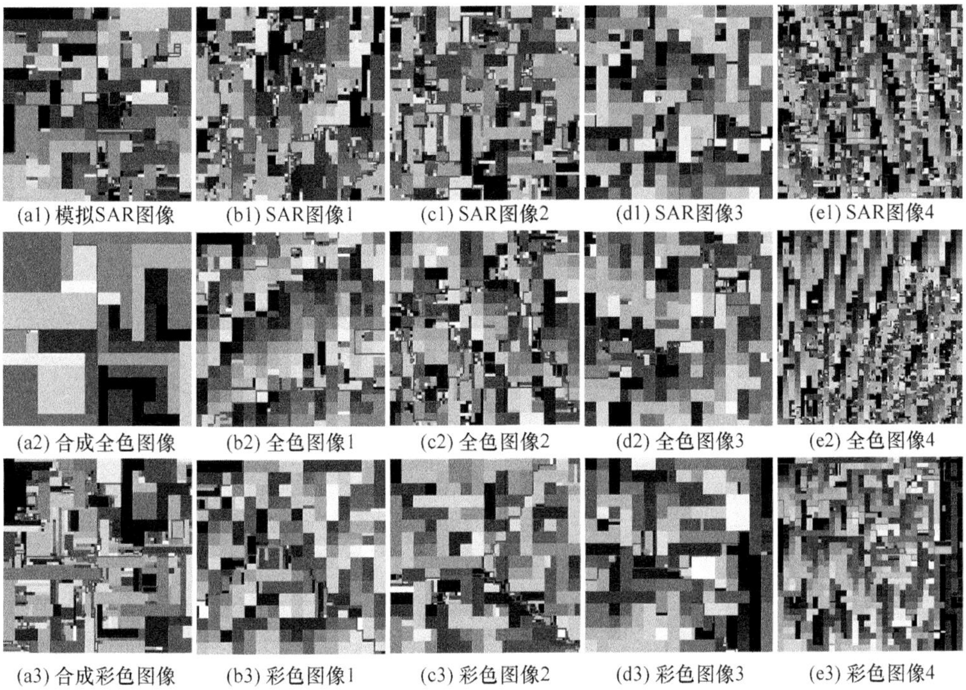

图 4.38　基于贝叶斯定理的光谱特征分割算法的轮廓线与规则划分结果叠加

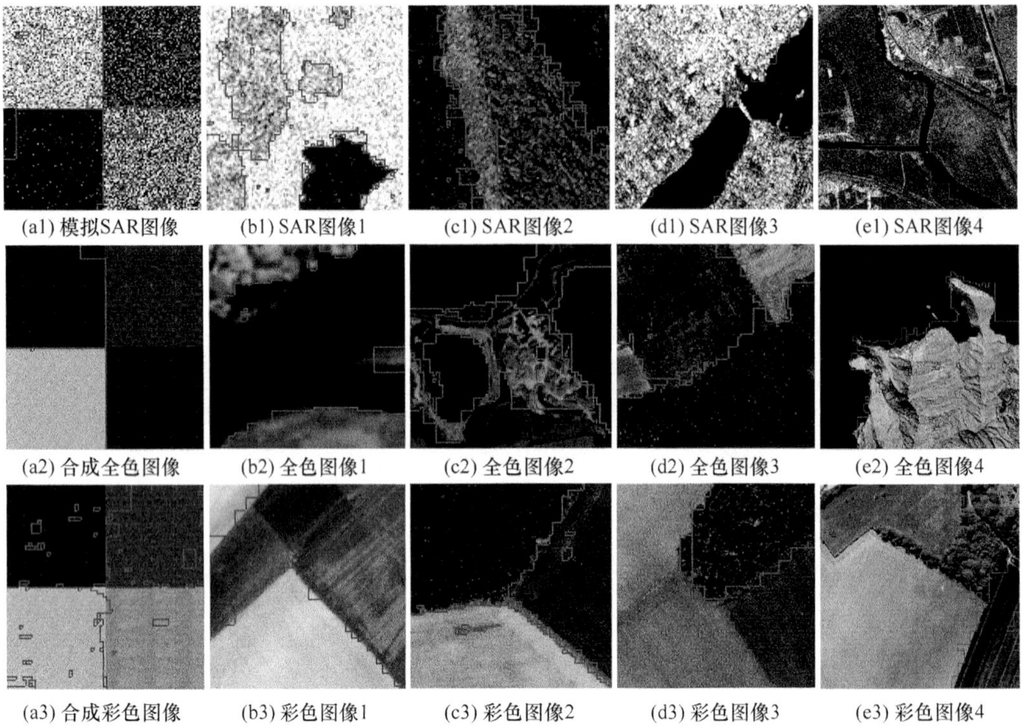

图 4.39　基于贝叶斯定理的光谱特征分割算法的轮廓线与原图叠加

为了对该对比算法进行定量评价，以图像模板为标准分割数据，求分割结果（见图 4.37）的混淆矩阵，并根据所求的混淆矩阵计算对应的产品精度、用户精度、总精度和 Kappa 值，见表 4.14。通过表 4.14 可得到平均总精度（所有总精度之和取平均）为91.7%，平均 Kappa 值（所有 Kappa 值之和取平均）为 0.866。而提出算法的平均总精度和平均 Kappa 值分别为 96.8% 和 0.951。通过比较可以看出，提出算法的分割精度优于该对比算法。

表 4.14　基于贝叶斯定理的光谱特征分割算法的定量评价

图　像	产品精度(%)				用户精度(%)				总精度(%)	Kappa 值
	1	2	3	4	1	2	3	4		
图 4.37(a1)	93.4	94.5	95.7	93.4	86.2	97.8	98.0	95.9	94.3	0.923
图 4.37(b1)	94.4	88.3	94.9		96.1	97.6	76.3		90.7	0.830
图 4.37(c1)	91.8	90.7	86.2	87.3	93.3	77.6	86.9	91.3	88.3	0.834
图 4.37(d1)	97.3	95.9			89.5	99.0			96.2	0.906
图 4.37(e1)	88.1	94.5	89.7		76.5	97.2	87.1		93.1	0.838
图 4.37(a2)	0	96.9	100	99.9	0	100	49.2	100	74.2	0.656
图 4.37(b2)	98.5	92.7	71.8		92.9	95.4	97.8		93.8	0.865
图 4.37(c2)	92.6	85.0	90.5		77.3	84.5	99.7		89.1	0.830

续 表

图 像	产品精度(%)				用户精度(%)				总精度(%)	Kappa 值
	1	2	3	4	1	2	3	4		
图 4.37(d2)	71.3	98.8	88.9	94.0	100	93.6	99.3	39.5	91.9	0.868
图 4.37(e2)	99.8	88.2			87.2	99.8			93.3	0.867
图 4.37(a3)	98.4	96.1	87.1	92.4	92.7	88.1	95.7	98.5	93.5	0.914
图 4.37(b3)	97.0	96.3			97.6	95.3			96.7	0.947
图 4.37(c3)	98.6	88.8	95.0		88.0	98.2	99.8		94.4	0.915
图 4.37(d3)	93.2	95.8	97.5	92.6	96.4	84.9	98.4	98.8	94.4	0.925
图 4.37(e3)	92.1	85.5	86.3	95.4	78.3	86.1	89.9	98.2	91.5	0.873

4.3 无权重特征贝叶斯分割算法

利用第 3 章提出的算法提取实验图像的多尺度光谱特征，构成特征集合；然后，以特征集合为分割依据，结合贝叶斯定理和 RJMCMC 算法进行区域分割。该对比算法认为每个特征在图像分割中的作用是一致的，即各特征对每一类别的贡献权重均为 1。具体步骤为：利用规则划分技术将图像域划分成一系列规则子块；在划分图像域的基础上，假设每个规则子块内的像素满足多值高斯分布，且各规则子块相互独立，从而建立特征图像模型；利用改进的静态 Potts 模型定义标号场模型；再根据贝叶斯定理建立基于贝叶斯定理的无权重特征分割模型；最后，利用 RJMCMC 算法模拟该分割模型，以实现区域分割。在 RJMCMC 算法中，根据基于贝叶斯定理的无权重特征分割模型，设计了 3 个移动操作，分别为更新参数矢量、更新标号场和更新规则子块个数。

4.3.1 无权重特征贝叶斯分割算法描述

1. 无权重特征贝叶斯分割模型的建立

给定高分辨率遥感图像 $\boldsymbol{f}=\{f_s=f(r_s,c_s);\ s=1,\cdots,S\}$，提取其多尺度光谱特征，构成特征集合 $\boldsymbol{x}=\{\boldsymbol{x}_s;\ s=1,\cdots,S\}$，其中，$\boldsymbol{x}_s=\{x_{js};\ j=1,\cdots,J\}$ 为像素 s 的特征矢量值，x_{js} 为像素 s 的第 j 个特征值。特征集合 $\boldsymbol{x}$ 可以看作定义在图像域 $\boldsymbol{P}$ 上特征矢量场 $\boldsymbol{X}=\{\boldsymbol{X}_s;\ s=1,\cdots,S\}$ 的实现，其中，$\boldsymbol{X}_s=\{X_{js};\ j=1,\cdots,J\}$ 为定义在图像域 $\boldsymbol{P}$ 上像素 s 的特征矢量，X_{js} 为像素 s 的第 j 个特征变量。

利用规则划分技术将特征加权图像的图像域 $\boldsymbol{P}$ 划分成一系列长方形规则子块（简称规则子块），记作 $\boldsymbol{P}=\{P_i;\ i=1,\cdots,I\}$，其中，$i$ 为规则子块索引，P_i 为第 i 个规则子块，I 为规则子块总个数，设为随机变量。每个规则子块均满足其像素数为 2 的倍数，且最小规则子块像素数为 2×2。图 4.1 为由 7 个大小不等的规则子块划分的图像域，即 $\boldsymbol{P}=\{P_i;\ i=1,\cdots,7\}$，其中，$P_3$ 为最小规则子块。

在划分的图像域上，特征矢量场 $\boldsymbol{X}$ 还可表示为 $\boldsymbol{X}=\{\boldsymbol{X}_i;\ i=1,\cdots,I\}$，其中，$\boldsymbol{X}_i$ 为规则子块 P_i 内所有像素特征矢量的集合，即 $\boldsymbol{X}_i=\{\boldsymbol{X}_s;\ s\in P_i\}$。假设 $\boldsymbol{X}$ 满足两个条件：①规则子块 P_i 中所有像素对应的 $\boldsymbol{X}_s$ 服从同一独立的多值 Gaussian 分布（王玉 等，2017）；②所有 $\boldsymbol{X}_i$ $(i=1,\cdots,I)$ 的概率密度函数亦相互独立。则 $\boldsymbol{X}$ 的概率密度函数可表示为

$$\begin{aligned} p(\boldsymbol{X}\mid \boldsymbol{Y},\boldsymbol{\theta},I,O) &= \prod_{i=1}^{I} p(\boldsymbol{X}_i\mid Y_i=o,\boldsymbol{\theta}_o) \\ &= \prod_{i=1}^{I}\prod_{s\in P_i} p(\boldsymbol{X}_s\mid Y_s=o,\boldsymbol{\theta}_o) \\ &= \prod_{i=1}^{I}\prod_{s\in P_i}\frac{1}{(2\pi)^{J/2}\boldsymbol{\Sigma}_o^{1/2}}\exp\{(\boldsymbol{X}_s-\boldsymbol{\mu}_o)\boldsymbol{\Sigma}_o^{-1}(\boldsymbol{X}_s-\boldsymbol{\mu}_o)^{\mathrm{T}}\} \end{aligned} \tag{4.35}$$

其中，$\boldsymbol{Y}$ 为标号场，记作 $\boldsymbol{Y}=\{Y_i;\ i=1,\cdots,I\}$，$Y_i$ 为规则子块 P_i 对应的标号变量，$i\in\{1,\cdots,O\}$；$\boldsymbol{\theta}=\{\boldsymbol{\theta}_o;\ o=1,\cdots,O\}$ 为多值 Gaussian 分布的参数矢量，$\boldsymbol{\theta}_o=(\boldsymbol{\mu}_o,\boldsymbol{\Sigma}_o)$ 为第 o 类的参数矢量。

为了实现特征加权贝叶斯分割，需要在已知 $\boldsymbol{X}$ 的条件下求解总参数矢量 $\boldsymbol{\Theta}=\{\boldsymbol{Y},\boldsymbol{\theta},I\}$ 的条件概率密度函数 $p(\boldsymbol{Y},\boldsymbol{\theta},I\mid\boldsymbol{X})$。根据贝叶斯定理，$p(\boldsymbol{Y},\boldsymbol{\theta},I\mid\boldsymbol{X})$ 可表示为

$$p(\boldsymbol{Y},\boldsymbol{\theta},I\mid\boldsymbol{X})\propto p(\boldsymbol{X}\mid\boldsymbol{Y},\boldsymbol{\theta},I,O)\,p(\boldsymbol{Y}\mid I,O)\,p(\boldsymbol{\theta}\mid O)\,p(I) \tag{4.36}$$

其中，$p(\boldsymbol{X}\mid\boldsymbol{Y},\boldsymbol{\theta},I,O)$ 由式（4.35）获得，$p(\boldsymbol{\theta}\mid O)$ 是多值 Gaussian 分布中参数矢量 $\boldsymbol{\theta}$ 的先验分布。

参数矢量 $\boldsymbol{\theta}$ 也可表示为 $\boldsymbol{\theta}=(\boldsymbol{\mu},\boldsymbol{\Sigma})$，其中，$\boldsymbol{\mu}$ 为多值 Gaussian 分布中所有均值矢量的集合，可表示为 $\boldsymbol{\mu}=\{\boldsymbol{\mu}_o;\ o=1,\cdots,O\}$，其中，$\boldsymbol{\mu}_o$ 为第 o 类的均值矢量，可表示为 $\boldsymbol{\mu}_o=\{\mu_{jo};\ j=1,\cdots,J\}$。假设 μ_{jo} 服从均值为 μ_μ、标准差为 σ_μ 的 Gaussian 分布且 $\boldsymbol{\mu}_o$ 内所有元素相互独立（王玉 等，2016b），则 $\boldsymbol{\mu}_o$ 的概率密度函数可表示为

$$p(\boldsymbol{\mu}_o)=\prod_{j=1}^{J}p(\mu_{jo})=\prod_{j=1}^{J}\frac{1}{\sqrt{2\pi}\sigma_\mu}\exp\left\{-\frac{(\mu_{jo}-\mu_\mu)^2}{2\sigma_\mu^2}\right\} \tag{4.37}$$

$\boldsymbol{\Sigma}$ 为多值 Gaussian 分布中所有协方差矩阵的集合，可表示为 $\boldsymbol{\Sigma}=\{\boldsymbol{\Sigma}_o;\ o=1,\cdots,O\}$，其中，$\boldsymbol{\Sigma}_o$ 为第 o 类的协方差矩阵。假定 $\boldsymbol{\Sigma}_o=[\Sigma_{jj'o}]_{J\times J}$ 为对角阵，其中，$j=\{1,\cdots,J\}$。假设 $\Sigma_{jj'o}$ 服从均值为 μ_Σ、标准差为 σ_Σ 的 Gaussian 分布且 $\boldsymbol{\Sigma}_o$ 内所有元素相互独立（王玉 等，2016b），则 $\boldsymbol{\Sigma}_o$ 的联合概率密度函数可写为

$$p(\boldsymbol{\Sigma}_o)=\prod_{j=1}^{J}p(\Sigma_{jj'o})=\prod_{j=1}^{J}\frac{1}{\sqrt{2\pi}\sigma_\Sigma}\exp\left\{-\frac{(\Sigma_{jj'o}-\mu_\Sigma)^2}{2\sigma_\Sigma^2}\right\} \tag{4.38}$$

假设 $\boldsymbol{\theta}=(\boldsymbol{\mu},\boldsymbol{\Sigma})$ 所有元素相互独立，则参数矢量 $\boldsymbol{\theta}$ 的概率密度函数可表示为

$$\begin{aligned} p(\boldsymbol{\theta}\mid O) &= \prod_{o=1}^{O}p(\boldsymbol{\mu}_o)p(\boldsymbol{\Sigma}_o) \\ &= \prod_{o=1}^{O}\prod_{j=1}^{J}\frac{1}{\sqrt{2\pi}\sigma_\mu}\exp\left\{-\frac{(\mu_{jo}-\mu_\mu)^2}{2\sigma_\mu^2}\right\}\times\prod_{o=1}^{O}\prod_{j=1}^{J}\frac{1}{\sqrt{2\pi}\sigma_\Sigma}\exp\left\{-\frac{(\Sigma_{jj'o}-\mu_\Sigma)^2}{2\sigma_\Sigma^2}\right\} \end{aligned} \tag{4.39}$$

利用 MRF 模型定义标号场 $\boldsymbol{Y}=\{Y_i;\ i=1,\cdots,I\}$。利用改进的静态 Potts 模型定义 Y_i

及其邻域标号的空间作用关系，并假设标号场内所有元素 $Y_i(i=1,\cdots,I)$ 的概率密度函数相互独立，则标号场 $\boldsymbol{Y}$ 的概率密度函数为

$$p(\boldsymbol{Y}\mid I,O)=\prod_{i=1}^{I}p(Y_i\mid Y_r,P_r\in \mathrm{NP}_i)=\prod_{i=1}^{I}\frac{1}{Z}\exp\Big\{\gamma\sum_{P_r\in \mathrm{NP}_i}\delta(Y_i,Y_r)\Big\} \quad (4.40)$$

其中，Z 为归一化常数；γ 为邻域标号变量的空间作用参数；NP_i 为规则子块 P_i 的邻域规则子块 P_r 的集合，任意两个规则子块互为领域当且仅当它们具有共同边界；若 $Y_i=Y_r$，则 $\delta(Y_i,Y_r)=1$，否则，$\delta(Y_i,Y_r)=0$。

假设规则子块总个数 I 服从均值为 λ_I 的泊松分布(Green，1995)，则其概率密度函数为

$$p(I)=\frac{\lambda_I^I}{I\,!}\exp(-\lambda_I) \quad (4.41)$$

综上所述，式(4.36)又可表示为

$$\begin{aligned}p(\boldsymbol{Y},\boldsymbol{\theta},I\mid \boldsymbol{X})&\propto p(\boldsymbol{X}\mid \boldsymbol{Y},\boldsymbol{\theta},I,O)p(\boldsymbol{Y}\mid I,O)p(\boldsymbol{\theta}\mid O)p(I)\\&=\prod_{i=1}^{I}p(\boldsymbol{X}_i\mid \boldsymbol{Y}_i=o,\boldsymbol{\theta}_o)p(\boldsymbol{Y}_i\mid Y_r,P_r\in \mathrm{NP}_i)p(\boldsymbol{\mu}_o\mid O)p(\boldsymbol{\Sigma}_o\mid O)p(I)\\&=\prod_{i=1}^{I}\prod_{s\in P_i}\frac{1}{(2\pi)^{J/2}\boldsymbol{\Sigma}_o^{1/2}}\exp\{(\boldsymbol{X}_s-\boldsymbol{\mu}_o)\boldsymbol{\Sigma}_o^{-1}(\boldsymbol{X}_s-\boldsymbol{\mu}_o)^{\mathrm{T}}\}\times\\&\quad\prod_{i=1}^{I}\frac{1}{Z}\exp\Big\{\gamma\sum_{P_r\in \mathrm{NP}_i}\delta(Y_i,Y_r)\Big\}\prod_{o=1}^{O}\prod_{j=1}^{J}\frac{1}{\sqrt{2\pi}\sigma_\mu}\exp\Big\{-\frac{(\mu_{jo}-\mu_\mu)^2}{2\sigma_\mu^2}\Big\}\times\\&\quad\prod_{o=1}^{O}\prod_{j=1}^{J}\frac{1}{\sqrt{2\pi}\sigma_\Sigma}\exp\Big\{-\frac{(\Sigma_{jj'o}-\mu_\Sigma)^2}{2\sigma_\Sigma^2}\Big\}\times\frac{\lambda_I^I}{I\,!}\exp(-\lambda_I)\end{aligned} \quad (4.42)$$

2. 无权重特征贝叶斯分割模型的模拟

RJMCMC 算法可在目标函数模拟过程中构建 Markov 链，实现不同维度参数空间的跳跃，有效地解决可变维问题，故本书利用 RJMCMC 算法模拟特征加权贝叶斯分割模型〔式(4.42)〕，实现区域分割及规则子块总个数求解，并利用 EM 算法实现贡献权重估计。

RJMCMC 算法在假定贡献权重集合 $\boldsymbol{\omega}$ 已知的条件下根据特征加权贝叶斯分割模型设计 3 个移动操作，分别为更新参数矢量、更新标号场和更新规则子块个数。在每次迭代中，遍历所有移动操作。下面具体介绍一下这 3 个移动操作。

(1) 更新参数矢量

随机抽取一标号 o，$o\in\{1,\cdots,O\}$，对应的参数矢量为 $\boldsymbol{\theta}_o=(\boldsymbol{\mu}_o,\boldsymbol{\Sigma}_o)$，顺序改变 $\boldsymbol{\mu}_o$ 和 $\boldsymbol{\Sigma}_o$。以 $\boldsymbol{\mu}_o$ 为例，在 $\{1,\cdots,J\}$ 中随机抽取 j，特征 j 的第 o 类候选均值 μ_{jo}^* 由均值为 μ_o、标准差为 ε_μ 的 Gaussian 分布中抽取，而在 $\boldsymbol{\mu}_o$ 中其他元素不变，则均值矢量由 $\boldsymbol{\mu}_o=\{\mu_{1o},\cdots,\mu_{jo},\cdots,\mu_{Jo}\}$ 变为 $\boldsymbol{\mu}_o^*=\{\mu_{1o},\cdots,\mu_{jo}{}^*,\cdots,\mu_{Jo}\}$ 的接受率为

$$a_p(\boldsymbol{\mu}_o,\boldsymbol{\mu}_o^*)=\min\left\{1,\ \frac{\prod_{P_i\in \boldsymbol{P}_o}p(\boldsymbol{X}_i|\boldsymbol{Y}_i=o,\boldsymbol{\mu}_o^*,\boldsymbol{\Sigma}_o)p(\boldsymbol{\mu}_o^*)}{\prod_{P_i\in \boldsymbol{P}_o}p(\boldsymbol{X}_i|\boldsymbol{Y}_i=o,\boldsymbol{\mu}_o,\boldsymbol{\Sigma}_o)p(\boldsymbol{\mu}_o)}\right\} \quad (4.43)$$

同理，协方差矩阵由 $\boldsymbol{\Sigma}_o$ 变为 $\boldsymbol{\Sigma}_o^*$ 的接受率为

$$a_p(\boldsymbol{\Sigma}_o,\boldsymbol{\Sigma}_o^*)=\min\left\{1,\ \frac{\prod_{P_i\in \boldsymbol{P}_o} p(\boldsymbol{X}_i|\boldsymbol{Y}_i=o,\boldsymbol{\mu}_o,\boldsymbol{\Sigma}_o^*)p(\boldsymbol{\Sigma}_o^*)}{\prod_{P_i\in \boldsymbol{P}_o} p(\boldsymbol{X}_i|\boldsymbol{Y}_i=o,\boldsymbol{\mu}_o,\boldsymbol{\Sigma}_o)p(\boldsymbol{\Sigma}_o)}\right\} \tag{4.44}$$

其中，$\boldsymbol{P}_o$为所有标号为 o 的规则子块的集合，可表示为 $\boldsymbol{P}_o=\{P_i;\ Y_i=o\}$。

抽取随机数 $g\sim U[0,1]$，当 $g\leqslant a_p(\boldsymbol{\Sigma}_o,\boldsymbol{\Sigma}_o^*)$ 时，接受该次操作结果，$\boldsymbol{\Sigma}_o$变为 $\boldsymbol{\Sigma}_o^*$；否则，拒绝该次操作结果，保持 $\boldsymbol{\Sigma}_o$不变。

(2) 更新标号场

随机抽取一规则子块 $P_i, i\in\{1,\cdots,I\}$，其对应标号为 o，候选标号 o^* 由$\{1,\cdots,O\}$中随机抽取，且满足 $o^*\neq o$，则标号由 o 变为 o^* 的接受率为

$$a_o(Y_i,Y_i)=\min\left\{1,\ \frac{p(\boldsymbol{X}_i|Y_i=o^*,\boldsymbol{\theta}_o^*)\prod_{i\in\{i,\mathrm{NP}_i\}} p(\boldsymbol{Y}_i=o^*|Y_{\mathrm{r}},P_{\mathrm{r}}\in \mathrm{NP}_i)}{p(\boldsymbol{X}_i|Y_i=o,\boldsymbol{\theta}_o)\prod_{i\in\{i,\mathrm{NP}_i\}} p(\boldsymbol{Y}_i=o|Y_{\mathrm{r}},P_{\mathrm{r}}\in \mathrm{NP}_i)}\right\} \tag{4.45}$$

抽取随机数 $g\sim U[0,1]$，当 $g\leqslant a_o(Y_i,Y_i^*)$ 时，接受该次操作结果，Y_i 变为 Y_i^*；否则，拒绝该次操作结果，保持 Y_i 不变。

(3) 更新规则子块个数

更新规则子块个数可通过分裂或合并规则子块来实现。分裂操作就是将一个规则子块分解为两个标号不同的规则子块。分裂规则子块的过程如下。

① 在当前图像域 $\boldsymbol{P}=\{P_1,\cdots,P_i,\cdots,P_I\}$中随机选择一规则子块 P_i，其对应标号为 o。

② 判断该规则子块是否可实现分裂操作；如果所选规则子块像素数大于 4 且其行数或列数为 2 的整数倍，则该规则子块可实现分裂操作。

③ 随机选择一种分裂方式将规则子块 P_i 分成两个新的规则子块 P_i^* 和 P_{I+1}^*，对应标号分别为 o 和 o^*，并满足条件 $o^*\neq o$；而分裂后图像域划分为 $\boldsymbol{P}^*=\{P_1,\cdots,P_i^*,\cdots,P_I,P_{I+1}^*\}$，规则子块个数变为 $I+1$，其接受率可表示为

$$a_{f_I}(\boldsymbol{P},\boldsymbol{P}^*)=\min\{1,\ R_{f_I}\} \tag{4.46}$$

其中

$$R_{f_I}=\frac{p(I+1)p(\boldsymbol{X}|\boldsymbol{Y}^*,\boldsymbol{\theta},I+1,O)p(\boldsymbol{Y}^*|\boldsymbol{\theta},I+1,O)r_{m_{I+1}}(\boldsymbol{\Theta}^*)}{p(I)p(\boldsymbol{X}|\boldsymbol{Y},\boldsymbol{\theta},I,O)p(\boldsymbol{Y}|\boldsymbol{\theta},I,O)r_{s_I}(\boldsymbol{\Theta})q(\boldsymbol{u})}\left|\frac{\partial\boldsymbol{\Theta}^*}{\partial(\boldsymbol{\Theta},\boldsymbol{u})}\right| \tag{4.47}$$

其中，$\boldsymbol{Y}^*=\{Y_1,\cdots,Y_i^*,\cdots,Y_I,Y_{I+1}^*\}$，$\boldsymbol{Y}=\{Y_1,\cdots,Y_i,\cdots,Y_I\}$，$\boldsymbol{\Theta}^*=(\boldsymbol{Y}^*,\boldsymbol{\theta},I+1)$，$\boldsymbol{\Theta}=(\boldsymbol{Y},\boldsymbol{\theta},I)$，$r_{s_I}$为 I 状态下选择分裂操作的概率，$r_{m_{I+1}}$ 为 $I+1$ 状态下选择合并操作的概率，式(4.13)的 Jacobian 项为 1。

抽取随机数 $g\sim U[0,1]$，当 $g\leqslant a_{f_I}(\boldsymbol{P},\boldsymbol{P}^*)$时，接受该次操作结果，$\boldsymbol{P}$ 变为 $\boldsymbol{P}^*$；否则，拒绝该次操作结果，保持 $\boldsymbol{P}$ 不变。

合并操作是分裂操作的对偶操作，其接受率为

$$a_{h_{I+1}}(\boldsymbol{P},\boldsymbol{P}^*)=\min\{1,\ 1/R_{f_I}\} \tag{4.48}$$

3. 基于贝叶斯定理的无权重特征分割算法的流程

针对图像在高分辨率遥感图像分割中的作用进行研究，利用贝叶斯定理，提出基于贝叶斯定理的无权重特征分割算法，该算法的具体流程如下。

① 基于贝叶斯定理的无权重特征分割模型的建立。将特征集合融入贝叶斯框架下，建立基于贝叶斯定理的无权重特征分割模型，其具体步骤为：

S1，提取多尺度光谱特征，构成特征集合；

S2，利用规则划分技术将特征集合的图像域划分成一系列规则子块；

S3，以规则子块为处理单元，建立特征矢量场模型、标号场模型；

S4，利用贝叶斯定理将特征矢量场模型、标号场模型与先验分布结合，建立基于贝叶斯定理的无权重特征分割模型。

② 基于贝叶斯定理的无权重特征分割模型的模拟。分割模型建立完成后，结合 RJMCMC 算法模拟求解该模型，以实现区域分割，其具体步骤为：

S1，提取多尺度光谱特征，构成特征集合；

S2，初始化总参数矢量 $\boldsymbol{\Theta}_0=\{\boldsymbol{Y}_0,\boldsymbol{\theta}_0,I_0\}$；

S3，利用 RJMCMC 算法模拟分割模型，每次迭代都要遍历所有移动操作，直到达到预计的总循环数或标号场 $\boldsymbol{Y}$ 的估计值稳定，循环结束。

4.3.2 无权重特征贝叶斯分割算法实例

首先，利用该对比算法对上节所有高分辨率遥感图像进行分割实验，图 4.40 为规则划分结果，图 4.41 为对应分割结果。通过图 4.41 可以看出，大部分图像的区域分割结果较好，但由于该对比算法在高分辨率遥感图像分割过程中假设各特征的作用相同，使特征在分割过程中存在冗余，导致有些区域内部及其边缘出现误分割现象。

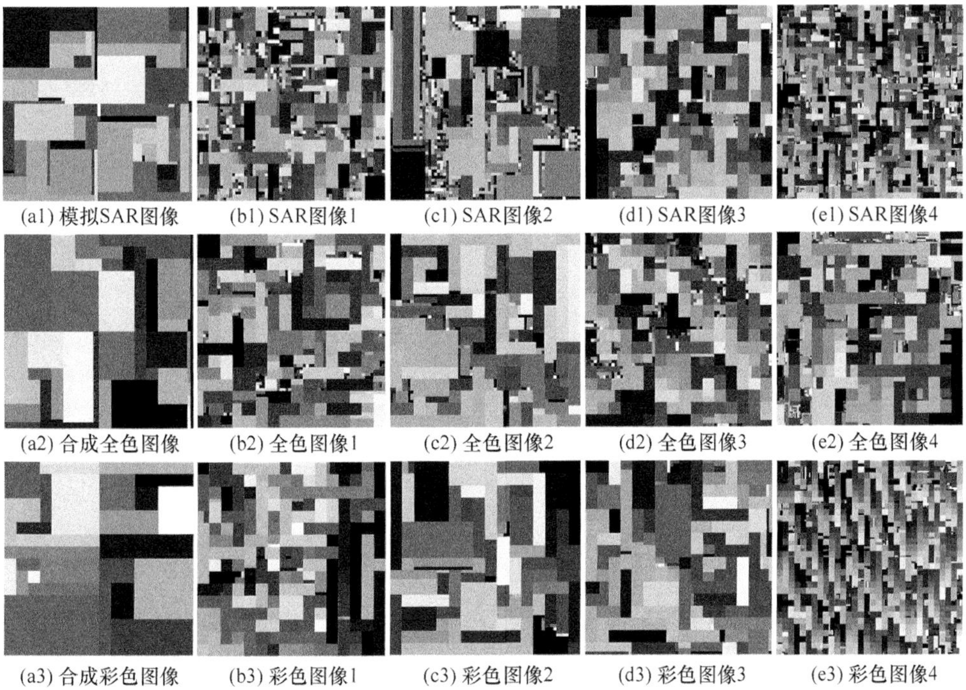

图 4.40 基于贝叶斯定理的无权重特征分割算法的规则划分结果

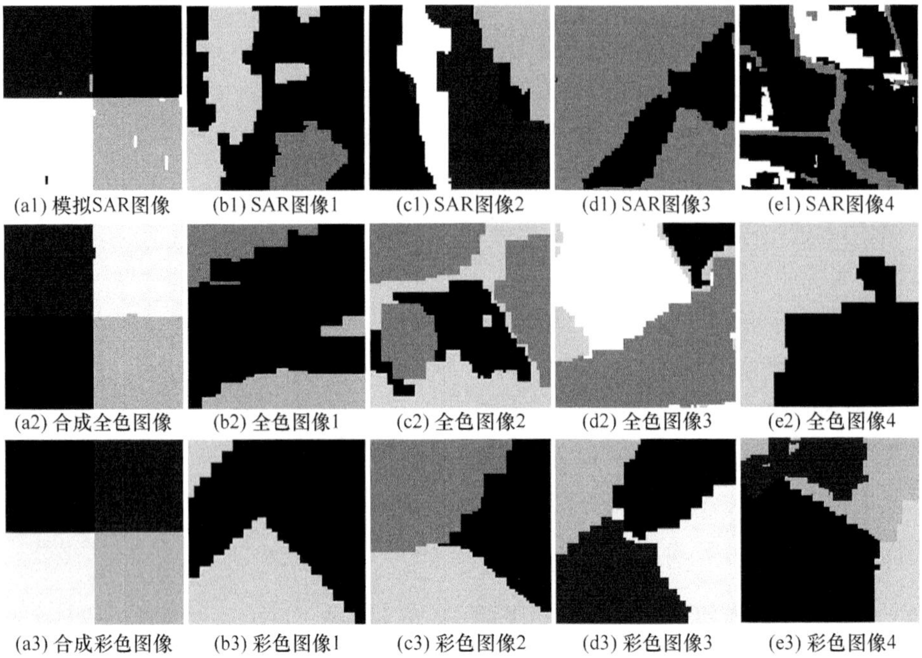

图 4.41　基于贝叶斯定理的无权重特征分割算法的分割结果

为了对对比算法进行视觉评价，提取实验结果的轮廓线，并将其分别叠加到规则划分结果和原图像上，如图 4.42 和图 4.43 所示。通过这两幅图可以看出，大部分图像的分割边缘与实际地物边缘相吻合，但有少部分区域边缘由于特征冗余出现误分割现象。通过与提出算法的视觉评价结果进行比较可以看出，提出算法可以更好地实现区域边缘分割。

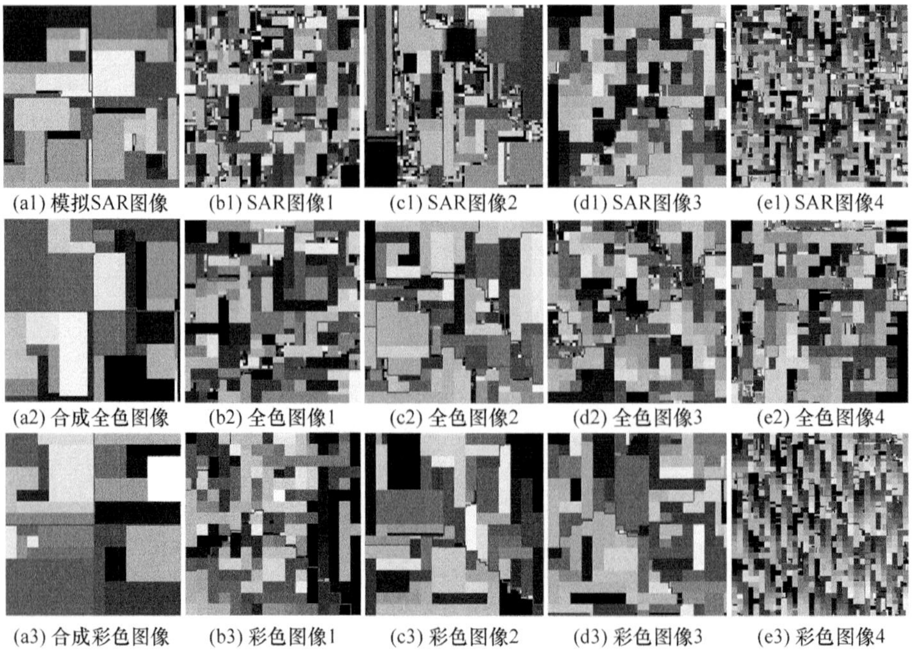

图 4.42　基于贝叶斯定理的无权重特征分割算法的轮廓线与规则划分结果叠加

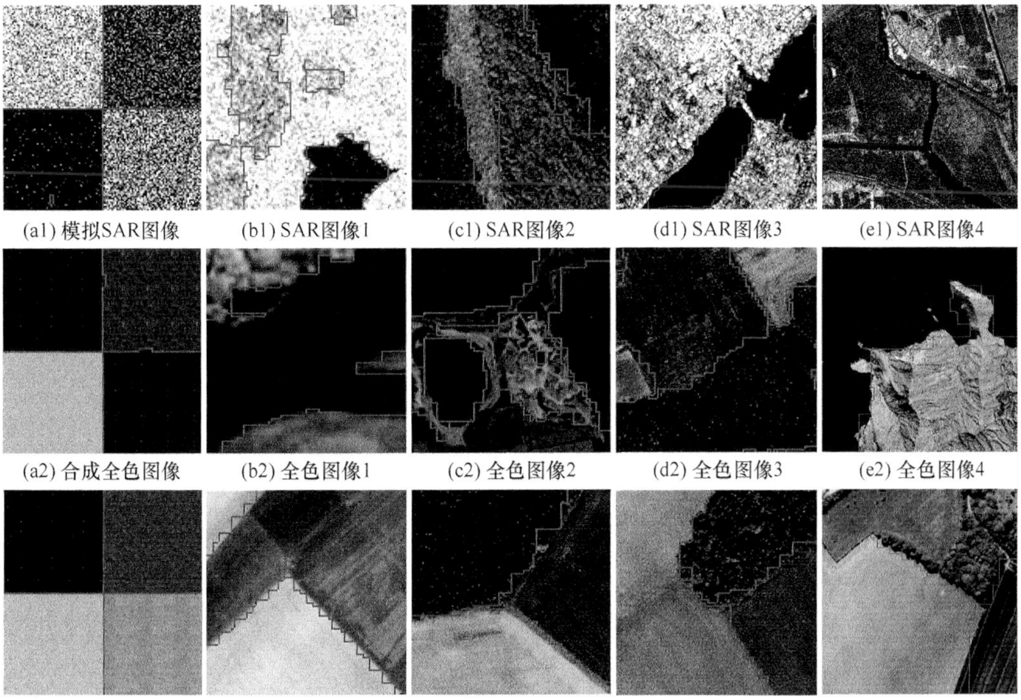

(a1) 模拟SAR图像 (b1) SAR图像1 (c1) SAR图像2 (d1) SAR图像3 (e1) SAR图像4

(a2) 合成全色图像 (b2) 全色图像1 (c2) 全色图像2 (d2) 全色图像3 (e2) 全色图像4

(a3) 合成彩色图像 (b3) 彩色图像1 (c3) 彩色图像2 (d3) 彩色图像3 (e3) 彩色图像4

图 4.43　基于贝叶斯定理的无权重特征分割算法的轮廓线与原图叠加

为了对对比算法进行定量评价，以图像模板为标准分割数据，求分割结果（见图 4.41）的混淆矩阵，并根据所求的混淆矩阵计算对应的产品精度、用户精度、总精度和 Kappa 值，见表 4.15。通过表 4.15 可计算得到，SAR 图像的平均总精度为 95.2%，平均 Kappa 值为 0.908；全色遥感图像的平均总精度为 94.8%，平均 Kappa 值为 0.910；彩色遥感图像的平均总精度为 96.4%，平均 Kappa 值为 0.945。在提出算法的定量评价结果中，SAR 图像的平均总精度为 97.1%，平均 Kappa 值为 0.940；全色遥感图像的平均总精度为 97.2%，平均 Kappa 值为 0.951；彩色遥感图像的平均总精度为 97.5%，平均 Kappa 值为 0.960。通过比较可以看出，提出算法的各精度值及 Kappa 值均有所提高，这说明提出算法可更好地实现高分辨率遥感图像分割，进一步说明了提出算法的优越性。

表 4.15　基于贝叶斯定理的无权重特征分割算法的定量评价

图　像	产品精度(%)				用户精度(%)				总精度(%)	Kappa 值
	1	2	3	4	1	2	3	4		
图 4.41(a1)	98.4	99.3	99.9	99.7	99.3	100	99.7	98.4	99.3	0.991
图 4.41(b1)	94.4	94.5	95.7		96.0	97.1	89.1		94.8	0.902
图 4.41(c1)	94.2	93.2	92.6	87.5	94.2	79.9	87.6	96.3	90.8	0.870
图 4.41(d1)	92.8	97.9			94.0	97.4			96.5	0.911
图 4.41(e1)	85.1	97.0	89.5		87.6	96.6	89.1		94.6	0.868

续表

图像	产品精度(%)				用户精度(%)				总精度(%)	Kappa 值
	1	2	3	4	1	2	3	4		
图 4.41(a2)	100	100	99.2	100	99.6	99.6	100	100	99.7	0.997
图 4.41(b2)	97.8	94.7	84.2		95.5	95.8	93.8		95.4	0.902
图 4.41(c2)	90.9	85.0	95.1		79.8	91.1	96.1		90.8	0.856
图 4.41(d2)	84.7	97.0	90.2	98.9	99.6	95.3	97.9	45.6	93.0	0.888
图 4.41(e2)	96.2	95.0			93.9	96.8			95.5	0.909
图 4.41(a3)	100	100	100	100	100	100	100	100	100	1.000
图 4.41(b3)	99.7	94.1			96.4	99.4			97.5	0.947
图 4.41(c3)	94.9	93.5	99.6		97.5	93.9	96.0		95.9	0.938
图 4.41(d3)	90.5	97.4	96.8	98.1	98.7	88.6	99.0	96.5	95.5	0.940
图 4.41(e3)	91.2	96.9	87.1	94.9	94.1	79.4	98.7	96.9	93.2	0.898

第 5 章　能量框架下的特征分割

能量框架下的特征分割主要包括两个步骤：定义能量函数以及求解最小化该能量函数条件下的最优分割解(Li et al.,2013)。在能量分割框架下，能量函数可将各类约束(如光谱一致性、纹理及边缘等)纳入统一的模型中，再利用 Gibbs 分布等建立分割模型，并依据能量函数最小化策略，获取最优分割解(Geman et al.,1984；Freedman et al.,2004)。能量最小化策略为很多图像处理问题提供了一个自然框架，在图像分割中侧重于分割模型的物理学意义，可以将定义于特征场或标号场的具有明确物理含义的约束条件引入能量函数。此外，能量最小化策略求解更灵活(曹容菲 等,2014；王相海 等,2015；赵泉华 等,2017d)。Gibbs 分布通过能量函数定义在图像域上随机场的概率测度，由此建立概率模型和能量函数模型的一致性，故而在图像处理中，对随机场模型的研究往往转换为对能量函数的研究(Li,2009；Kumar et al.,2015)。

本章将分别介绍特征加权能量分割算法、光谱特征能量分割算法和无权重特征能量分割算法，采用不同类型的高分辨率遥感图像对算法进行验证，并比较 3 个算法的实验结果。

5.1　特征加权能量分割算法

本节利用能量函数模型将光谱、纹理和边缘特征融入分割模型中，以实现高分辨率遥感图像的特征加权能量分割。为了自适应地确定特征在图像分割中的作用，赋予特征矢量中每个特征分量不同的贡献权重；然后利用能量函数将贡献权重集合、特征集合和标号场结合，构建特征加权能量分割模型；特征加权能量分割模型建立完成后，利用 RJMCMC 算法模拟该模型，以实现区域分割及贡献权重求解。为了验证提出算法的有效性，利用提出算法对高分辨率遥感图像进行分割实验，并对其分割结果进行定性及定量评价。

5.1.1　特征加权能量分割算法的描述

1. 特征加权能量分割模型的建立

给定高分辨率遥感图像 $\boldsymbol{f}=\{f_s=f(r_s,c_s);\ s=1,\cdots,S\}$，利用第 3 章中的曲波变换和小波变换提取其纹理、边缘特征，与原有的光谱特征构成特征集合 $\boldsymbol{x}=\{\boldsymbol{x}_s;\ s=1,\cdots,S\}$，其中，$\boldsymbol{x}_s=\{x_{js};\ j=1,\cdots,J\}$ 为像素 s 的特征矢量值，x_{js} 为像素 s 的第 j 个特征值。特征集合 $\boldsymbol{x}$ 可以看作定义在图像域 $\boldsymbol{P}$ 上特征矢量场 $\boldsymbol{X}=\{\boldsymbol{X}_s;\ s=1,\cdots,S\}$ 的实现，其中，$\boldsymbol{X}_s=\{X_{js};\ j=$

$1,\cdots,J\}$为定义在图像域 $\boldsymbol{P}$ 上表示像素 s 的特征矢量，X_{js} 为对应像素 s 第 j 个特征的随机变量。

相比于中、低分辨率遥感图像，高分辨率遥感图像细节更加清晰，传统图像分割算法以像素为处理单元，不能较好地实现其同质区域的内部分割，从而降低了同质区域内部的分割精度。为此，以子区域为处理单元，即利用几何划分技术划分图像域，并建立基于区域的统计模型。本书利用规则划分将图像域 $\boldsymbol{P}$ 划分成一系列规则子块，表示为 $\boldsymbol{P}=\{P_i;\ i=1,\cdots,I\}$，其中，$i$ 为规则子块索引，P_i 为第 i 个规则子块，I 为规则子块个数，设为随机变量。每个规则子块的行数或列数为 2 的倍数，且最小子块像素数为 2×2。

规则子块 P_i 对应一个标号变量 Y_i，$Y_i\in\{1,\cdots,O\}$，设 O 为已知量。每个同质区域都是由一个或多个规则子块拟合而成的。显然，所有规则子块的标号变量形成一个随机标号场 $\boldsymbol{Y}=\{Y_i;\ i=1,\cdots,I\}$。标号场的一个实现 $\boldsymbol{y}=\{y_i;\ i=1,\cdots,I\}$为特征集合 $\boldsymbol{x}$ 的对应分割结果。本节利用邻域关系能量函数来定义 $\boldsymbol{y}$，以构建标号场模型，可表示为(Duan et al., 2016)

$$U_y(\boldsymbol{y})=\sum_{i=1}^{I}\Big\{-\gamma\Big[\sum_{P_r\in \mathrm{NP}_i}2\delta(y_i,y_r)-1\Big]\Big\} \tag{5.1}$$

其中，γ 为邻域子块的空间作用参数；NP_i 为规则子块 P_i 的邻域规则子块 P_r 的集合，若 $y_i=y_r$，则 $\delta(y_i,y_r)=1$；否则 $\delta(y_i,y_r)$为 0。

在划分图像域上，特征集合 $\boldsymbol{x}$ 也可表示为 $\boldsymbol{x}=\{\boldsymbol{x}_i;\ i=1,\cdots,I\}$，其中，$\boldsymbol{x}_i$ 为规则子块 P_i 内所有像素特征值矢量的集合，可表示为 $\boldsymbol{x}_i=\{\boldsymbol{x}_s;\ s\in P_i\}=\{x_{js};\ j=1,\cdots,J,s\in P_i\}=\{\boldsymbol{x}_{ji};\ j=1,\cdots,J\}$。为了自适应地确定各特征在图像分割过程中的重要性，给 $\boldsymbol{x}_i$ 中每个分量 $\boldsymbol{x}_{ji}$ 赋予不同的权重 ω_{jy_i}，即定义贡献权重。所有的贡献权重构成贡献权重集合，记作 $\boldsymbol{\omega}=\{\omega_{jy_i};\ j=1,\cdots,J,i=1,\cdots,I\}$，其中，$y_i$ 为规则子块 P_i 的标号；令 $y_i=o$，则贡献特征集合也可记作 $\boldsymbol{\omega}=\{\omega_{jo};\ j=1,\cdots,J,o=1,\cdots,O\}$，其中，$\omega_{jo}$ 为第 j 个特征分量对类别 o 的贡献权重，o 为类别索引，O 为图像类别数。利用异质性能量函数之和定义特征加权模型 $U_x(\boldsymbol{x},\boldsymbol{\omega})$，可表示为

$$U_x(\boldsymbol{x},\boldsymbol{\omega})=\sum_{i=1}^{I}U_x(\boldsymbol{x}_i,\boldsymbol{\omega}_i)=\sum_{i=1}^{I}\sum_{j=1}^{J}U_x(\boldsymbol{x}_{ji},\omega_{ji}) \tag{5.2}$$

其中

$$U_x(\boldsymbol{x}_{ji},\omega_{ji})=V(\boldsymbol{x}_{ji},\boldsymbol{x}_{jy_i})-\log_2\omega_{jy_i} \tag{5.3}$$

其中，$\boldsymbol{x}_{jy_i}=\{\boldsymbol{x}_{ji};\ i\in\boldsymbol{P}_{y_i}\}$，$\boldsymbol{P}_{y_i}$ 表示标号为 y_i 的所有规则子块的集合，$V(\boldsymbol{x}_{ji},\boldsymbol{x}_{jy_i})$为异质性能量函数，利用 K-S 距离定义该函数(Kervrrann et al., 1995)，可表示为

$$V(\boldsymbol{x}_{ji},\boldsymbol{x}_{jy_i})=d_{\mathrm{KS}}(\boldsymbol{x}_{ji},\boldsymbol{x}_{jy_i})=\max_{h}\big|\hat{F}_{\boldsymbol{x}_{ji}}(h)-\hat{F}_{\boldsymbol{x}_{jy_i}}(h)\big| \tag{5.4}$$

其中，d_{KS}代表 K-S 距离，即直方图 $\hat{F}_{\boldsymbol{x}_{ji}}$ 和 $\hat{F}_{\boldsymbol{x}_{jy_i}}$ 的最大间距，$\hat{F}_{\boldsymbol{x}_{ji}}$ 和 $\hat{F}_{\boldsymbol{x}_{jy_i}}$ 分别代表数据集合 $\boldsymbol{x}_{ji}$ 和 $\boldsymbol{x}_{jy_i}$ 的采样分布累计直方图，$\hat{F}_{\boldsymbol{x}_{ji}}$ 和 $\hat{F}_{\boldsymbol{x}_{jy_i}}$ 分别表示为(赵泉华，2015b)

$$\hat{F}_{x_{ji}}(h)=\frac{1}{n_1}\#\{s \mid x_{js}\leqslant h\} \tag{5.5}$$

$$\hat{F}_{x_{jy_i}}(h)=\frac{1}{n_2}\#\{s \mid x_{jy_i}\leqslant h\} \tag{5.6}$$

其中，n_1 和 n_2 分别为数据集合 $\boldsymbol{x}_{ji}$ 和 $\boldsymbol{x}_{jy_i}$ 中元素的总个数，h 为特征值索引，对于 H 位图像，$h \in \{0,2^H-1\}$。

结合特征加权模型和标号场模型，定义特征加权分割的全局能量函数，可表示为

$$\begin{aligned} U(\boldsymbol{x},\boldsymbol{\omega},\boldsymbol{y}) &= U_y(\boldsymbol{y})+U_x(\boldsymbol{x},\boldsymbol{\omega}) \\ &= \sum_{i=1}^{I}\Big\{-\gamma\Big[\sum_{P_r\in \mathrm{NP}_i}2\delta(y_i,y_r)-1\Big]\Big\}+\sum_{i=1}^{I}\sum_{j=1}^{J}[V(\boldsymbol{x}_{ji},\boldsymbol{x}_{jy_i})-\log_2 \omega_{jy_i}] \end{aligned} \tag{5.7}$$

为了建立特征加权能量分割模型，利用非约束 Gibbs 概率分布刻画上述全局能量函数 $U(\boldsymbol{x},\boldsymbol{\omega},\boldsymbol{y})$，可表示为

$$\begin{aligned} G(\boldsymbol{x},\boldsymbol{\omega},\boldsymbol{y}) &= \frac{1}{Z}\exp\{-U(\boldsymbol{x},\boldsymbol{\omega},\boldsymbol{y})\} \\ &= \frac{1}{Z}\prod_{i=1}^{I}\Big\{\exp\Big\{\gamma\Big[\sum_{P_r\in \mathrm{NP}_i}2\delta(y_i,y_r)-1\Big]\Big\}\times\prod_{j=1}^{J}\{\omega_{jy_i}\exp[-V(\boldsymbol{x}_{ji},\boldsymbol{x}_{jy_i})]\}\Big\} \end{aligned} \tag{5.8}$$

其中，Z 为归一化常数。

2. 特征加权能量分割模型的模拟

RJMCMC 算法可在目标函数模拟的过程中，构建 Markov 链，实现不同维度参数空间的跳跃，有效地解决可变维问题，故本书设计 RJMCMC 算法实现特征加权能量分割模型〔式(5.8)〕的模拟。在 RJMCMC 算法中，根据特征加权能量分割模型，设计 3 个移动操作，分别为更新标号场、更新规则子块个数和更新贡献权重，具体操作如下。

(1) 更新标号场

在当前图像域 $\boldsymbol{P}=\{P_1,\cdots,P_i,\cdots,P_I\}$ 中随机选取一规则子块 P_i，其对应标号为 y_i；然后在$\{1,\cdots,O\}$中随机选取一候选标号 y_i^*，且满足 $y_i^*\neq y_i$，其他规则子块对应标号不变，则更新标号场的接受率为

$$a_o(y_i,y_i^*)=\min\{1,R_o\} \tag{5.9}$$

其中

$$R_o=\frac{\prod_{j=1}^{J}\{\omega_{jy_i}\exp[-V(\boldsymbol{x}_{ji},\boldsymbol{x}_{jy_i^*})]\}}{\prod_{j=1}^{J}\{\omega_{jy_i}\exp[-V(\boldsymbol{x}_{ji},\boldsymbol{x}_{jy_i})]\}}\times\frac{\prod_{i=1}^{I}\exp\Big\{\gamma\Big[\sum_{P_r\in \mathrm{NP}_i}2\delta(y_i^*,y_r)-1\Big]\Big\}}{\prod_{i=1}^{I}\exp\Big\{\gamma\Big[\sum_{P_r\in \mathrm{NP}_i}2\delta(y_i,y_r)-1\Big]\Big\}} \tag{5.10}$$

(2) 更新规则子块个数

该操作是通过分裂或合并规则子块来实现的。分裂操作就是将一个规则子块分解为

两个标号不同的规则子块。具体过程如下。

① 在当前图像域 $\boldsymbol{P}=\{P_1,\cdots,P_i,\cdots,P_I\}$ 中随机选择一规则子块 P_i，其对应标号为 y_i。

② 判断该规则子块是否可实现分裂操作；如果所选规则子块像素数大于4且其行数或列数为2的整数倍，则该规则子块可实现分裂操作。在满足最小子块约束条件下，分裂方式数可表示为 num=(row + col) / 2－2。为了便于对分裂方式的选择，按顺时针方向依次将各分裂方式编号。

③ 随机选择一种分裂方式将规则子块 P_i 分成两个新的子块 P_i^* 和 P_{I+1}^*，对应标号分别为 y_i^* 和 y_{I+1}^*，并满足条件 $y_i^*=y_i$ 且 $y_i^*\neq y_{I+1}^*$；而分裂后图像域划分为 $\boldsymbol{P}^*=\{P_1,\cdots,P_i^*,\cdots,P_I,P_{I+1}^*\}$，其接受率可表示为

$$a_{f_I}(\boldsymbol{P},\boldsymbol{P}^*)=\min\{1,\ R_{f_I}\} \tag{5.11}$$

其中

$$R_{f_I}=\frac{\prod\limits_{i=1}^{I+1}\prod\limits_{j=1}^{J}\{\omega_{jy_i^*}\exp[-V(\boldsymbol{x}_{ji},\boldsymbol{x}_{jy_i^*})]\}\times\prod\limits_{i=1}^{I+1}\exp\Big\{\gamma\Big[\sum\limits_{P_r\in \mathrm{NP}_i}2\delta(y_i^*,y_r)-1\Big]\Big\}\times r_{h_{I+1}}(\boldsymbol{\Theta}^*)}{\prod\limits_{i=1}^{I}\prod\limits_{j=1}^{J}\{\omega_{jy_i}\exp[-V(\boldsymbol{x}_{ji},\boldsymbol{x}_{jy_i})]\}\times\prod\limits_{i=1}^{I}\exp\Big\{\gamma\Big[\sum\limits_{P_r\in \mathrm{NP}_i}2\delta(y_i,y_r)-1\Big]\Big\}\times r_{f_I}(\boldsymbol{\Theta})q(\boldsymbol{u})}\left|\frac{\partial\,\boldsymbol{\Theta}^*}{\partial(\boldsymbol{\Theta},\boldsymbol{u})}\right| \tag{5.12}$$

其中，$r_{f_I}=f_I/I$，$r_{h_{I+1}}=h_{I+1}/(I+1)$，$f_I$ 和 h_{I+1} 分别为选择分裂和合并操作的概率，$\boldsymbol{\Theta}^*=(\boldsymbol{Y}^*,I+1,\boldsymbol{\omega})$，$\boldsymbol{\Theta}=(\boldsymbol{Y},I+1,\boldsymbol{\omega})$；$\boldsymbol{Y}^*=\{Y_1,\cdots,Y_i^*,\cdots,Y_I,Y_{I+1}^*\}$，$\boldsymbol{Y}=\{Y_1,\cdots,Y_i,\cdots,Y_I\}$，$\boldsymbol{u}=Y_{I+1}^*$，式(5.12)的雅克比项为1。

合并操作是分裂操作的对偶操作，其接受率为

$$a_{h_{I+1}}(\boldsymbol{P},\boldsymbol{P}^*)=\min\{1,\ 1/R_{f_I}\} \tag{5.13}$$

(3) 更新贡献权重

在当前划分的图像域 $\boldsymbol{P}$ 中随机选取两个规则子块 P_i 和 P_{ii}，其对应标号为 $y_i=o$ 和 $y_{ii}=o^*$，且满足条件 $o\neq o^*$；然后，在$\{1,\cdots,J\}$中随机选择 j，则要更新的贡献权重为 ω_{jo} 和 ω_{jo}^*；在$[0,\omega_{jo}+\omega_{jo}^*]$中随机选择 ω_{jo}^*，则 $\omega_{jo^*}^*=\omega_{jo}+\omega_{jo^*}-\omega_{jo}^*$；其他贡献权重不变。则贡献权重集合由 $\boldsymbol{\omega}$ 变为 $\boldsymbol{\omega}^*$ 的接受率为

$$a_{\omega}(\boldsymbol{\omega},\boldsymbol{\omega}^*)=\min\{1,\ R_{\omega}\} \tag{5.14}$$

其中

$$R_{\omega}=\frac{\prod\limits_{P_i\in P}\{\omega_{jo}^*\exp[-V(\boldsymbol{x}_{ji},\boldsymbol{x}_{jo})]\}}{\prod\limits_{P_i\in P}\{\omega_{jo}\exp[-V(\boldsymbol{x}_{ji},\boldsymbol{x}_{jo})]\}}\times\frac{\prod\limits_{P_i\in \boldsymbol{P}_{o^*}}\{\omega_{jo^*}^*\exp[-V(\boldsymbol{x}_{ji},\boldsymbol{x}_{jo^*})]\}}{\prod\limits_{P_i\in \boldsymbol{P}_{o^*}}\{\omega_{jo^*}\exp[-V(\boldsymbol{x}_{ji},\boldsymbol{x}_{jo^*})]\}} \tag{5.15}$$

其中，$\boldsymbol{P}_o=\{P_i,y_i=o\}$，$\boldsymbol{P}_{o^*}=\{P_i,y_i=o^*\}$。

上述移动操作的接受率 a 均满足：抽取随机数 $g\sim U[0,1]$，当 $g\leqslant a$ 时，接受该次操作结果；否则，拒绝该次操作结果。

3. 特征加权能量分割算法的流程

综上所述，特征加权能量分割算法的具体流程如下。

① 建立特征加权能量分割模型。具体步骤为：

S1，利用规则划分技术划分图像域；

S2，在划分的图像域上，利用能量函数建立特征加权模型和标号场模型；

S3，根据 S2 建立的特征加权模型和标号场模型定义图像分割的全局能量函数，再利用非约束 Gibbs 概率分布刻画该全局能量函数，以实现特征加权能量分割模型的建立。

② 模拟特征加权能量分割模型。特征加权能量分割模型建立完成后，利用 RJMCMC 算法模拟该模型。在模拟过程中，实现 N 次迭代，以求解总参数矢量 $\boldsymbol{\Theta}=\{\boldsymbol{Y},I,\boldsymbol{\omega}\}$。具体步骤为：

S1，初始化总参数矢量 $\boldsymbol{\Theta}_0=\{\boldsymbol{Y}_0,I_0,\boldsymbol{\omega}_0\}$；

S2，在第 1 次迭代过程中，以 $\boldsymbol{\Theta}_0$ 为初始总参数矢量，利用 RJMCMC 算法求解 $\boldsymbol{\Theta}_1$，在 RJMCMC 算法中，设计 3 个移动操作，分别为更新标号场、更新规则子块个数和更新贡献权重，每次迭代遍历所有移动操作，进而获得该次迭代的分割结果 $\boldsymbol{Y}_1$、规则子块个数 I_1 和贡献权重集合 $\boldsymbol{\omega}_1$，故得到第一次迭代的总参数矢量 $\boldsymbol{\Theta}_1=\{\boldsymbol{Y}_1,I_1,\boldsymbol{\omega}_1\}$，图 5.1 为对应的迭代流程图；

S3，循环步骤 S2，直到完成 N 次迭代，求解的总参数矢量为最优结果，即获得最优分割结果 $\boldsymbol{Y}$、规则子块个数 I 及贡献权重集合 $\boldsymbol{\omega}$。

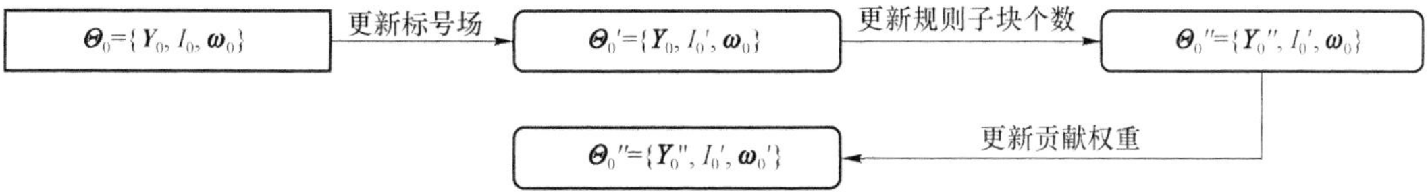

图 5.1　特征加权能量分割算法的迭代流程图

5.1.2　特征加权能量分割算法实例

利用提出的特征加权能量分割算法对高分辨率遥感图像（SAR 图像、全色遥感图像及彩色遥感图像）进行分割实验，并对其结果进行定性及定量评价。通过精度评价结果，说明提出算法的有效性。

1. SAR 图像

图 5.2(a)是尺寸大小为 128×128 像素的模拟 SAR 图像模板，其中编号 1～4 分别代表不同的同质区域。表 5.1 列出各同质区域的 Gamma 分布参数。图 5.2(b)为生成的模拟图像。

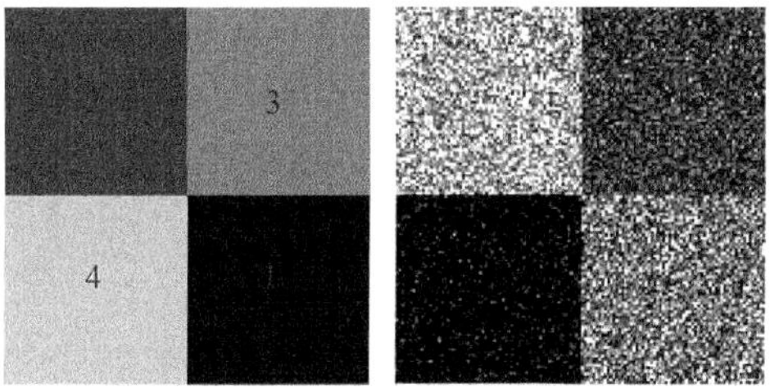

(a) 图像模板　　(b) 模拟图像

图 5.2　特征加权能量分割算法的模拟 SAR 图像

表 5.1 特征加权能量分割算法的模拟 SAR 图像 Gamma 参数

参数	1	2	3	4
α	4.066 4	7.689 1	6.383 2	2.270 5
β	33.771 2	24.102 7	13.570 4	48.308 1

纹理作为图像的基本特征之一，对图像分割至关重要。利用提出算法提取模拟 SAR 图像的纹理特征。首先，利用基于 Wrapping 的离散曲波变换对以像素 s 为中心、尺寸大小为 7×7 像素的子图像进行多尺度分析，得到曲波子带系数；然后利用式(3.5)计算曲波子带系数的能量，以此作为遥感图像中像素 s 的纹理特征；以此类推，遍历整幅图像，即可实现遥感图像的纹理特征提取。图 5.3(a)为模拟 SAR 图像的基于曲波变换的纹理特征图像。为了验证曲波变换在模拟 SAR 图像纹理特征提取中的优越性，本书选择二维 Haar 小波变换作为对比算法，对实验数据进行纹理特征提取。首先，利用二维 Haar 小波变换对以像素 s 为中心、尺寸大小为 7×7 像素的子图像进行分解，得到小波系数；然后求小波系数的能量，以此作为遥感图像中像素 s 的纹理特征；以此类推，遍历整幅图像，得到其纹理特征，以实现小波变换的纹理特征提取。图 5.3(b)为模拟 SAR 图像的基于小波变换的纹理特征图像。通过图 5.3 可以看出，两种算法获取的纹理特征图像非常相似，均可较好地获取图像的纹理特征。

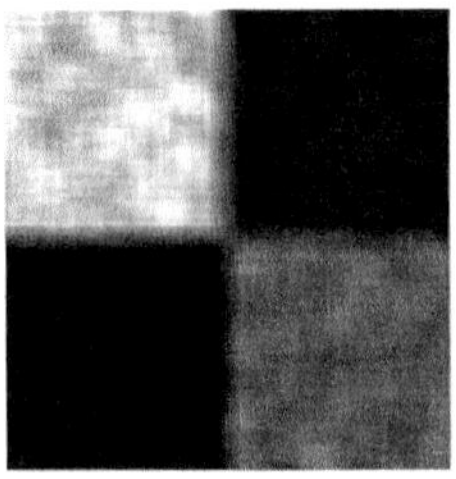

(a) 曲波变换

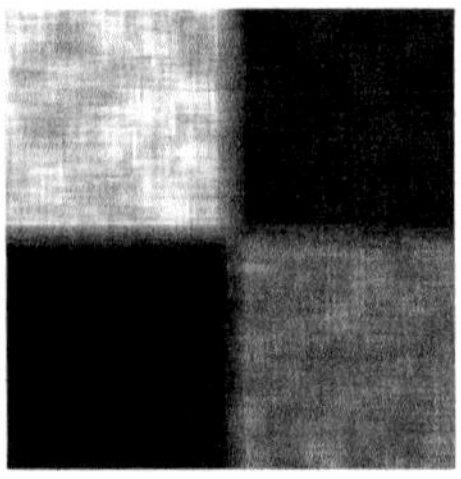

(b) 小波变换

图 5.3 模拟 SAR 图像的纹理特征

为了进一步对纹理提取结果进行比较，分别绘制曲波变换和小波变换的能量直方图，如图 5.4 所示。其中，图 5.4(a)为曲波变换的能量直方图，图 5.4(b)为小波变换的能量直方图。通过图 5.4 可以看出，两个变换的能量分布形状相似，但是取值范围不同，曲波变换的能量取值范围约为$[0.25\times10^4, 6\times10^4]$，而小波变换的能量取值范围约为$[0.15\times10^4, 2.25\times10^4]$。通过比较可知，相对小波变换，曲波变换的能量更大；能量越大说明信息包含得越多，进而说明曲波变换可更有效地提取纹理特征。

SAR 图像受到斑点噪声的影响，边缘提取更加困难。本书利用第 3 章中的边缘特征提取算法对高分辨率遥感图像进行边缘提取。首先，利用基于 Wrapping 的离散曲波变换对模拟 SAR 图像〔图 5.2(b)〕进行多尺度分析，得到一系列多尺度曲波系数；然后，利用Canny 算子提取粗尺度和细尺度曲波系数的边缘，令两尺度曲波系数非边缘系数为 0；再利用曲波

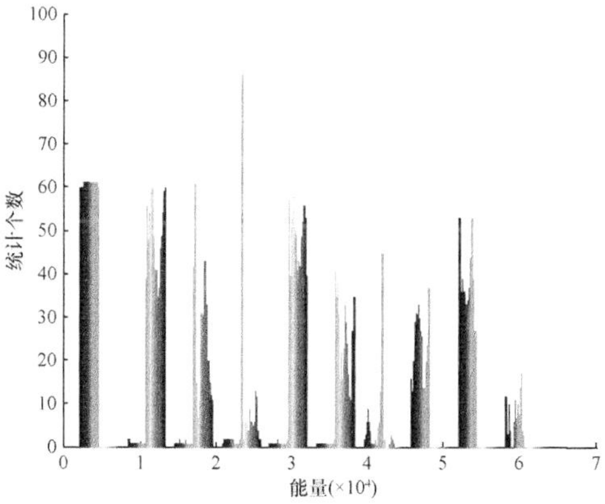

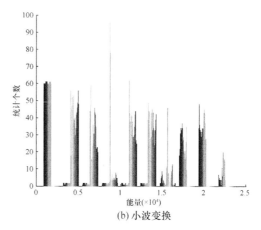

(a) 曲波变换　　(b) 小波变换

图 5.4　模拟 SAR 图像的能量直方图

逆变换,对所有曲波系数进行重构,得到边缘特征,如图 5.5(a)所示。通过图 5.5(a)可以看出,提出算法可以较好地实现高分辨率遥感图像的边缘提取。为了验证曲波变换在边缘特征提取中的优越性,本书选择 Haar 小波变换作为对比算法,对实验数据进行边缘特征提取。首先,利用二维 Haar 小波变换对模拟 SAR 图像进行一级分解,得到 LL,HL,LH 和 HH 四部分的小波系数;然后,利用 Canny 算子提取 LL 和 HH 两部分小波系数的边缘,令 LL 和 HH 两部分小波系数的非边缘系数为 0;再利用 Haar 小波逆变换,对所有小波系数进行重构,得到边缘特征,如图 5.5(b)所示。通过图 5.5(b)可以看出,提取的边缘有些并不完整。通过图 5.5(a)与图 5.5(b)的比较可以看出,曲波变换提取的边缘更加丰富、完整,进而说明曲波变换可以更好地提取图像的边缘特征。

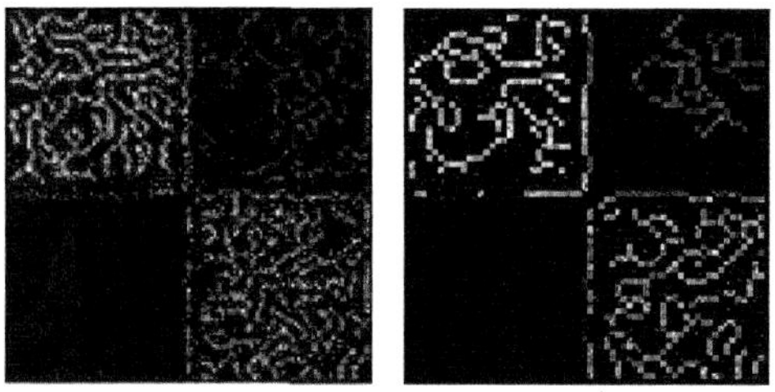

(a) 曲波变换　　(b) 小波变换

图 5.5　模拟 SAR 图像的边缘特征

将曲波变换提取的纹理特征、边缘特征与原有的光谱特征构成曲波特征集合;将小波变换提取的纹理特征、边缘特征与原有的光谱特征构成小波特征集合;分别以曲波特征集合和小波特征集合为分割依据,利用提出的特征加权能量分割算法进行区域分割,图 5.6(a)为曲波特征集合对应的规则划分结果,图 5.6(b)为其对应的分割结果;图 5.6(c)为小波特征集合对应的规则划分结果,图 5.6(d)为其对应的分割结果。通过图 5.6(b)可以看出,提出算法可准确地分割模拟 SAR 图像,无误分割像素,从而说明了提出算法对模拟

SAR 图像的有效性。通过图 5.6(d)可以看出，小波变换提取的特征信息不足，导致对应的分割结果中区域边缘分割不甚理想。通过比较图 5.6(b)和图 5.6(d)可以发现，曲波特征集合对应的分割结果更好。

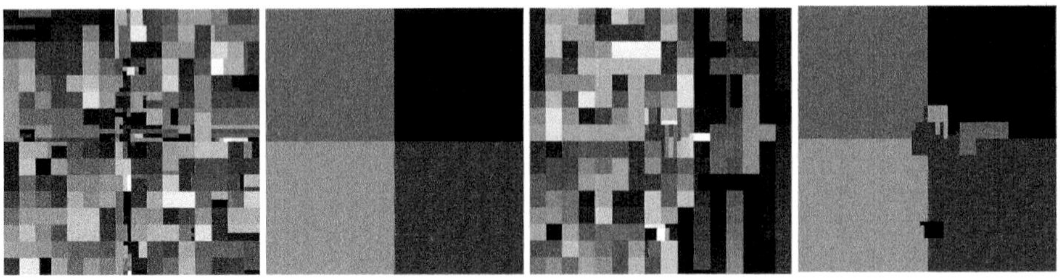

(a) 规则划分结果（曲波特征集合） (b) 分割结果（曲波特征集合） (c) 规则划分结果（小波特征集合） (d) 分割结果（小波特征集合）

图 5.6 特征加权能量分割算法的模拟 SAR 图像结果

为了对提出算法进行定性评价，分别提取两个分割结果的轮廓线，并将提取的轮廓线分别叠加到原图和规则划分结果上；另外，标准轮廓线与提取的轮廓线叠加到原图上见图 5.7；其中，图 5.7(a1)和图 5.7(b1)为轮廓线与规则划分叠加图；图 5.7(a2)和图 5.7(b2)为轮廓线与原图叠加图；图 5.7(a3)和图 5.7(b3)为轮廓线、真实轮廓线与原图叠加图。通过图 5.7 (a1)至图 5.7(a3)可以看出，图 5.6(b)提取的轮廓线与实际情况完全吻合。通过图 5.7 (b1)至图 5.7(b3)可以看出，图 5.6(d)提取的大部分轮廓线与实际地物的边缘吻合，但有小部分轮廓线不甚吻合。

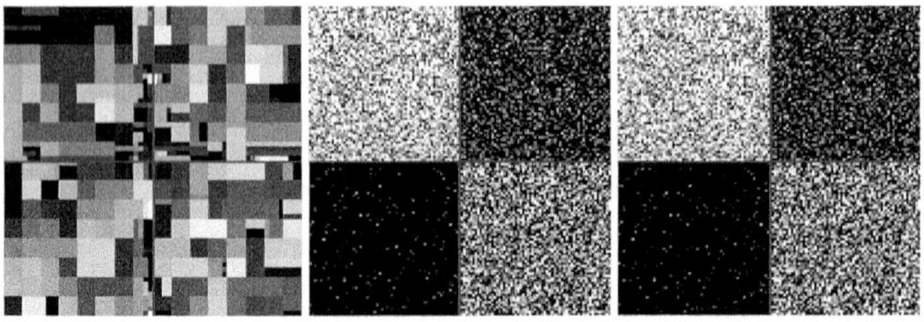

(a1) 轮廓线与规则划分叠加（曲波特征集合） (a2) 轮廓线与原图叠加（曲波特征集合） (a3) 轮廓线、真实轮廓线与原图叠加(曲波特征集合)

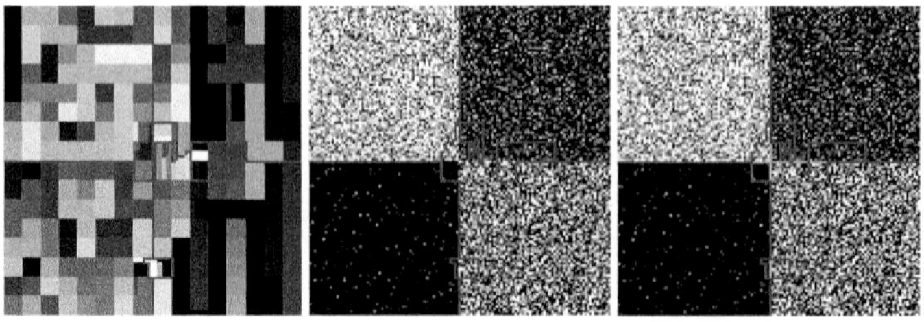

(b1) 轮廓线与规则划分叠加（小波特征集合） (b2) 轮廓线与原图叠加（小波特征集合） (b3) 轮廓线、真实轮廓线与原图叠加(小波特征集合)

图 5.7 特征加权能量分割算法的模拟 SAR 图像视觉评价

为了对两个分割结果〔图 5.6(b)和图 5.6(d)〕进行定量评价，以图 5.2(a)为标准分割数据，分别求其对应的混淆矩阵，并根据所求的混淆矩阵计算对应的产品精度、用户精度、总精度及 Kappa 值，见表 5.2。通过表 5.2 可以看到，曲波特征集合的分割结果对应的所有精度值均为 100%，Kappa 值高达 1.000，这进一步说明了提出算法可精确分割模拟 SAR 图像。在小波特征集合对应的分割结果的分割精度中，区域 3 的产品精度低至 91.0%，Kappa 值为 0.947。通过比较可以看出，曲波特征集合对应的各精度值和 Kappa 值均高于小波特征集合的，这说明提出算法可更有效地利用曲波特征集合，以更好地分割模拟 SAR 图像。

通过上述模拟 SAR 图像的视觉评价和定量评价的比较可以发现，曲波特征集合对应的分割结果更好。这是由于曲波变换可更好地提取模拟 SAR 图像的纹理特征和边缘特征，进而提出算法可有效地利用各特征，以更好地实现模拟 SAR 图像分割。

表 5.2 特征加权能量分割算法的模拟 SAR 图像定量评价

特征	产品精度(%)				用户精度(%)				总精度(%)	Kappa 值
	1	2	3	4	1	2	3	4		
曲波	100	100	100	100	100	100	100	100	100	1.000
小波	96.9	98.2	91.0	98.0	95.1	94.0	97.8	97.4	96.0	0.947

为了研究提取的各特征在模拟 SAR 图像〔见图 5.2(b)〕分割过程中的作用，给提取的特征矢量的每个特征分量赋予不同的贡献权重，利用提出算法通过迭代确定各特征对不同类别的贡献权重值，从而自适应地确定各特征在模拟 SAR 图像分割中的重要性。图 5.8(a1)至图 5.8(a3)为曲波特征集合的 3 个特征在模拟 SAR 图像分割过程中对每一类的贡献权重值的变化图，图 5.8(b1)至图 5.8(b3)为小波特征集合的 3 个特征在模拟 SAR 图像分割过程中对每一类的贡献权重值的变化图。通过图 5.8 可以看出，各贡献权重值很快收敛到其近似值，这说明提出算法可自适应地确定各特征对各类别的贡献权重，从而说明提出算法可自适应地确定各特征在图像分割中的作用。曲波特征集合和小波特征集合中各特征对类别 1～4 的贡献权重值见表 5.3。贡献权重值越大，说明特征在图像分割中的作用越大。通过表 5.3 可以看出，在模拟 SAR 图像分割过程中曲波特征集合和小波特征集合均为光谱特征作用最大，而边缘特征在模拟 SAR 图像分割过程中作用最小，且各特征的贡献权重和近似相同，但各特征对各类别的贡献权重分配不同。通过上述实验结果可知，曲波特征集合对应的分割结果更好，从而说明提出算法可更合理地分配曲波特征集合中各特征对每一类别的贡献权重，进而更好地分割模拟 SAR 图像。

根据上述模拟 SAR 图像实验结果的比较可以看出，相比于小波变换，曲波变换可更好地提取模拟 SAR 图像的纹理特征、边缘特征，且曲波特征集合中特征表达充分，使提出算法可更合理地分配曲波特征集合在图像分割中对各类别的贡献权重，以更好地分割模拟 SAR 图像。因此，在真实 SAR 图像分割实验中，仅以曲波特征集合为依据，利用提出的特征加权贝叶斯分割算法进行分割实验。图 5.9 为 4 幅真实 RadarSat-Ⅰ/Ⅱ SAR 强度图像，其类别数分别为 3，3，4 和 2。

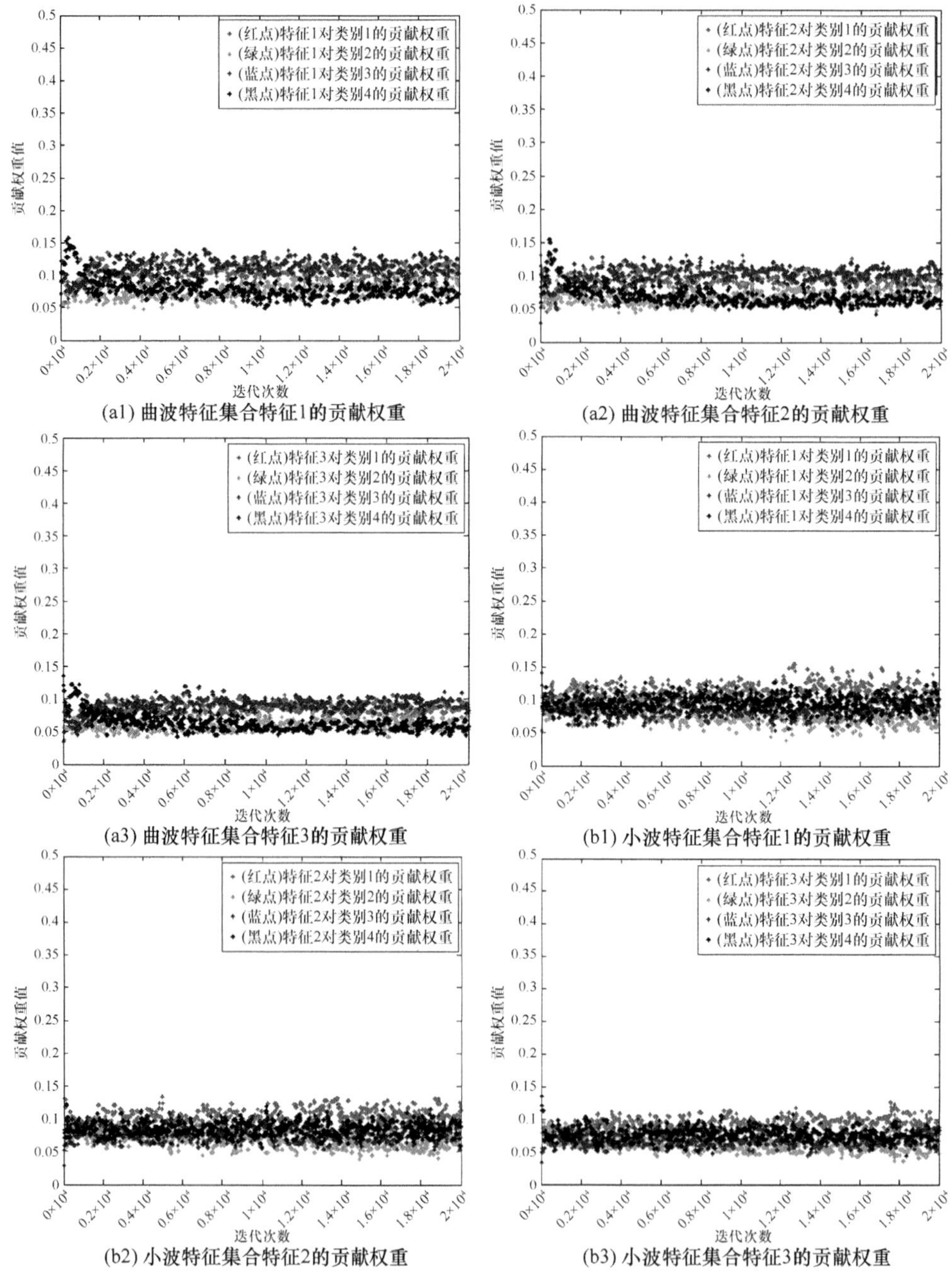

(a1) 曲波特征集合特征1的贡献权重
(a2) 曲波特征集合特征2的贡献权重
(a3) 曲波特征集合特征3的贡献权重
(b1) 小波特征集合特征1的贡献权重
(b2) 小波特征集合特征2的贡献权重
(b3) 小波特征集合特征3的贡献权重

图 5.8 特征加权能量分割算法的模拟 SAR 图像贡献权重值变化

表 5.3 特征加权能量分割算法的模拟 SAR 图像贡献权重近似值

特 征	光谱特征				纹理特征				边缘特征			
	1	2	3	4	1	2	3	4	1	2	3	4
曲波	0.12	0.07	0.12	0.06	0.10	0.06	0.11	0.05	0.10	0.06	0.10	0.05
小波	0.12	0.06	0.08	0.10	0.11	0.05	0.08	0.09	0.11	0.05	0.07	0.08

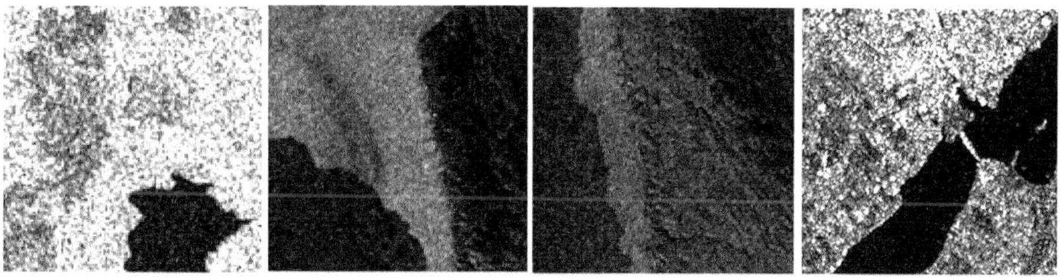

(a) SAR图像1　(b) SAR图像2　(c) SAR图像3　(d) SAR图像4

图 5.9 特征加权能量分割算法的真实 SAR 图像

利用基于 Wrapping 的离散曲波变换对真实 SAR 图像进行纹理特征提取，如图 5.10 所示。通过图 5.10 可以看出，提取的纹理特征可以很好地表达局部区域的光谱变化，从而说明曲波变换可较好地提取真实 SAR 图像的纹理特征。

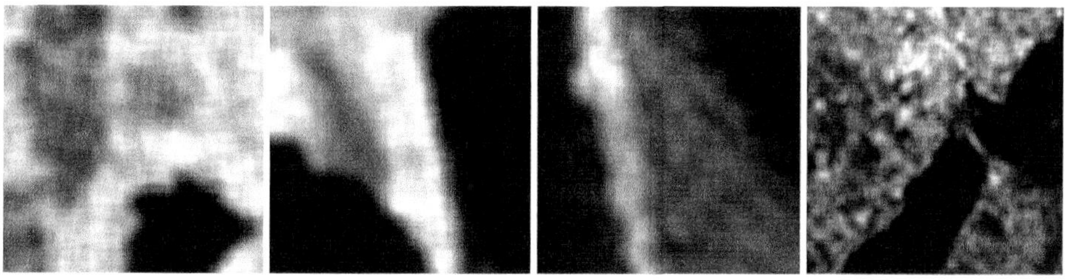

(a) 曲波变换(图像1)　(b) 曲波变换(图像2)　(c) 曲波变换(图像3)　(d) 曲波变换(图像4)

图 5.10 真实 SAR 图像的纹理特征

利用基于 Wrapping 的离散曲波变换提取真实 SAR 图像的边缘特征，如图 5.11 所示。通过图 5.11 可以看出，提取的边缘完整、丰富，从而说明利用曲波变换可较好地提取图像的边缘特征，进而验证了提出算法在真实 SAR 图像边缘特征提取中的有效性。

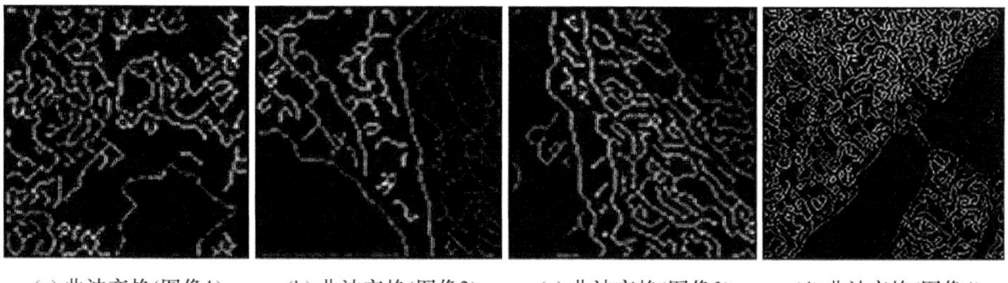

(a) 曲波变换(图像1)　(b) 曲波变换(图像2)　(c) 曲波变换(图像3)　(d) 曲波变换(图像4)

图 5.11 真实 SAR 图像的边缘特征

将提取的纹理特征、边缘特征与真实 SAR 图像的光谱特征结合，构成特征集合；然后，以该特征集合为分割依据，利用提出的特征加权能量分割算法进行分割实验，其结果如图 5.12 所示，其中，图 5.12(a1)至图 5.12(d1)为对应的规则划分结果，图 5.12(a2)至图 5.12(d2)为分割结果。通过图 5.12 可以看出，真实 SAR 图像的区域内部及边缘均可较好地分割，这说明提出算法可有效地利用提取的特征，以实现真实 SAR 图像的区域分割，并且提出算法可有效地克服由 SAR 图像斑点噪声引起的边缘误分割问题，从而提高真实 SAR 图像的边缘分割精度。

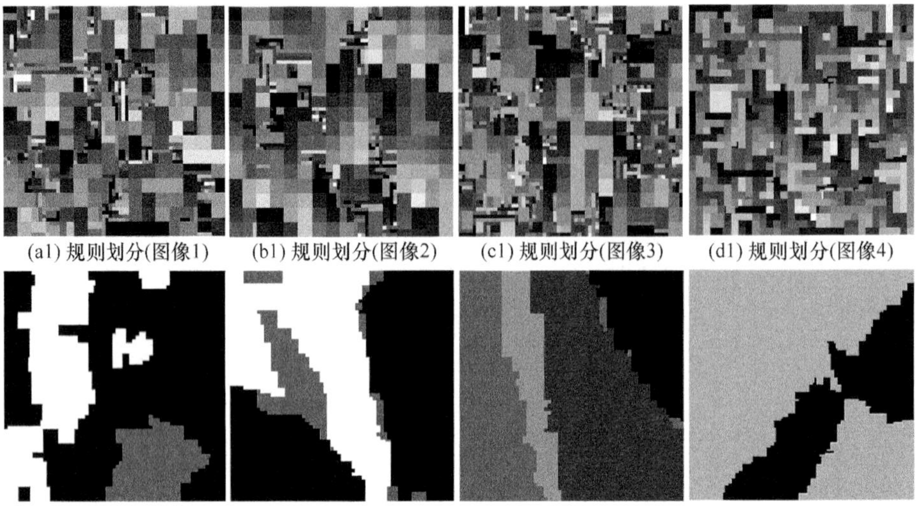

(a1) 规则划分(图像1)　(b1) 规则划分(图像2)　(c1) 规则划分(图像3)　(d1) 规则划分(图像4)

(a2) 图像分割(图像1)　(b2) 图像分割(图像2)　(c2) 图像分割(图像3)　(d2) 图像分割(图像4)

图 5.12　特征加权能量分割算法的真实 SAR 图像结果

提取图 5.12(a2)至图 5.12(d2)的轮廓线，并将其分别叠加到原图和规则划分结果上，见图 5.13(a1)至图 5.13(d1)和图 5.13(a2)至图 5.13(d2)；另外，将标准轮廓线与其共同叠加到原图上，见图 5.13(a3)至图 5.13(d3)。通过图 5.13 可以看出，提取的轮廓线与实际情况吻合度较高。

以图 5.14 为标准分割数据，求分割结果〔图 5.12(a2)至图 5.12(d2)〕的混淆矩阵，并以该矩阵为基础计算各精度值，见表 5.4。通过表 5.4 可以计算得到，平均总精度为 96.1%，平均 Kappa 值为 0.927。对提出算法的定量评价进一步说明了提出算法对真实 SAR 图像的有效性。

图 5.15 为图 5.9 提取的 3 个特征在其分割过程中对每一类别的贡献权重变化图。通过图 5.15 可以看出各贡献权重很快收敛到其近似值，说明提出算法可自动确定各贡献权重值，以自动确定各特征在图像分割中的作用。4 幅真实 SAR 图像各特征对每一类别的贡献权重近似值见表 5.5。贡献权重越大，代表该特征在图像分割中的作用越大。通过表 5.5 可知，在图 5.9(a)的分割过程中，曲波特征集合中纹理特征和边缘特征的作用相同且最大，而光谱特征的作用最小；在图 5.9(b)的分割过程中，光谱特征和纹理特征对其分割的作用最大，而边缘特征的作用最小；在图 5.9(c)的分割过程中，光谱特征对图像分割的作用最大，边缘特征对图像分割的作用最小；在图 5.9(d)的分割过程中，边缘特征的作用最大，光谱特征和纹理特征的作用相同。通过图 5.12 可知，提出算法可较好地分割真实 SAR 图像，从而说明在真实 SAR 图像的分割过程中，提出算法可合理地分配每个特征对各类别的贡

献权重值，即自适应地确定各特征在真实 SAR 图像分割中的作用，进而更好地实现真实 SAR 图像的分割。

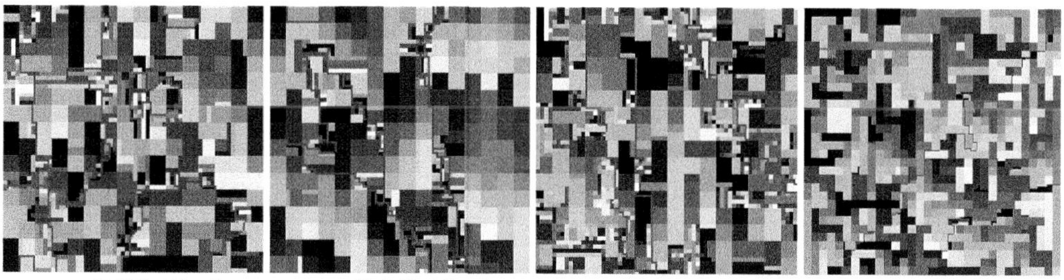

(a1) 轮廓线叠加到原图上(图像1) (b1) 轮廓线叠加到原图上(图像2) (c1) 轮廓线叠加到原图上(图像3) (d1) 轮廓线叠加到原图上(图像4)

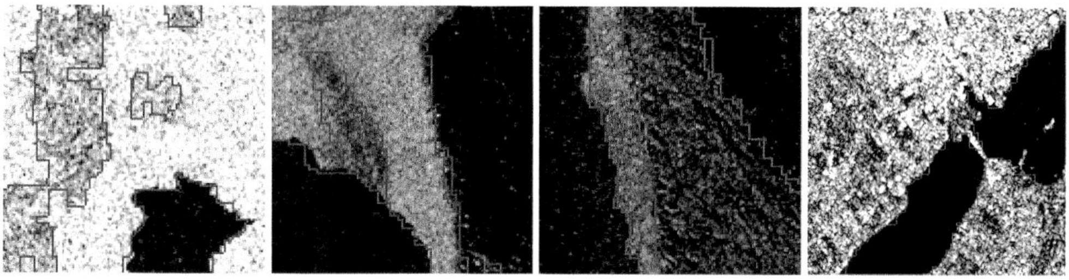

(a2) 轮廓线叠加到规则划分结果上(图像1) (b2) 轮廓线叠加到规则划分结果上(图像2) (c2) 轮廓线叠加到规则划分结果上(图像3) (d2) 轮廓线叠加到规则划分结果上(图像4)

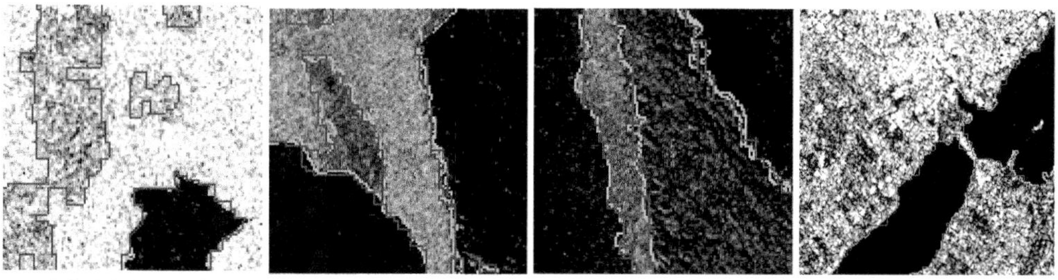

(a3) 轮廓线与标准轮廓线共同叠加到原图上(图像1) (b3) 轮廓线与标准轮廓线共同叠加到原图上(图像2) (c3) 轮廓线与标准轮廓线共同叠加到原图上(图像3) (d3) 轮廓线与标准轮廓线共同叠加到原图上(图像4)

图 5.13 特征加权能量分割算法的真实 SAR 图像视觉评价

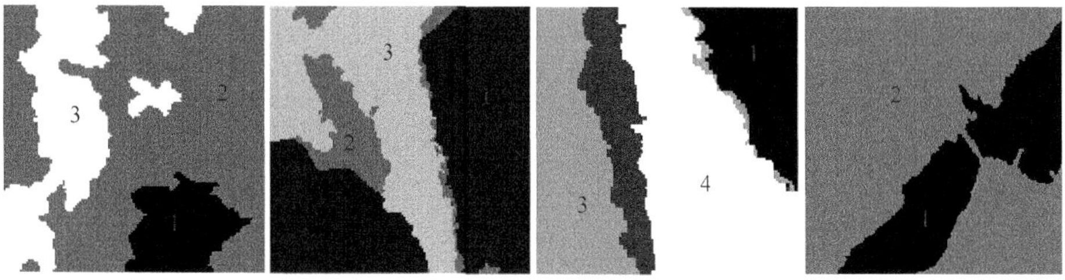

(a) 模板1 (b) 模板2 (c) 模板3 (d) 模板4

图 5.14 特征加权能量分割算法的真实 SAR 图像模板

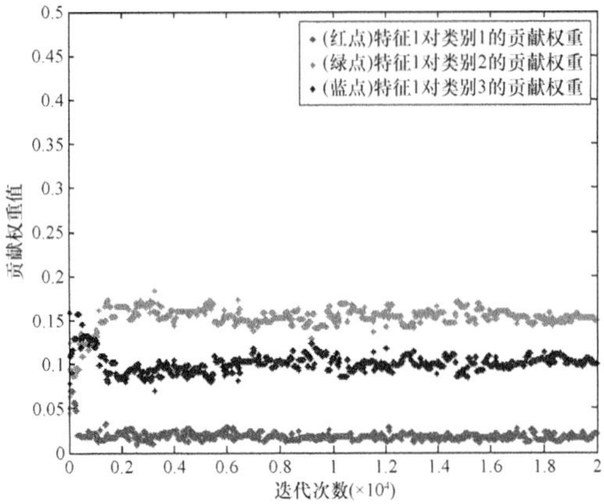

(a1) 图5.9(a)特征1的贡献权重

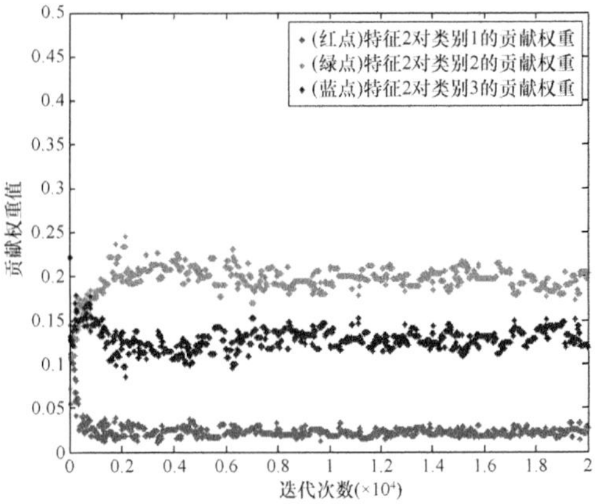

(a2) 图5.9(a)特征2的贡献权重

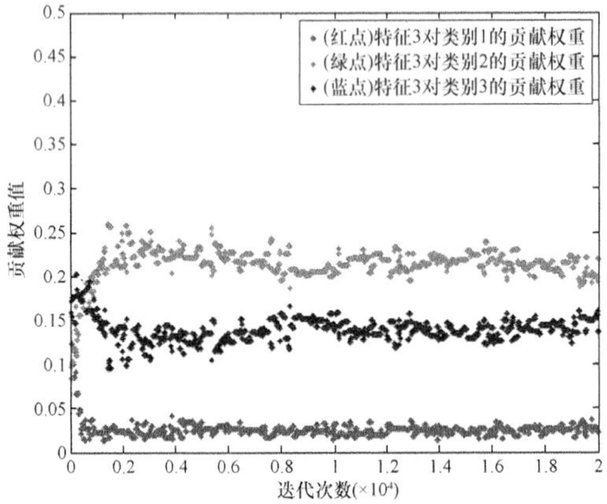

(a3) 图5.9(a)特征3的贡献权重

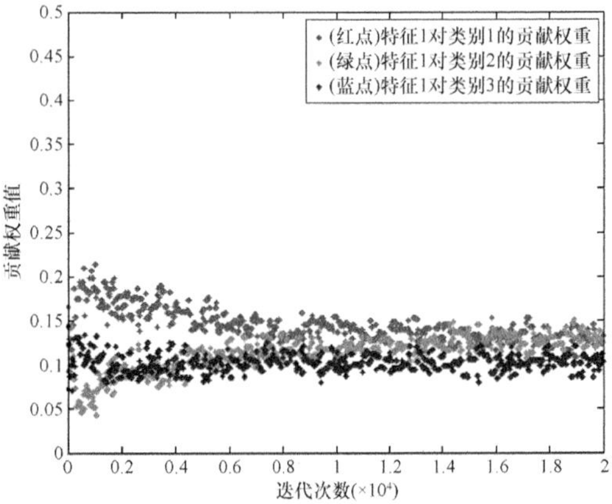

(b1) 图5.9(b)特征1的贡献权重

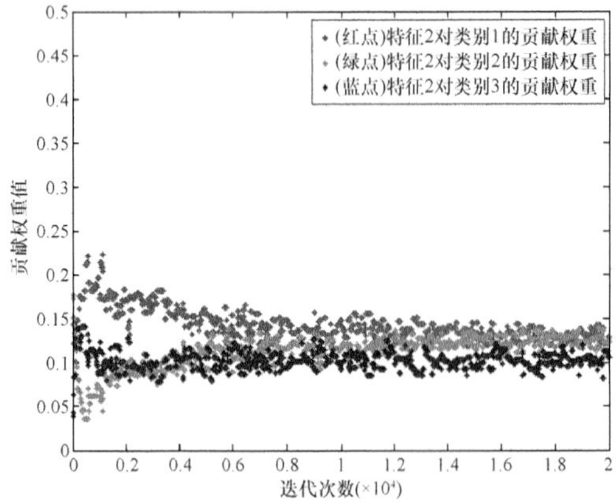

(b2) 图5.9(b)特征2的贡献权重

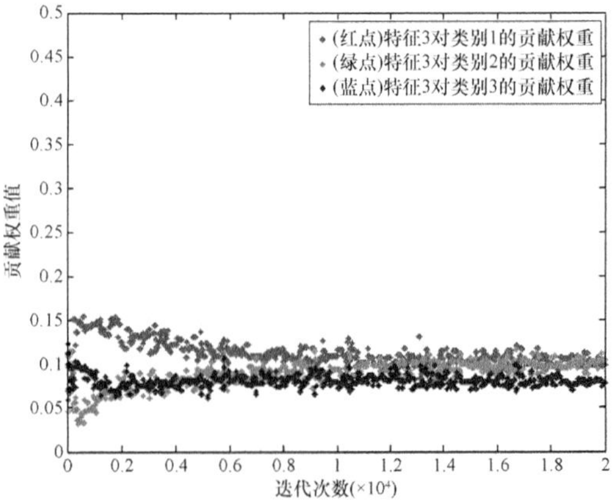

(b3) 图5.9(b)特征3的贡献权重

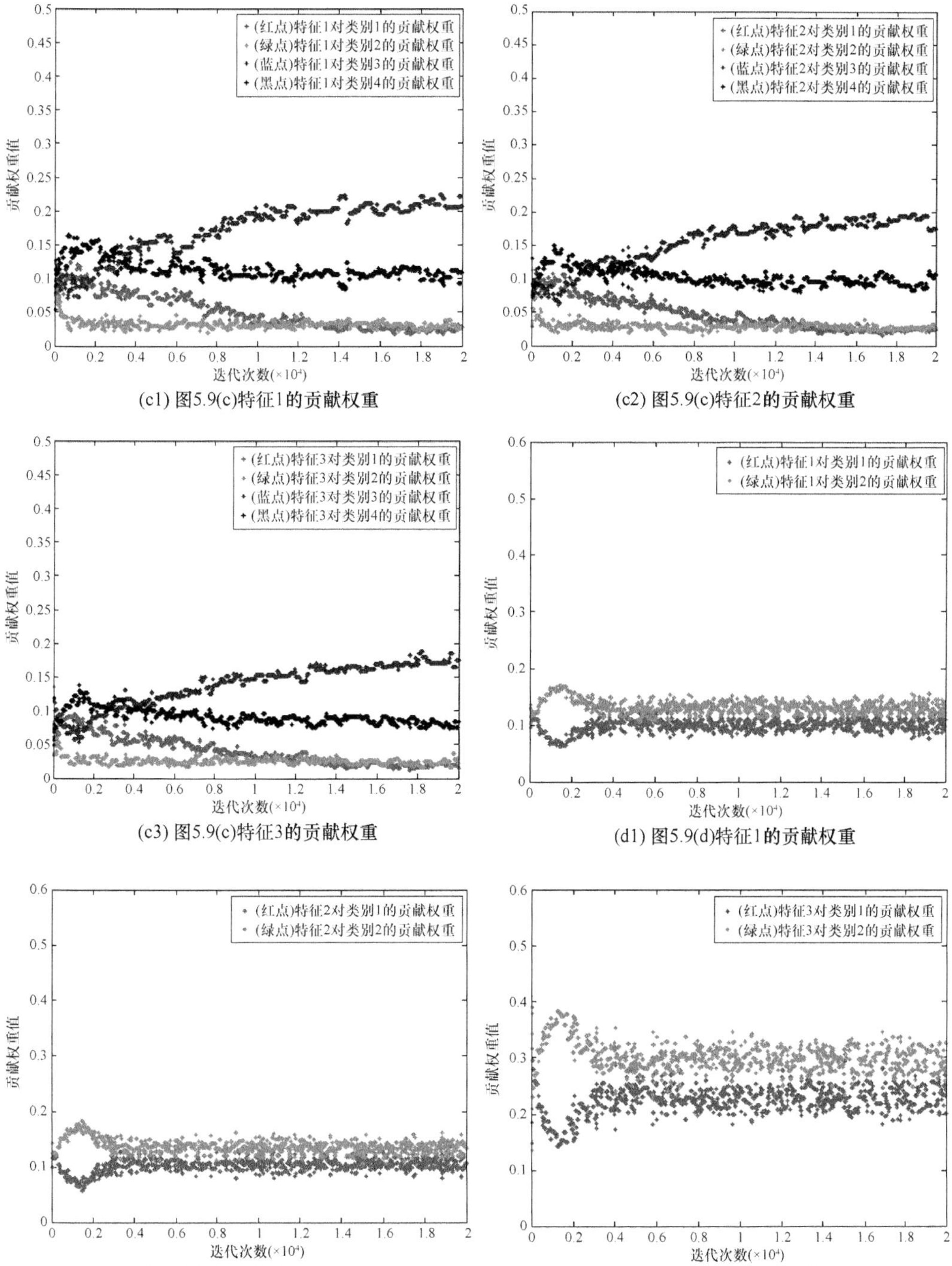

(c1) 图5.9(c)特征1的贡献权重

(c2) 图5.9(c)特征2的贡献权重

(c3) 图5.9(c)特征3的贡献权重

(d1) 图5.9(d)特征1的贡献权重

(d2) 图5.9(d)特征2的贡献权重

(d3) 图5.9(d)特征3的贡献权重

图 5.15 特征加权能量分割算法的真实 SAR 图像贡献权重值变化

表 5.4　特征加权能量分割算法的真实 SAR 图像定量评价

图　像	产品精度(%)				用户精度(%)				总精度(%)	Kappa 值
	1	2	3	4	1	2	3	4		
图 5.9(a)	95.3	96.3	94.2		96.1	96.8	92.9		95.7	0.918
图 5.9(b)	97.3	81.5	96.1		98.7	82.0	93.8		95.1	0.915
图 5.9(c)	97.7	86.5	95.5	98.0	93.9	95.5	96.3	98.6	96.1	0.938
图 5.9(d)	97.1	97.6			93.5	98.9			97.4	0.935

2. 全色遥感图像

图 5.16(a)为 128×128 像素的合成彩色遥感图像模板，其编号 1～4 代表不同的同质区域。图 5.16(b)是由 WorldView-2 全色遥感图像上截取的灌木、森林、农田和人工建筑分别填充在图 5.16(a)中编号为 1～4 的区域上所获得的合成全色遥感图像。特征加权能量分割算法的真实 SAR 图像贡献权重近似值如表 5.5 所示。

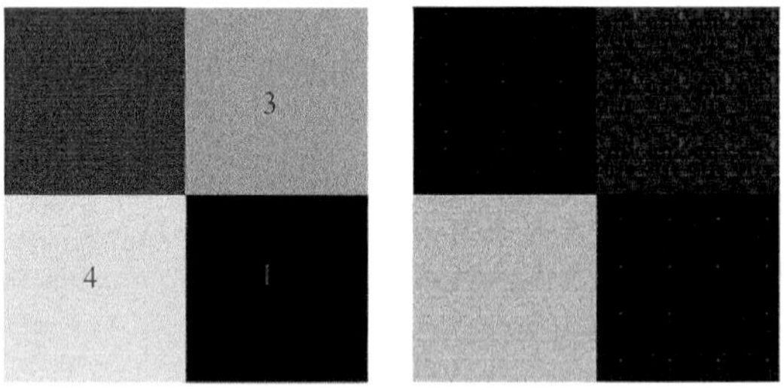

(a) 图像模板　　(b) 合成图像

图 5.16　特征加权能量分割算法的合成全色遥感图像

表 5.5　特征加权能量分割算法的真实 SAR 图像贡献权重近似值

图　像	光谱特征				纹理特征				边缘特征			
	1	2	3	4	1	2	3	4	1	2	3	4
图 5.9(a)	0.01	0.16	0.11		0.01	0.22	0.13		0.01	0.22	0.13	
图 5.9(b)	0.14	0.13	0.10		0.14	0.13	0.10		0.10	0.10	0.06	
图 5.9(c)	0.02	0.03	0.11	0.20	0.02	0.03	0.10	0.19	0.02	0.03	0.08	0.17
图 5.9(d)	0.10	0.13				0.10	0.13		0.24	0.30		

利用基于 Wrapping 的离散曲波变换和二维 Harr 小波变换对合成全色遥感图像进行纹理特征提取。具体步骤为：利用两种变换分别对以像素 s 为中心、尺寸大小为 7×7 像素的子图像进行多尺度分析，得到曲波子带系数；然后利用式(3.5)计算曲波系数的能量，以此作为遥感图像中像素 s 的纹理特征；以此类推，遍历整幅图像，得到其纹理特征，如图 5.17(a)和图 5.17(b)所示。通过图 5.17 可以看出，两种算法获取的纹理特征图像非常相似，均可较好地获取图像的纹理特征。

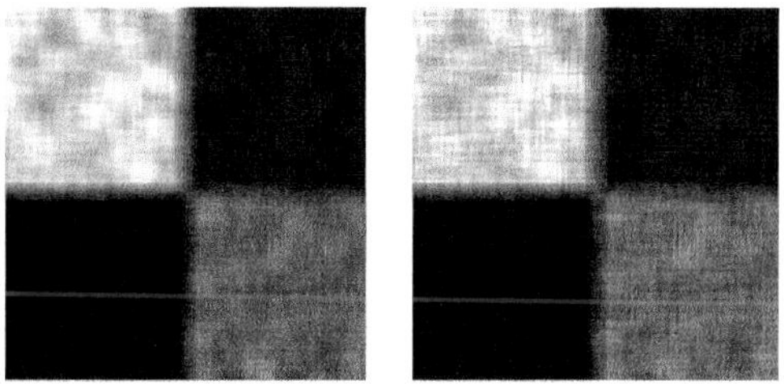

(a) 曲波变换　　(b) 小波变换

图 5.17　合成全色遥感图像的纹理特征

为了进一步对曲波变换和小波变换提取的纹理特征进行比较，分别对提取的两个纹理特征绘制能量直方图，如图 5.18 所示。通过图 5.18 可以看出，曲波变换和小波变换的能量分布相似，但是曲波变换的能量取值范围在[0.25×10^4，4.5×10^4]，而小波变换的能量取值范围在[0.1×10^4，1.5×10^4]。通过比较可以发现，曲波变换的能量比小波变换的能量大，这说明曲波变换提取的纹理特征包含的信息更多，进而说明了曲波变换在合成全色遥感图像纹理特征提取中的优越性。

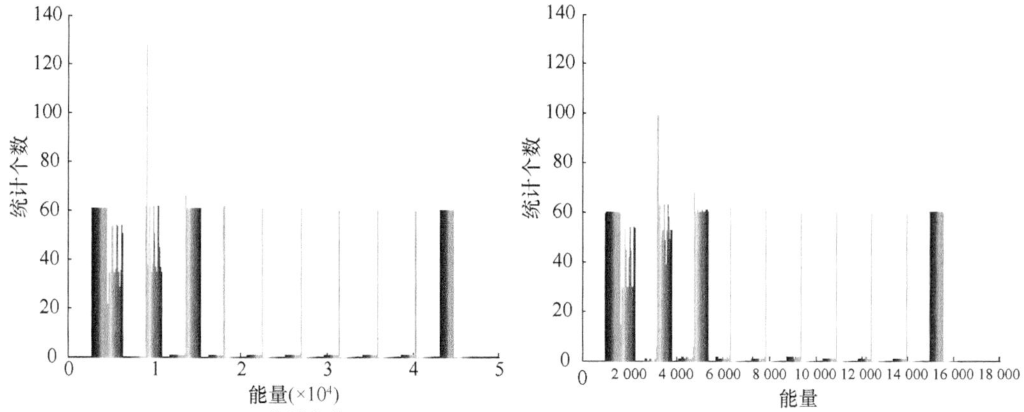

(a) 曲波变换　　(b) 小波变换

图 5.18　合成全色遥感图像的能量直方图

受到高分辨率全色遥感图像同质区域差异性大、异质区域差异性小的影响，合成全色遥感图像的边缘提取更加困难。利用基于 Wrapping 的离散曲波变换和二维 Harr 小波变换对合成全色遥感图像进行边缘特征提取。首先，利用两种变换对合成全色遥感图像进行多尺度分析，得到一系列多尺度曲波系数；然后，利用 Canny 算子提取低频和高频系数的边缘，令低频和高频系数中非边缘系数为 0；再利用逆变换，对所有系数进行重构，得到边缘特征，如图 5.19(a)和图 5.19(b)所示。通过图 5.19(a)与图 5.19(b)的比较可以看出，图 5.19(a)中区域 2 提取的边缘更加完整、丰富，且与实际情况更加吻合，从而说明曲波变换可以更好地提取图像的边缘特征。

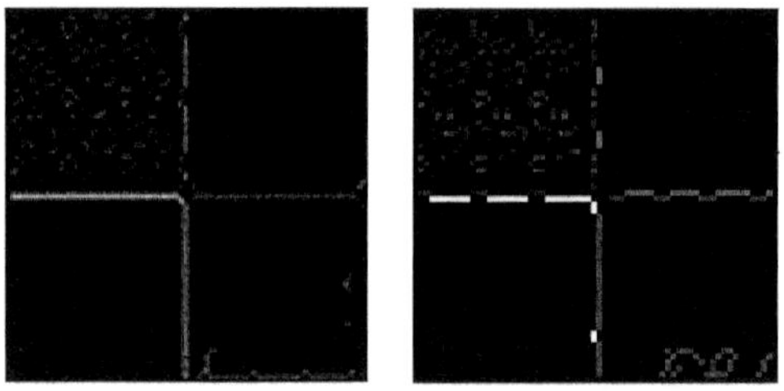

(a) 曲波变换　　(b) 小波变换

图 5.19　合成全色遥感图像的边缘特征

分别将提取的纹理特征、边缘特征与原有的光谱特征结合，构成曲波特征集合和小波特征集合；然后，分别以曲波特征集合和小波特征集合为分割依据，利用提出的特征加权能量分割算法进行分割实验，图 5.20 为对应结果。其中，图 5.20(a)和图 5.20(b)分别为曲波特征集合对应的规则划分结果和分割结果，图 5.20(c)和图 5.20(d)分别为小波特征集合对应的规则划分结果和分割结果。通过图 5.20(a)和图 5.20(b)可以看出，提出算法可精确地分割合成全色遥感图像，在分割结果中无误分割像素，进而验证了提出算法对合成全色遥感图像的有效性。通过图 5.20(c)和图 5.20(d)可以看出，小波变换提取的特征信息不足，导致小波特征集合对应的分割结果中区域边缘分割不甚理想。通过比较两个分割结果可以发现，曲波特征集合对应的分割结果更好。

(a) 曲波特征集合对应的规则划分结果　　(b) 曲波特征集合对应的分割结果　　(c) 小波特征集合对应的规则划分结果　　(d) 小波特征集合对应的分割结果

图 5.20　特征加权能量分割算法的合成全色遥感图像结果

图 5.21 为两个分割结果的视觉评价，其中，图 5.21(a1)和图 5.21(b1)为轮廓线与规则划分叠加图；图 5.21(a2)和图 5.21(b2)为轮廓线与原图叠加图；图 5.21(a3)和图 5.21(b3)为轮廓线、真实轮廓线与原图叠加图。通过图 5.21(a1)至图 5.21(a3)可以看出，提取的轮廓线与实际地物边缘完全吻合。通过图 5.21 (b1)至图 5.21(b3)可以看出，大部分轮廓线与实际地物边缘吻合，但小部分轮廓线不甚吻合。

为了对提出算法进行定量评价，以图 5.16(a)为标准分割数据，求两个分割结果的混淆矩阵，并以此求其对应的产品精度、用户精度、总精度及 Kappa 值，见表 5.6。通过表 5.6 可以看出，曲波特征分割结果对应的分割精度均为 100%，Kappa 值高达 1.000，这进一步说明了提出算法对合成全色遥感图像的可行性及有效性。在小波特征分割结果对应的分割精

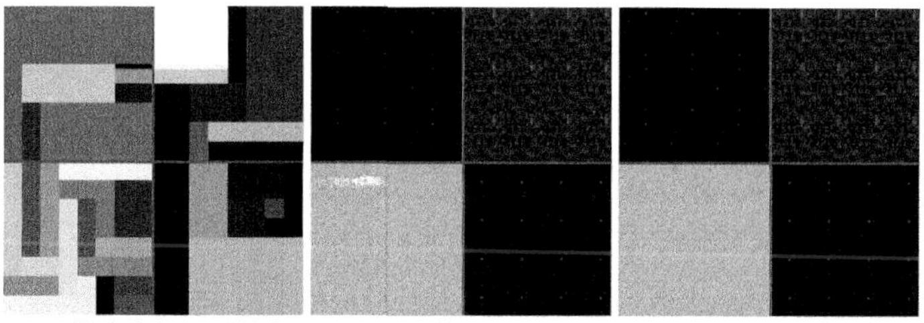

(a1) 轮廓线与规则划分叠加(曲波特征集合)　(a2) 轮廓线与原图叠加(曲波特征集合)　(a3) 轮廓线、真实轮廓线与原图叠加(曲波特征集合)

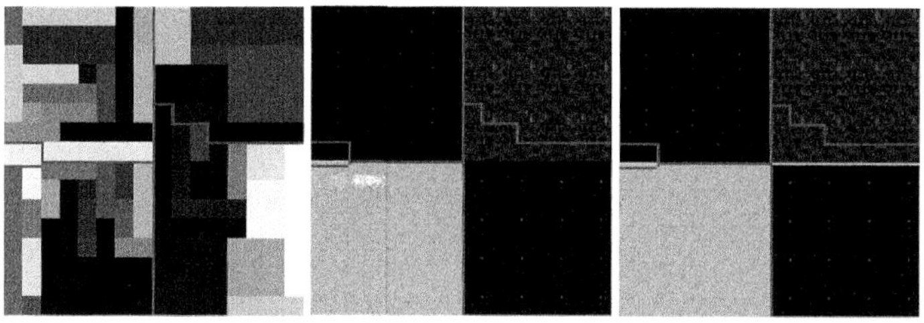

(b1) 轮廓线与规则划分叠加(小波特征集合)　(b2) 轮廓线与原图叠加(小波特征集合)　(b3) 轮廓线、真实轮廓线与原图叠加(小波特征集合)

图 5.21　特征加权能量分割算法的合成全色遥感图像视觉评价

度中，区域 3 的产品精度和区域 1 的用户精度分别低至 81.5%和 81.7%，而 Kappa 值为0.925。通过两个精度评价结果的比较可以发现，曲波特征集合对应的分割结果的分割精度更高。

表 5.6　特征加权能量分割算法的合成全色遥感图像定量评价

特　征	产品精度(%)				用户精度(%)				总精度(%)	Kappa 值
	1	2	3	4	1	2	3	4		
曲波	100	100	100	100	100	100	100	100	100	1.000
小波	100	96.9	81.5	99.2	81.7	100	100	100	94.4	0.925

通过比较上述合成全色遥感图像的视觉评价和定量评价可以发现，曲波特征集合对应的分割结果更好，这说明曲波变换可更好地提取合成全色遥感图像的纹理特征和边缘特征，进而提出算法有效地利用各特征，以更好地实现合成全色遥感图像的分割。

为了研究曲波特征集合和小波特征集合的各特征在合成全色遥感图像分割过程中对每一类的贡献程度，给像素的特征矢量中每个特征分量赋予不同的贡献权重，通过迭代自适应地确定各特征在合成全色遥感图像分割中的重要性，以实现合成全色遥感图像的广义特征选择。图 5.22(a1)至图 5.22(a3)为曲波特征集合的 3 个特征在合成全色遥感图像分割过程中对每一类的贡献权重值的变化图，图 5.22(b1)至图 5.22(b3)为小波特征集合的 3 个特征在合成全色遥感图像分割过程中对每一类的贡献权重值的变化图。通过图 5.22 可以发现，各贡献权重值很快收敛到其近似值。表 5.7 列出了曲波特征集合和小波特征集合中各特征对每个类别的贡献权重值。通过表 5.7 可以看出，在合成全色遥感图像的分割过程中，曲波特征集合中的光谱特征作用最大，边缘特征作用最小；而小波特征集合中的光谱特征作用最大，纹理特征和边缘特征的作用相同。相比于小波特征集合，提出算法可更加合理地分配曲波特征集合中各特征对各类别的贡献权重值，从而更好地分割合成全色遥感图像。如曲波特征集合和小波特征集合中类别 2 和 3 贡献权重值之和近似相同，但是分配不同，在曲波特征集合中各特征对类别 2 和 3 的作用相同；而相比之下，在小波特征集合中强调各特征对类别 2 的作用，弱化对类别 3 的作用。通过图 5.20 可以看出，在曲波变换特征集合分割结果中类别 2 和 3 的分割〔见图 5.20(b)〕比小波变换对应的分割结果〔见图 5.20(d)〕好，这说明提出算法可更合理地分配曲波变换特征集合中各特征对各类别的贡献权重。

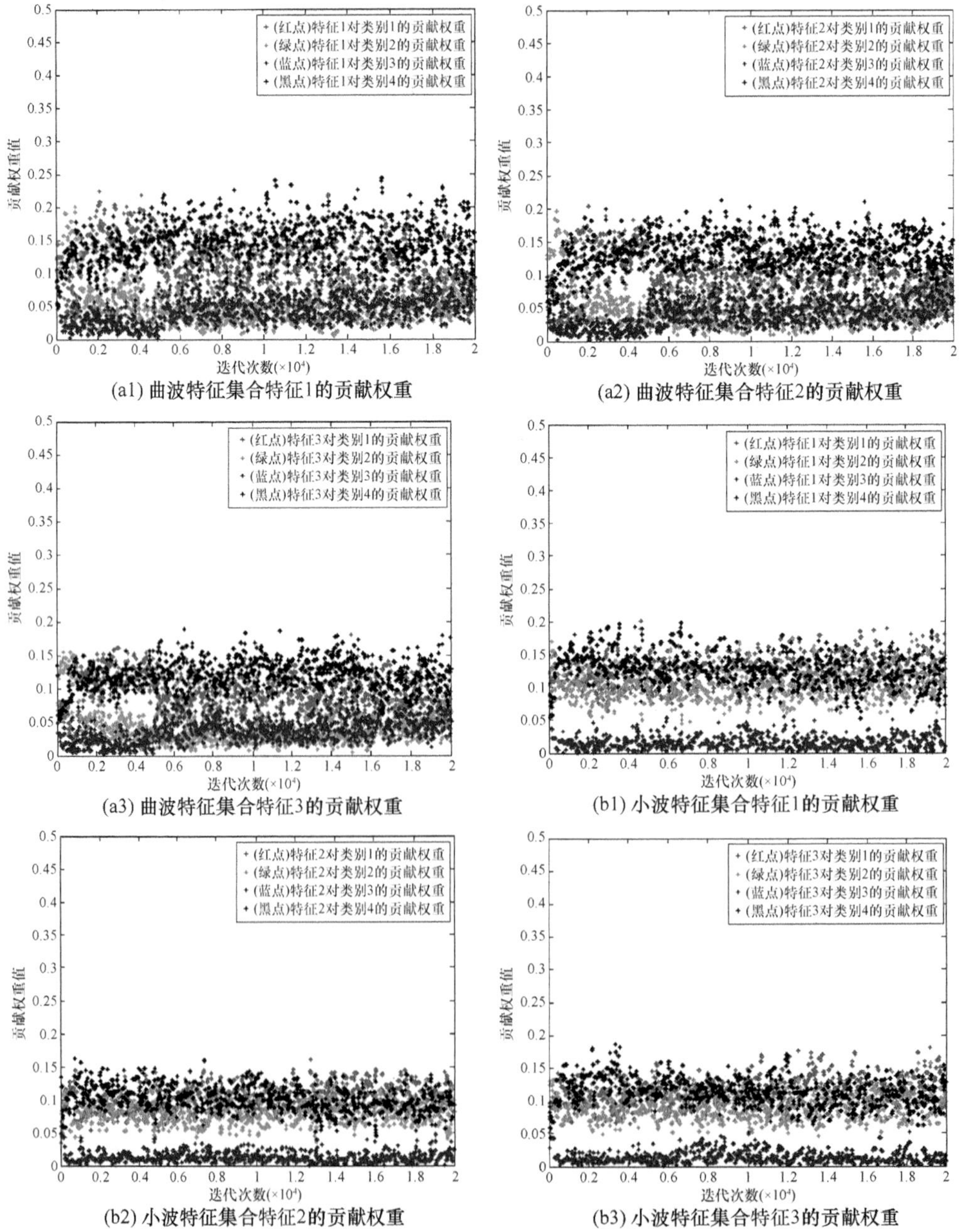

图 5.22　特征加权能量分割算法的合成全色遥感图像贡献权重值变化

表 5.7 特征加权能量分割算法的合成全色遥感图像贡献权重近似值

特 征	光谱特征				纹理特征				边缘特征			
	1	2	3	4	1	2	3	4	1	2	3	4
曲波	0.11	0.05	0.05	0.15	0.11	0.05	0.05	0.13	0.10	0.04	0.04	0.12
小波	0.13	0.09	0.01	0.12	0.12	0.09	0.01	0.11	0.12	0.08	0.01	0.11

根据合成全色遥感图像分割实验的比较可以看出，相比于小波变换，曲波变换可更好地提取合成全色遥感图像的纹理特征、边缘特征；由于曲波特征集合中特征表达充分，所以提出算法可更合理地分配曲波特征集合在图像分割中对各类别的贡献权重，以更好地分割合成全色遥感图像。因此，在全色遥感图像分割实验中，仅以曲波特征集合为区域分割依据，利用提出的特征加权能量分割算法进行分割实验。图 5.23 为 4 幅全色遥感图像，图 5.23(a)至图 5.23(c)的尺寸均为 128×128 像素，图 5.23(d)的尺寸为 256×256 像素。图 5.23(a)和图 5.23(d)为 IKONOS 全色遥感图像，分辨率为 1 m，图像类别数分别为 3 和 2；图 5.23(b)和图 5.23(c)为 WorldView-2 全色遥感图像，分辨率均为 0.5 m，图像类别数分别为 3 和 4。

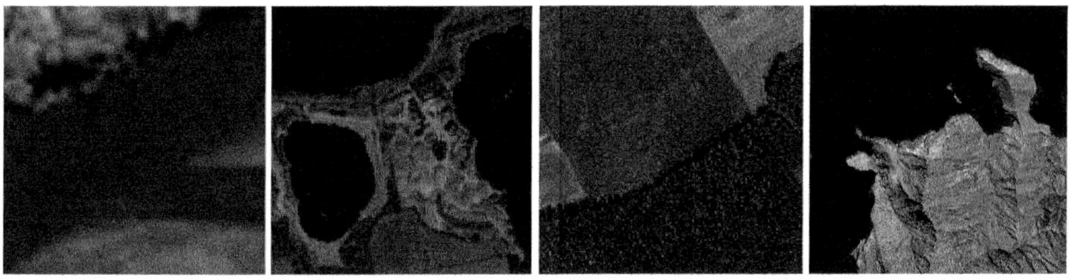

(a) 图像1　(b) 图像2　(c) 图像3　(d) 图像4

图 5.23　特征加权能量分割算法的全色遥感图像

利用基于 Wrapping 的离散曲波变换对全色遥感图像进行纹理特征提取，具体步骤为：首先，利用基于 Wrapping 的离散曲波变换对以像素 s 为中心、尺寸大小为 7×7 像素的子图像进行多尺度分析，得到曲波子带系数；然后利用式(3.5)计算曲波子带系数的能量，以此作为遥感图像中像素 s 的纹理特征；以此类推，遍历整幅图像，得到其纹理特征，以实现遥感图像的纹理特征提取，如图 5.24 所示。根据图 5.24 可以看出，提出算法可较好地提取全色遥感图像的纹理特征。

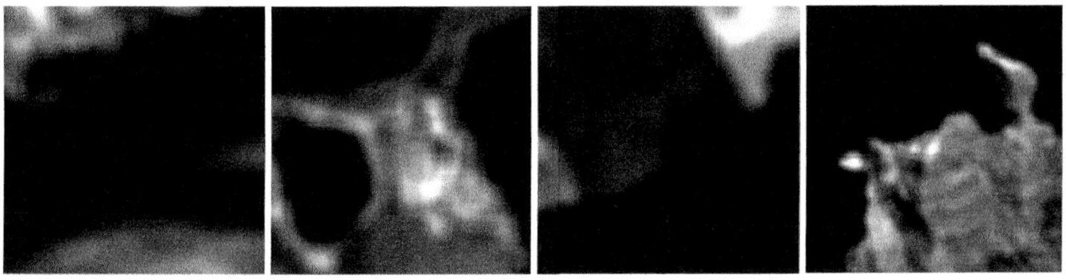

(a) 曲波变换(图像1)　(b) 曲波变换(图像2)　(c) 曲波变换(图像3)　(d) 曲波变换(图像4)

图 5.24　全色遥感图像的纹理特征

利用基于 Wrapping 的离散曲波变换提取全色遥感图像的边缘特征，如图 5.25 所示。通过图 5.25 可以看出，提取的边缘特征完整，与实际情况相符，从而说明曲波变换可以较好地提取图像的边缘特征，进而验证了曲波变换在全色遥感图像边缘特征提取中的有效性。

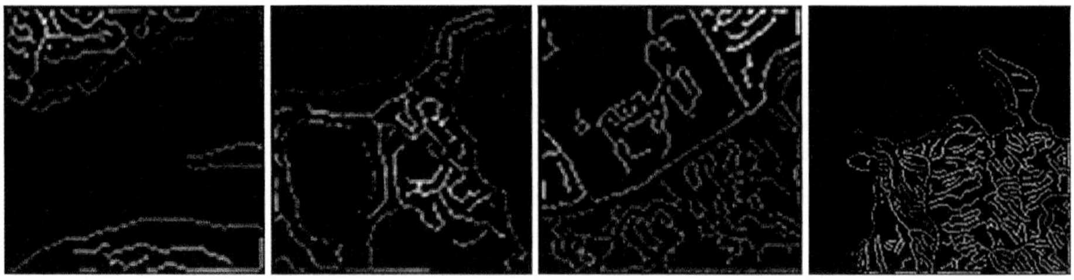

(a) 曲波变换(图像1)　(b) 曲波变换(图像2)　(c) 曲波变换(图像3)　(d) 曲波变换(图像4)

图 5.25　全色遥感图像的边缘特征

将提取的纹理特征、边缘特征与原有的光谱特征相结合构成特征集合；然后，以特征集合为分割依据，利用提出的特征加权能量分割算法进行区域分割，如图 5.26 所示。图 5.26(a1)至图 5.26(d1)为规则划分结果，图 5.26(a2)至图 5.26(d2)为对应的分割结果。通过分割结果〔图 5.26(a2)至图 5.26(d2)〕可以看出，提出算法可较好地分割全色遥感图像区域及边缘。

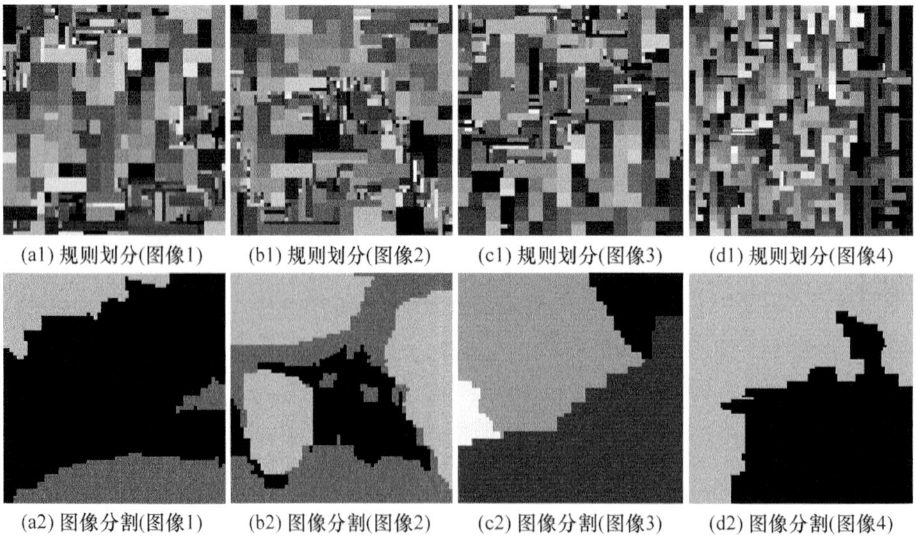

(a1) 规则划分(图像1)　(b1) 规则划分(图像2)　(c1) 规则划分(图像3)　(d1) 规则划分(图像4)

(a2) 图像分割(图像1)　(b2) 图像分割(图像2)　(c2) 图像分割(图像3)　(d2) 图像分割(图像4)

图 5.26　特征加权能量分割算法的全色遥感图像分割结果

为了对提出算法进行定性评价，提取分割结果的轮廓线，并将其分别叠加到原图和规则划分结果上，另外，将标准轮廓线、提取的轮廓线共同叠加到原图上，见图 5.27。通过定性评价结果可以看出，提取的轮廓线与实际地物边缘吻合度较高，进一步说明了提出算法对全色遥感图像的可行性及有效性。

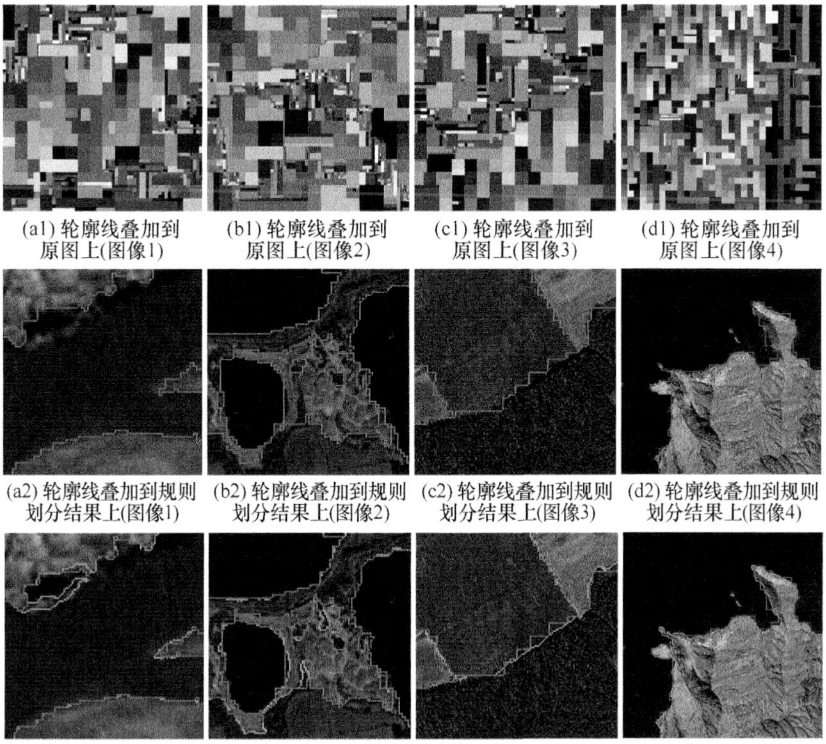

(a1) 轮廓线叠加到原图上(图像1)　(b1) 轮廓线叠加到原图上(图像2)　(c1) 轮廓线叠加到原图上(图像3)　(d1) 轮廓线叠加到原图上(图像4)

(a2) 轮廓线叠加到规则划分结果上(图像1)　(b2) 轮廓线叠加到规则划分结果上(图像2)　(c2) 轮廓线叠加到规则划分结果上(图像3)　(d2) 轮廓线叠加到规则划分结果上(图像4)

(a3) 轮廓线叠加到标准轮廓线与原图上(图像1)　(b3) 轮廓线叠加到标准轮廓线与原图上(图像2)　(c3) 轮廓线叠加到标准轮廓线与原图上(图像3)　(d3) 轮廓线叠加到标准轮廓线与原图上(图像4)

图 5.27　特征加权能量分割算法的全色遥感图像视觉评价

为了对提出的特征加权能量分割算法进行定量评价，以图 5.28 为标准分割数据，求分割结果的混淆矩阵，并以该矩阵为基础，求其产品精度、用户精度、总精度及 Kappa 值，见表 5.8。通过表 5.8 可以看出，在图 5.23(a)中，除了区域 3 的产品精度，其他分割精度值(产品精度、用户精度和总精度)均大于等于 97.2%，Kappa 值高达 0.945。在图 5.23(b)中，除了区域 1 的用户精度，其他分割精度值(产品精度、用户精度和总精度)均大于等于 95.5%，Kappa 值高达 0.958。在图 5.23(c)中，除了区域 4 的产品精度，其他分割精度值(产品精度、用户精度和总精度)均大于等于 95.4%，Kappa 值高达 0.963。图 5.23(d)的所有分割精度值均大于等于 97.3%，Kappa 值高达 0.962。通过对全色遥感图像的分割结果进行定量评价，进一步说明了提出算法对全色遥感图像的可行性及有效性。

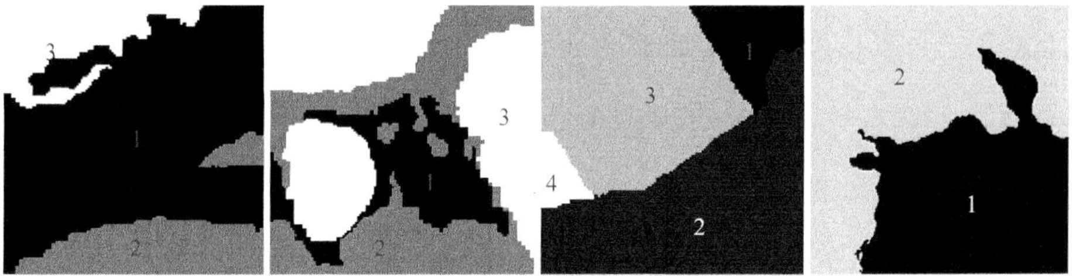

(a) 模板1　(b) 模板2　(c) 模板3　(d) 模板4

图 5.28　特征加权能量分割算法的全色遥感图像模板

表 5.8 特征加权能量分割算法的全色遥感图像定量评价

图 像	产品精度(%)				用户精度(%)				总精度(%)	Kappa 值
	1	2	3	4	1	2	3	4		
图 5.23(a)	99.1	98.2	87.9		97.2	98.9	96.6		97.4	0.945
图 5.23(b)	95.5	97.2	98.1		94.4	96.1	99.6		97.3	0.958
图 5.23(c)	96.8	99.1	97.0	90.9	95.4	97.6	98.6	95.6	97.7	0.963
图 5.23(d)	98.5	98.0			97.3	98.8			98.1	0.962

通过全色遥感图像的定性及定量评价可以发现,提出算法可以较好地实现全色遥感图像的分割,这说明曲波变换可较好地提取纹理特征和边缘特征,进而说明提出算法可有效地利用各特征以实现全色遥感图像的分割。

为了研究提取的各特征在全色遥感图像(见图 5.23)分割过程中的作用,给提取的特征矢量中每个特征分量赋予不同的贡献权重,利用提出算法通过迭代确定各特征对不同类别的贡献权重值,从而自适应地确定各特征在合成全色遥感图像分割中的重要性。图 5.29 为 4 幅全色遥感图像(见图 5.23)在分割过程中对应的 3 个特征(光谱特征、纹理特征和边缘特征)对每一类别的贡献权重变化图。通过图 5.29 可以看出,各贡献权重值均可很快地收敛到其近似值。表 5.9 列出了 4 幅全色遥感图像(见图 5.23)的各特征对每个类别的贡献权重近似值。贡献权重越大,代表在图像分割中每个特征的作用越大。通过表 5.9 可以看出,在图 5.23(a)的分割过程中,曲波特征集合中光谱特征和纹理特征对所有类别的贡献权重和相同,而边缘特征对应的贡献权重和最小,这说明在图 5.23(a)的分割中,光谱特征和纹理特征的作用相同,边缘特征的作用最小。在图 5.23(b)分割的过程中,同样是曲波特征集合中的光谱特征和纹理特征对图像分割的作用较大,边缘特征对图像分割的作用最小。在图 5.23(c)的分割过程中,曲波特征集合中的光谱特征对所有类别的贡献权重和最大,边缘特征对应的贡献权重和最小,这说明在该图像分割的过程中,光谱特征的作用最大,边缘特征的作用最小。在图 5.23(d)分割的过程中,曲波特征集合中的光谱特征对所有类别的贡献权重和最大,纹理特征对应的贡献权重和最小,这说明在该图像分割的过程中,曲波特征集合中的光谱特征作用最大,纹理特征作用最小。通过图 5.29 和表 5.9 可以看出,提出算法可合理地分配各特征对每一类别的贡献权重,即自适应地确定各特征在全色遥感图像分割过程中的作用,从而较好地实现全色遥感图像的分割。

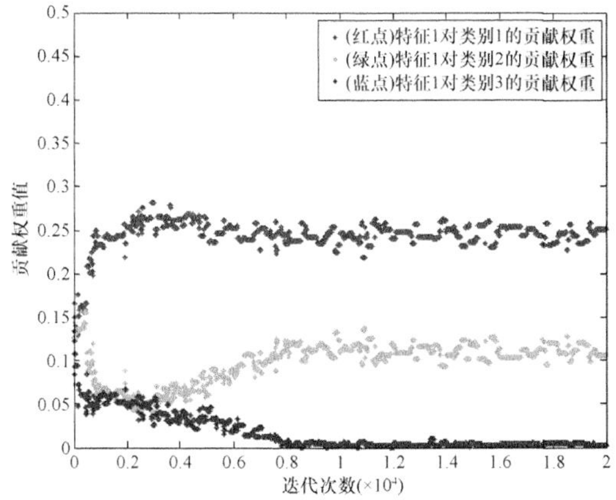

(a1) 图5.23(a)特征1的贡献权重

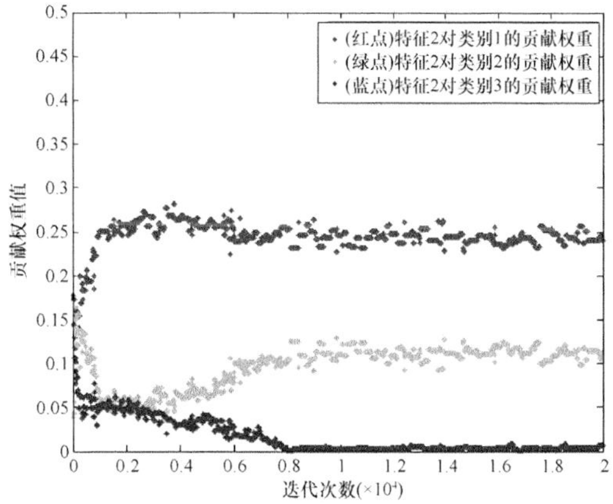

(a2) 图5.23(a)特征2的贡献权重

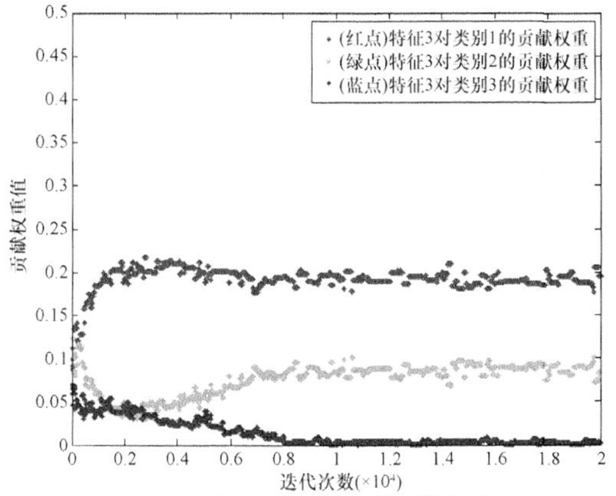

(a3) 图5.23(a)特征3的贡献权重

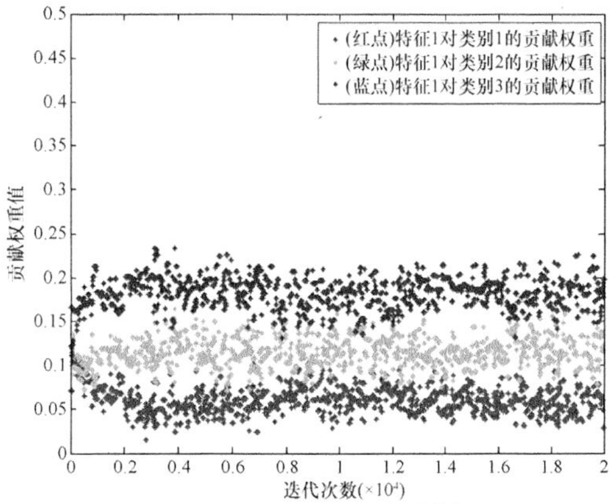

(b1) 图5.23(b)特征1的贡献权重

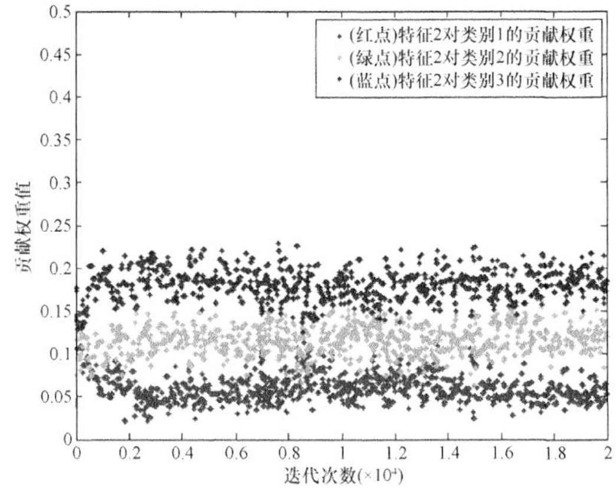

(b2) 图5.23(b)特征2的贡献权重

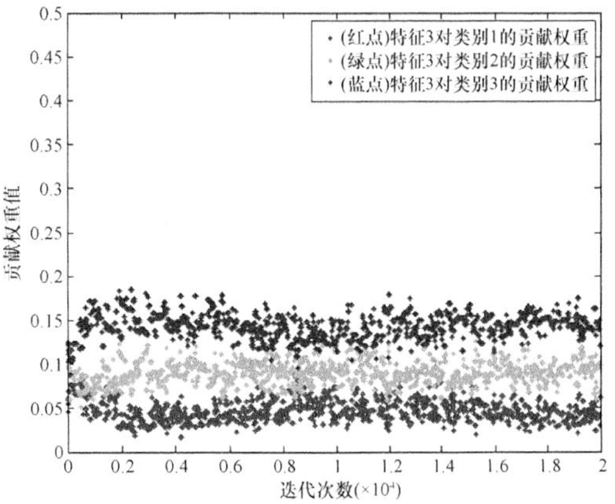

(b3) 图5.23(b)特征3的贡献权重

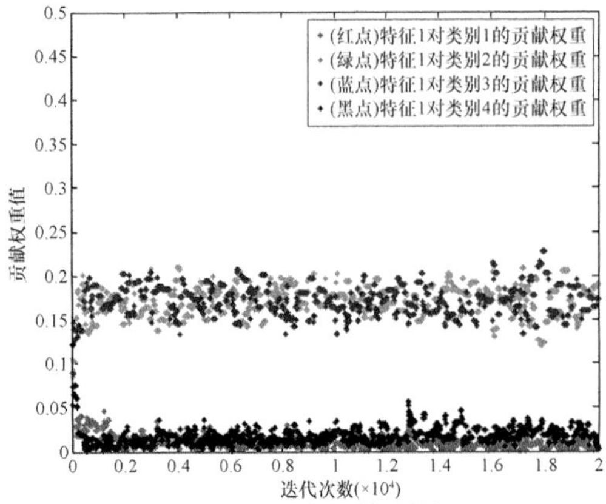

(c1) 图5.23(c)特征1的贡献权重

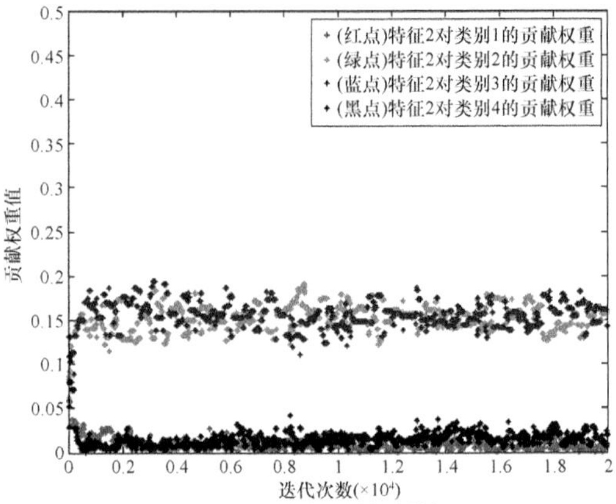

(c2) 图5.23(c)特征2的贡献权重

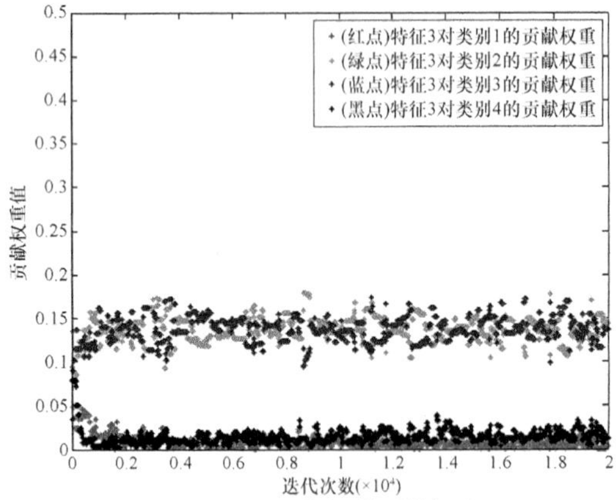

(c3) 图5.23(c)特征3的贡献权重

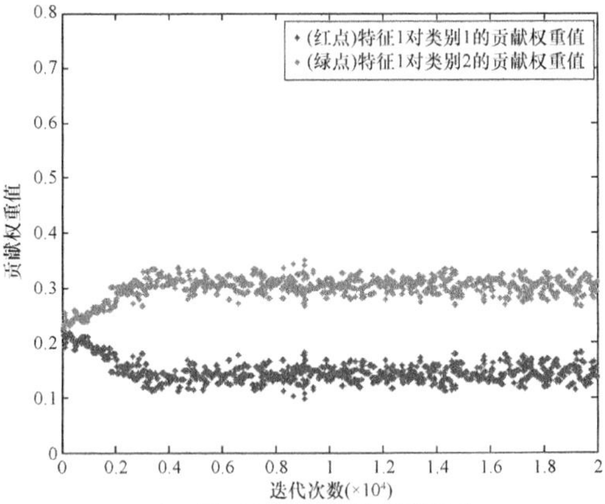

(d1) 图5.23(d)特征1的贡献权重

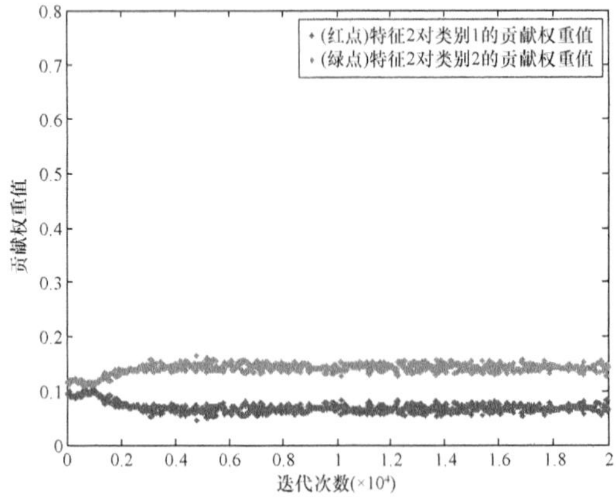

(d2) 图5.23(d)特征2的贡献权重

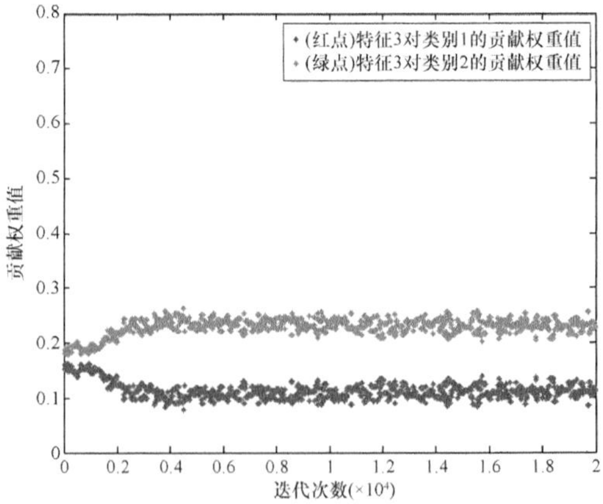

(d3) 图5.23(d)特征3的贡献权重

图 5.29　特征加权能量分割算法的全色遥感图像贡献权重值变化

表 5.9 特征加权能量分割算法的全色遥感图像贡献权重近似值

图 像	光谱特征				纹理特征				边缘特征			
	1	2	3	4	1	2	3	4	1	2	3	4
图 5.23(a)	0.249	0.11	0.001		0.249	0.11	0.001		0.199	0.08	0.001	
图 5.23(b)	0.05	0.12	0.19		0.05	0.12	0.19		0.16	0.08	0.04	
图 5.23(c)	0.005	0.18	0.17	0.015	0.005	0.16	0.15	0.015	0.005	0.15	0.13	0.015
图 5.23(d)	0.15	0.31			0.14	0.07			0.22			

3. 彩色遥感图像

图 5.30(a)为 128×128 像素的合成彩色遥感图像模板，其编号 1～4 代表不同的同质区域。图 5.30(b)是类别数为 4，尺度大小为 128×128 像素，由 WorldView-2 上截取不同地物填充在图 5.30(a)上所获得的合成彩色遥感图像，其中，编号 1～4 的区域分别为裸地、森林、农田和人工建筑。

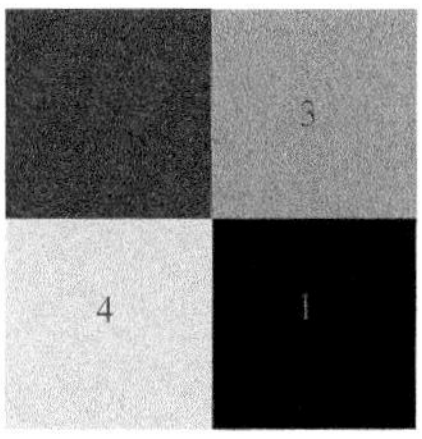

(a) 模拟图像模板

(b) 合成彩色图像

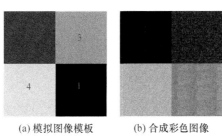

图 5.30 特征加权能量分割算法的合成彩色图像

不同于光谱特征，纹理特征是通过像素及其邻域的光谱分布来表现的。本书利用第 3 章中提出的算法提取合成彩色图像纹理特征。首先，将合成彩色图像转换为灰度图像，然后再利用基于 Wrapping 的离散曲波变换及能量公式定义像素 s 的纹理特征；以此类推，遍历整幅图像，得到其纹理特征，以实现遥感图像的纹理特征提取。图 5.31(a)为合成彩色图像的纹理特征。为了验证曲波变换在纹理特征提取中的优越性，本书选择二维 Haar 小波变换作为对比算法，对转换的灰度图像进行纹理特征提取。图 5.31(b)为合成彩色图像的基于小波变换的纹理特征。通过图 5.31 可以看出，两种算法获取的纹理特征非常相似，均可较好地获取图像的纹理特征。

(a) 曲波变换

(b) 小波变换

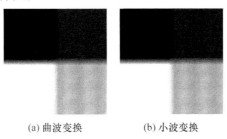

图 5.31 合成彩色图像的纹理特征

为了进一步对纹理提取结果进行比较，分别绘制曲波变换和小波变换的能量直方图，如图 5.32 所示。通过图 5.32 可以看出，曲波变换和小波变换的能量分布形状相似，但曲波变换的能量取值范围约为[0.25×10⁴，4.5×10⁴]，小波变换的能量取值范围约为[0.1×10⁴，1.55×10⁴]。通过比较可以看出，曲波变换的能量比小波变换的能量大，这说明曲波变换提取的纹理特征包含的信息更多，进而说明了曲波变换在纹理特征提取中的优越性。

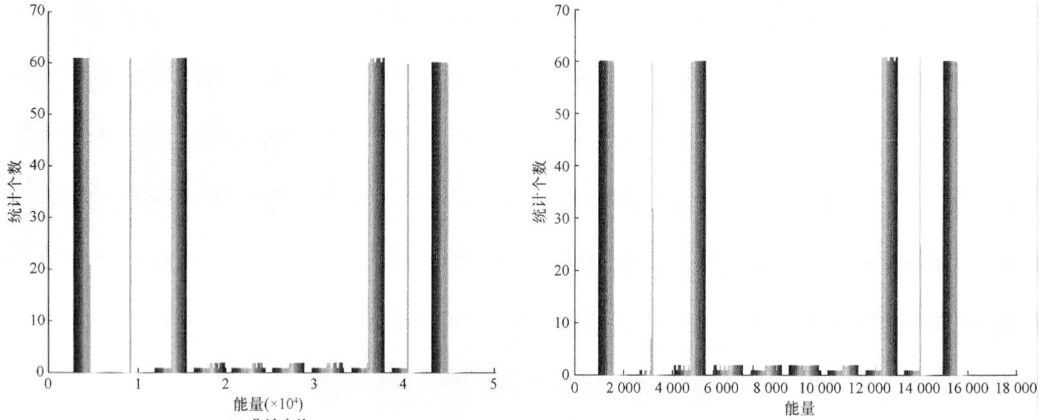

(a) 曲波变换　　(b) 小波变换

图 5.32　合成彩色图像的能量直方图

边缘作为图像的基本特征，对图像分割至关重要。利用第 3 章中的多尺度分析方法对高分辨率遥感图像进行边缘提取。首先，利用基于 Wrapping 的离散曲波变换和二维 Haar 小波变换对转换后的灰度图像进行变换，得到一系列变换系数；然后，利用 Canny 算子提取低、高频变换系数的边缘，令低、高频系数非边缘系数为 0；再利用曲波逆变换，对所有变换系数进行重构，得到边缘特征，如图 5.33 所示。其中，图 5.33(a)为曲波变换提取的边缘特征，图 5.33(b)为小波变换提取的边缘特征。通过比较图 5.33(a)与图 5.33(b)可以看出，图 5.33(a)中区域 1 和 2 比图 5.33(b)中边缘更加完整、丰富，相对而言，与实际情况更加吻合。这说明曲波变换可以更好地提取图像的边缘特征，验证了曲波变换的优越性。

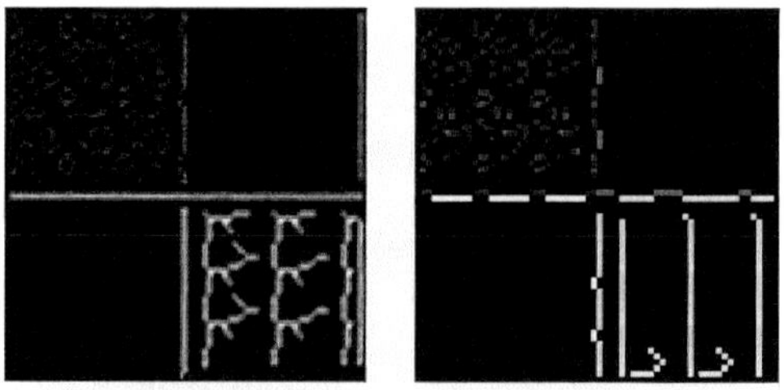

(a) 曲波变换　　(b) 小波变换

图 5.33　合成彩色图像的边缘特征

分别将曲波变换和小波变换提取的纹理特征、边缘特征与转换为灰度图像的光谱特征相结合，构成两个特征集，并以这两个特征集合为分割依据，利用提出的特征加权能量分割算法进行区域分割，图 5.34(a)为曲波特征集合对应的规则划分结果，图 5.34(b)为其对应的分割结果；图 5.34(c)为小波特征集合对应的规则划分结果，图 5.34(d)为其对应的分割结果。通过分割结果可以看出，曲波特征集合对应的分割结果无误分割像素，而小波特征集合对应的分割结果中区域边缘分割不甚理想。

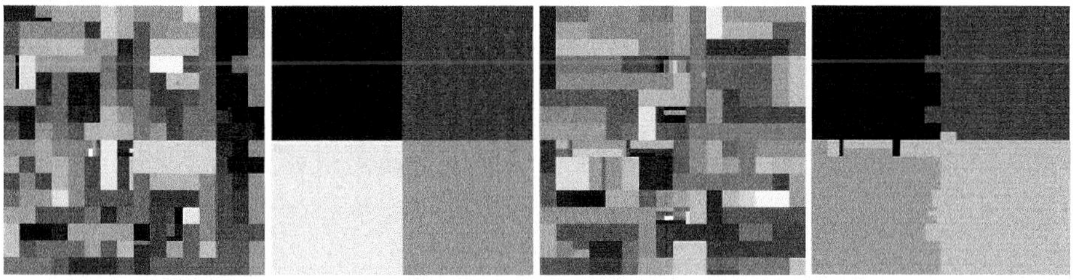

(a) 曲波特征集合对应的规则划分结果　(b) 曲波特征集合对应的分割结果　(c) 小波特征集合对应的规则划分结果　(d) 小波特征集合对应的分割结果

图 5.34　特征加权能量分割算法的合成彩色图像结果

为了对两个分割结果进行定性评价，分别提取其轮廓线，并将提取的轮廓线分别叠加到原图和规则划分结果上；另外，标准轮廓线与提取的轮廓线叠加到原图上，见图 5.35。其中，图 5.35(a1)和图 5.35(b1)为轮廓线与规则划分结果叠加图；图 5.35 (a2)和图 5.35(b2)为轮廓线与原图叠加图；图 5.35(a3)和图 5.35(b3)为轮廓线、真实轮廓线与原图叠加图。通过图 5.35(a1)至图 5.35(a3)可以看出，提取的轮廓线与实际地物边缘完全吻合，这进一步说明提出算法可有效地利用曲波变换提取的特征，可较好地实现合成彩色遥感图像的分割。通过图 5.35(b1)至图 5.35(b3)可以看出，大部分提取的轮廓线与实际地物边缘吻合，但由于小波变换不能较好地提取合成彩色遥感图像的纹理特征及边缘特征，导致小部分轮廓线不甚吻合。通过比较两个视觉评价结果，可以看出曲波变换可更好地提取合成彩色遥感图像的纹理特征、边缘特征。

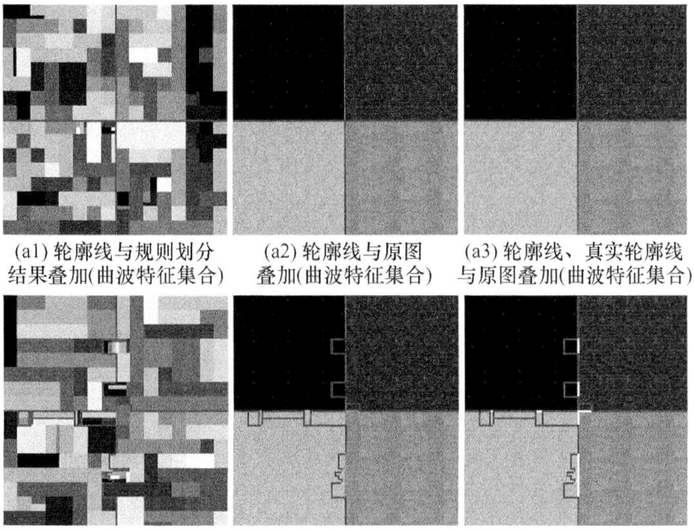

(a1) 轮廓线与规则划分结果叠加(曲波特征集合)　(a2) 轮廓线与原图叠加(曲波特征集合)　(a3) 轮廓线、真实轮廓线与原图叠加(曲波特征集合)

(b1) 轮廓线与规则划分结果叠加(小波特征集合)　(b2) 轮廓线与原图叠加(小波特征集合)　(b3) 轮廓线、真实轮廓线与原图叠加(小波特征集合)

图 5.35　特征加权能量分割算法的合成彩色图像视觉评价

为了对两个分割结果〔图 5.34(b)和图 5.34(d)〕进行定量评价，以图 5.30(a)为标准分割数据，分别求其对应的混淆矩阵，并根据所求的混淆矩阵计算对应的产品精度、用户精度、总精度及 Kappa 值，见表 5.10。通过表 5.10 可以看到，以曲波特征集合为依据的分割结果的所有精度值均为 100%，Kappa 值高达 1.000，这进一步说明了提出算法可有效地利用曲波特征，从而有效地实现合成彩色遥感图像分割。小波特征集合对应的区域 4 的产品精度低至 88.4%，Kappa 值为 0.948。通过比较两个分割结果的定量评价结果，可以看出曲波特征集合对应的分割结果更好，这进一步说明曲波变换可更好地提取合成彩色遥感图像的纹理特征和边缘特征，使提出算法可有效地利用各特征更好地分割合成彩色遥感图像。

表 5.10 特征加权能量分割算法的合成彩色图像定量评价

特　征	产品精度(%)				用户精度(%)				总精度(%)	Kappa 值
	1	2	3	4	1	2	3	4		
曲波	100	100	100	100	100	100	100	100	100	1.000
小波	100	96.9	99.2	88.4	89.9	98.8	97.0	100	96.1	0.948

为了研究曲波特征集合和小波特征集合的各特征在合成彩色遥感图像分割过程中的作用，给提取的像素特征矢量中每个特征分量赋予不同的贡献权重，提出算法通过迭代自适应地确定其值，以实现广义特征选择。图 5.36(a1)至图 5.36(a3)为曲波特征集合的 3 个特征在合成彩色遥感图像分割过程中对每一类别的贡献权重值的变化图，图 5.36(b1)至图 5.36(b3)为小波特征集合的 3 个特征在合成彩色遥感图像分割过程中对每一类别的贡献权重值的变化图。通过图 5.36 可以看出，提出算法可自适应地确定各特征在图像分割中的作用。曲波特征集合和小波特征集合中的各特征对各类别的贡献权重近似值见表 5.11。通过表 5.11 可以看出，曲波特征集合的光谱特征在合成彩色图像分割过程中作用最大，边缘特征作用最小；小波特征集合的光谱特征和纹理特征在合成彩色图像分割过程中作用相同，边缘特征在合成彩色图像分割过程中作用最小。相比于小波特征集合，提出算法可更加合理地分配曲波特征集合的各特征对类别的贡献权重值，从而更好地分割合成彩色遥感图像。如曲波特征集合和小波特征集合中类别 1 和 2 的贡献权重值之和近似相同，但在曲波特征集合分割结果中类别 1 和 2 的分割结果〔见图 5.34(b)〕比小波特征集合对应的分割结果〔见图 5.34(d)〕好，这说明提出算法可更合理地分配曲波特征集合中各特征对各类别的贡献权重。

根据合成彩色遥感图像分割实验的比较可以看出，相比于小波变换，曲波变换可更好地提取合成彩色遥感图像的纹理特征、边缘特征。由于曲波特征集合中的特征表达充分，所以提出算法可更合理地分配曲波特征集合在图像分割中对各类别的贡献权重，以更好地分割合成彩色遥感图像。因此，在彩色遥感图像分割实验中，仅以曲波特征集合为分割依据，利用提出的特征加权能量分割算法进行分割实验。

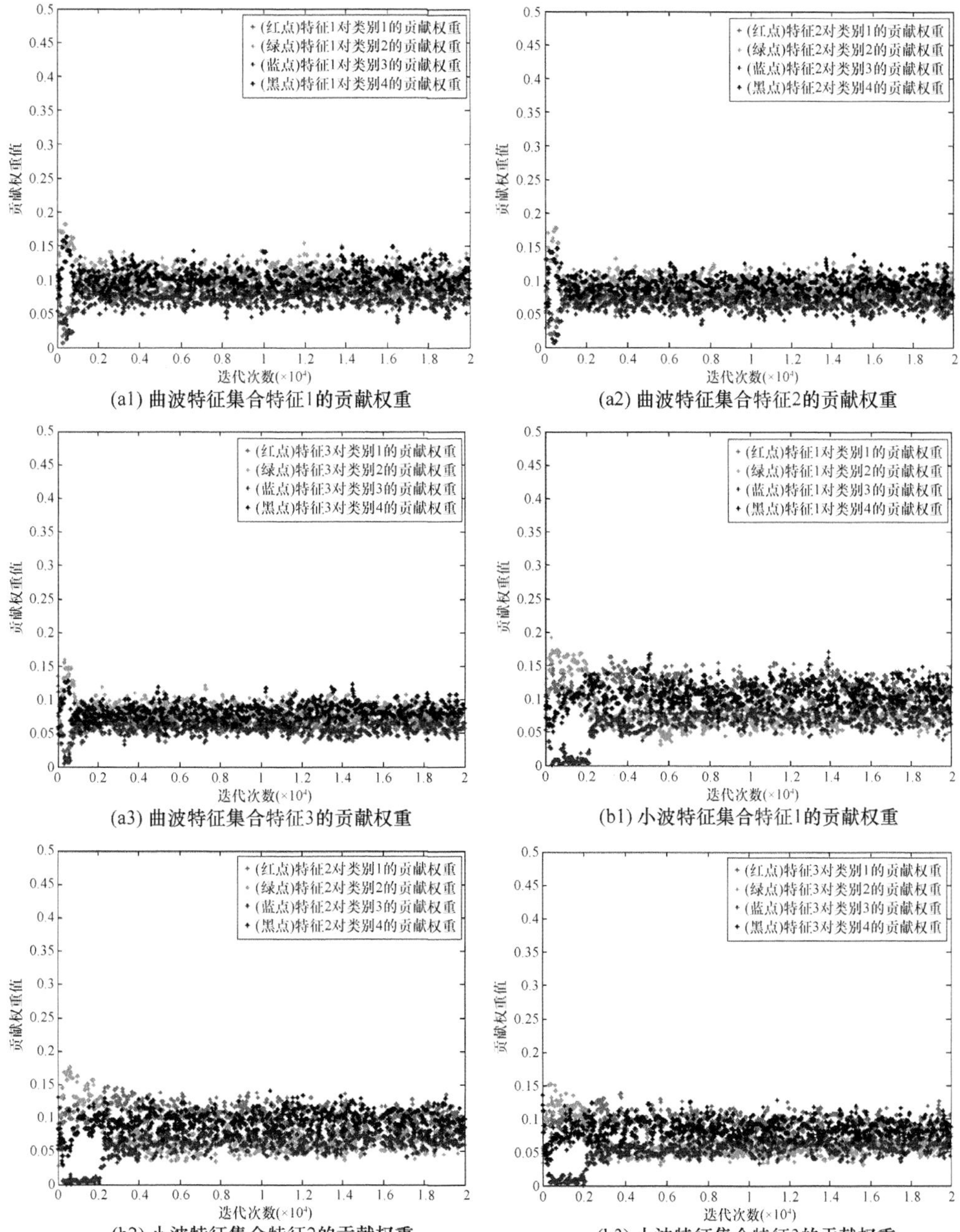

(a1) 曲波特征集合特征1的贡献权重　(a2) 曲波特征集合特征2的贡献权重

(a3) 曲波特征集合特征3的贡献权重　(b1) 小波特征集合特征1的贡献权重

(b2) 小波特征集合特征2的贡献权重　(b3) 小波特征集合特征3的贡献权重

图 5.36　特征加权能量分割算法的合成彩色图像贡献权重值变化

表 5.11　特征加权能量分割算法的合成彩色图像贡献权重近似值

特　征	光谱特征				纹理特征				边缘特征			
	1	2	3	4	1	2	3	4	1	2	3	4
曲波	0.08	0.11	0.07	0.11	0.08	0.10	0.06	0.09	0.07	0.09	0.06	0.08
小波	0.12	0.06	0.06	0.11	0.12	0.06	0.06	0.11	0.10	0.06	0.05	0.09

图 5.37 为 4 幅分辨率为 1.8 m 的 WorldView-2 彩色遥感图像，其中，图 5.37(a)至图 5.37(c)的尺寸均为 128×128 像素，类别数分别为 2,3 和 4；图 5.37(d) 的尺寸为 256×256 像素，类别数为 4。

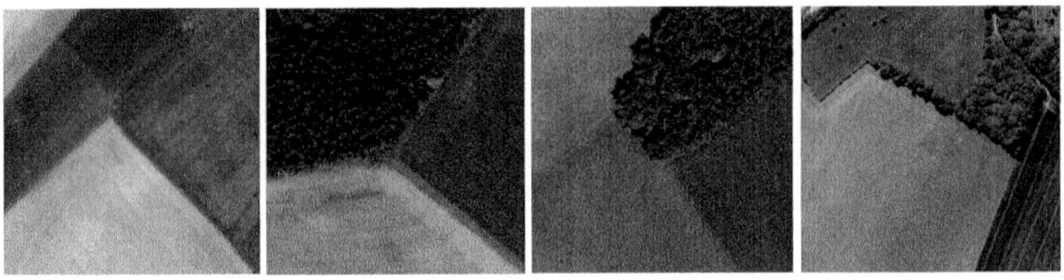

(a) 彩色图像1　(b) 彩色图像2　(c) 彩色图像3　(d) 彩色图像4

图 5.37　特征加权能量分割算法的 WorldView-2 彩色遥感图像

首先，将 WorldView-2 彩色遥感图像转换成灰度图像；然后，利用基于 Wrapping 的离散曲波变换及能量公式对灰度图像进行纹理特征提取，如图 5.38 所示。根据图 5.38 可以看出，提取的纹理特征与实际情况相符，这说明提出算法可较好地提取 WorldView-2 彩色图像的纹理特征。

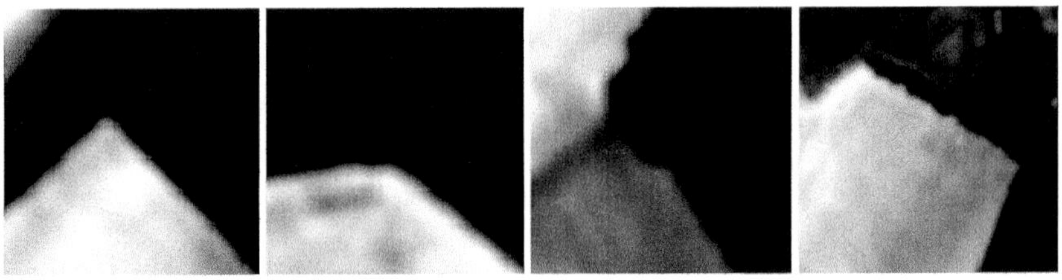

(a) 曲波变换(图像1)　(b) 曲波变换(图像2)　(c) 曲波变换(图像3)　(d) 曲波变换(图像4)

图 5.38　WorldView-2 彩色遥感图像的纹理特征

利用基于 Wrapping 的离散曲波变换提取灰度图像的边缘特征，如图 5.39 所示。通过图 5.39 可以看出，利用曲波变换可以完整、丰富地提取图像的边缘特征，进而验证了提出算法的有效性。

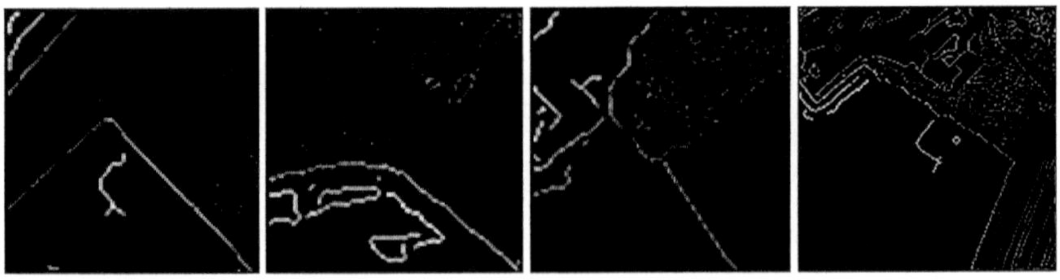

(a) 曲波变换(图像1)　(b) 曲波变换(图像2)　(c) 曲波变换(图像3)　(d) 曲波变换(图像4)

图 5.39　WorldView-2 彩色遥感图像的边缘特征

将提取的纹理特征、边缘特征与转换后灰度图像的光谱特征相结合，构成特征集合；然后，以此为分割依据，利用提出的特征加权能量分割算法进行区域分割，其结果如图 5.40 所示，其中，图 5.40(a1)至图 5.40(d1)为对应的规则划分结果，图 5.40(a2)至图 5.40(d2)为分割结果。通过图 5.40 可以看出，提出的特征加权能量分割算法可有效地利用提取的特征，较好地实现 WorldView-2 彩色图像的区域分割。

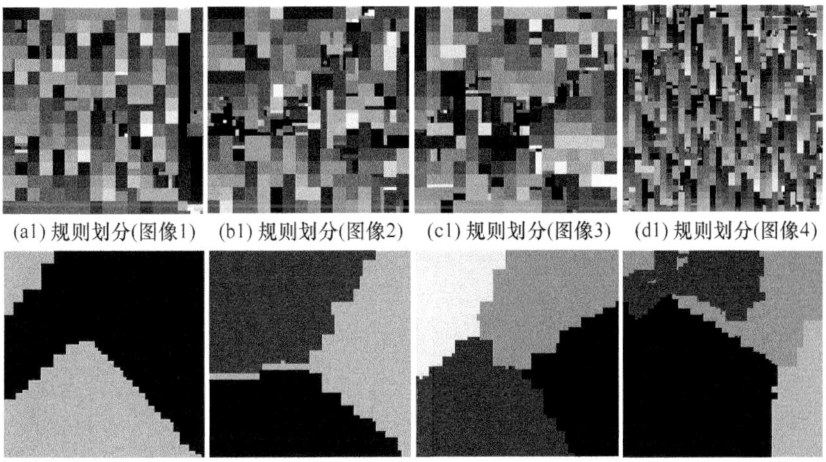

(a1) 规则划分(图像1) (b1) 规则划分(图像2) (c1) 规则划分(图像3) (d1) 规则划分(图像4)

(a2) 图像分割(图像1) (b2) 图像分割(图像2) (c2) 图像分割(图像3) (d2) 图像分割(图像4)

图 5.40 特征加权能量分割算法的彩色遥感图像结果

提取彩色遥感图像分割结果〔见图 5.40(a2)至图 5.40(d2)〕的轮廓线，并将其分别叠加到原图和规则划分结果上，如图 5.41(a1)至图 5.41(d1)和图 5.41(a2)至图 5.41(d2)所示。另外，将标准轮廓线、提取的轮廓线共同叠加到原图上，如图 5.41(a3)至图 5.41(d3)所示。通过定性评价结果可以看出，提取的轮廓线与实际情况吻合度较高，进一步说明了提出算法对 WorldView-2 彩色遥感图像的可行性及有效性。

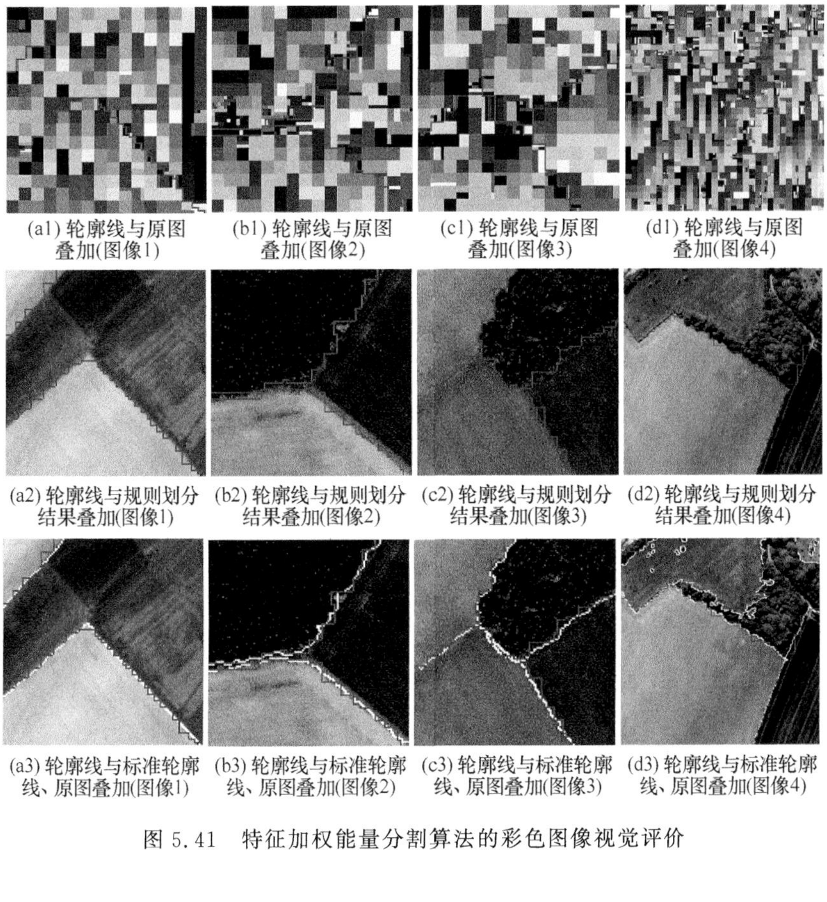

(a1) 轮廓线与原图叠加(图像1) (b1) 轮廓线与原图叠加(图像2) (c1) 轮廓线与原图叠加(图像3) (d1) 轮廓线与原图叠加(图像4)

(a2) 轮廓线与规则划分结果叠加(图像1) (b2) 轮廓线与规则划分结果叠加(图像2) (c2) 轮廓线与规则划分结果叠加(图像3) (d2) 轮廓线与规则划分结果叠加(图像4)

(a3) 轮廓线与标准轮廓线、原图叠加(图像1) (b3) 轮廓线与标准轮廓线、原图叠加(图像2) (c3) 轮廓线与标准轮廓线、原图叠加(图像3) (d3) 轮廓线与标准轮廓线、原图叠加(图像4)

图 5.41 特征加权能量分割算法的彩色图像视觉评价

以图 5.42 为标准分割数据，求分割结果的混淆矩阵，并以此为依据，求各精度值，见表 5.12。通过表 5.12 可计算出，平均总精度为 96.9%，平均 Kappa 值为 0.951。彩色遥感图像相应的定量评价结果进一步说明了提出算法对彩色遥感图像的有效性。

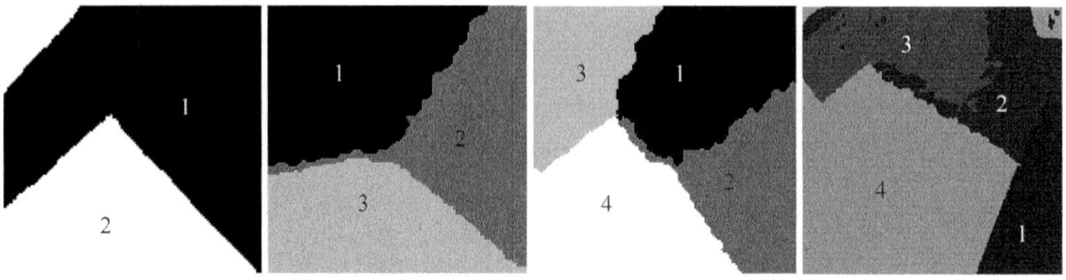

(a) 模板1　(b) 模板2　(c) 模板3　(d) 模板4

图 5.42　特征加权能量分割算法的彩色遥感图像模板

表 5.12　特征加权能量分割算法的彩色图像定量评价

图　像	产品精度(%)				用户精度(%)				总精度(%)	Kappa 值
	1	2	3	4	1	2	3	4		
图 5.37(a)	98.2	97.4			98.4	97.2			97.9	0.956
图 5.37(b)	98.1	95.9	97.2		98.0	95.1	98.2		97.1	0.956
图 5.37(c)	96.2	96.0	94.6	98.7	96.3	95.2	99.6	96.2	96.6	0.954
图 5.37(d)	97.7	91.2	91.6	98.6	97.8	87.8	94.3	98.7	95.8	0.937

图 5.43 为彩色遥感图像(见图 5.37)各特征对每一类的贡献权重值变化图。通过图 5.43 可以看出，在迭代过程中，各贡献权重值很快收敛到其近似值。这说明提出算法可通过迭代求解各贡献权重值，即提出算法可自适应地确定各特征在图像分割中的作用。表 5.13 列出了曲波特征集合中各特征对每一类别的贡献权重近似值。贡献权重值越大，代表该特征在图像分割中的作用越大。通过表 5.13 可以看出，在图 5.37(a)的分割过程中，曲波特征集合中光谱特征和纹理特征对所有类别的贡献权重和最大，边缘特征对应的贡献权重和最小，这说明曲波特征集合中光谱特征和纹理特征作用较大，而边缘特征作用最小。在图 5.37(b)的分割过程中，曲波特征集合中边缘特征对图像分割作用最大，光谱特征作用最小。在图 5.37(c)的分割过程中，光谱特征和纹理特征对图像分割的作用相同，边缘特征对图像分割的贡献程度最小。即曲波特征集合中光谱特征和纹理特征在图 5.37(c)中作用相同，边缘特征在图 5.37(c)中作用最小。在图 5.37(d)的分割过程中，曲波特征集合中边缘特征对图像分割作用最大，光谱特征作用最小。通过图 5.43 和表 5.13 可以看出，提出算法可合理地分配各特征对各类别的贡献权重，即自适应地确定各特征在全色遥感图像分割过程中的作用，从而较好地实现彩色遥感图像的分割。

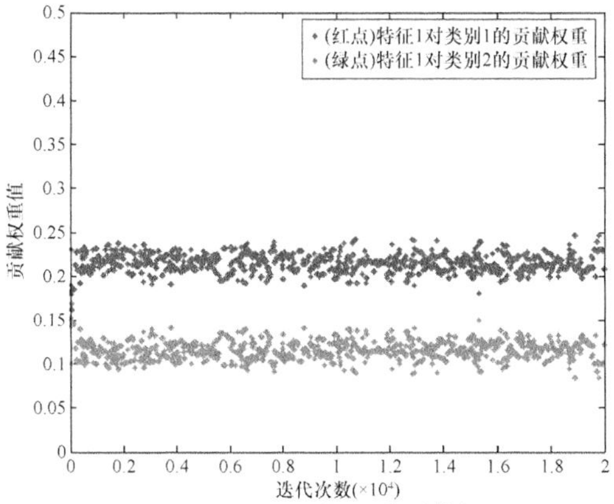

(a1) 图5.37(a)特征1的贡献权重

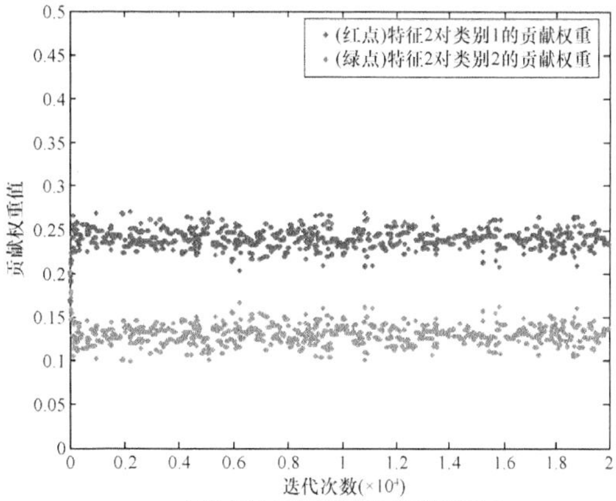

(a2) 图5.37(a)特征2的贡献权重

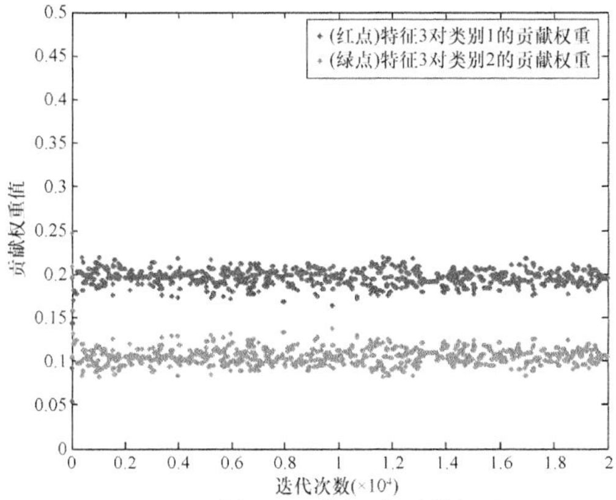

(a3) 图5.37(a)特征3的贡献权重

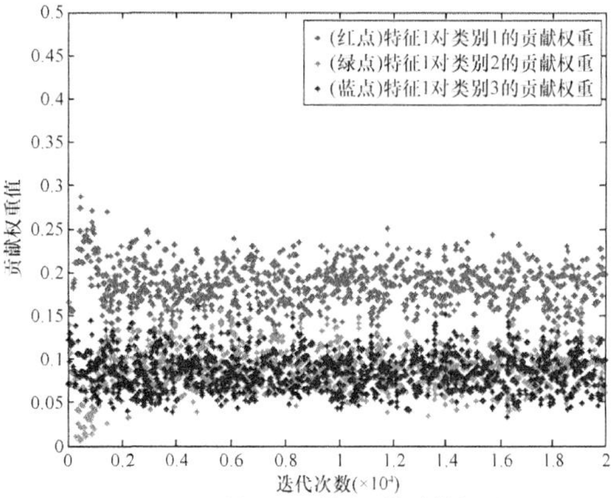

(b1) 图5.37(b)特征1的贡献权重

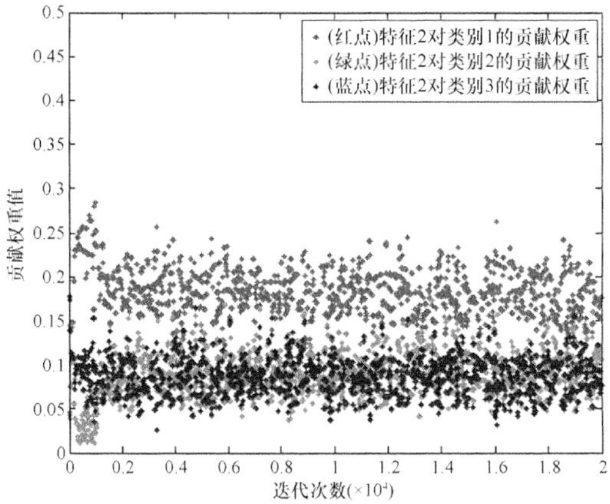

(b2) 图5.37(b)特征2的贡献权重

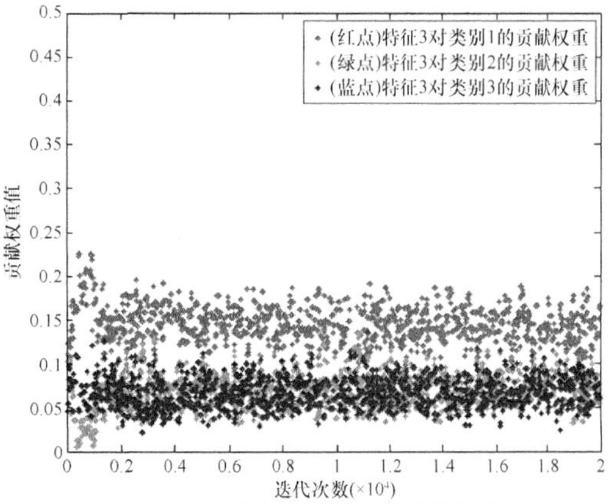

(b3) 图5.37(b)特征3的贡献权重

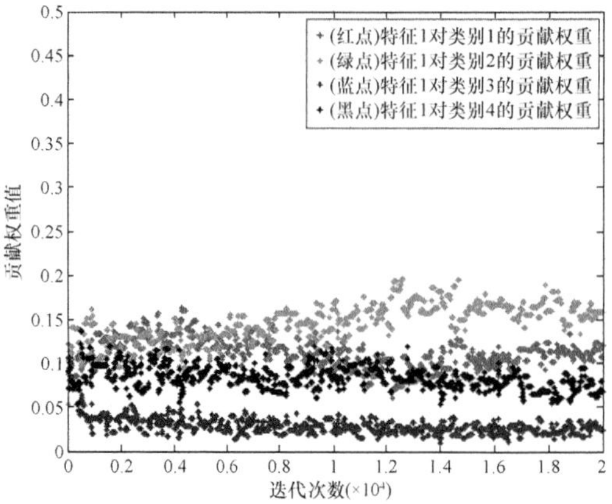

(c1) 图5.37(c)特征1的贡献权重

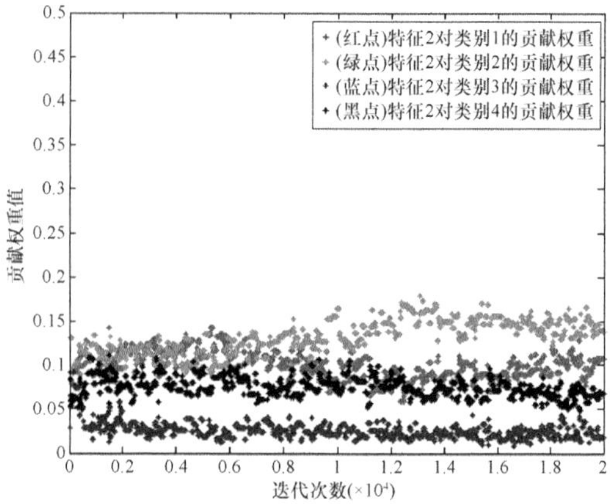

(c2) 图5.37(c)特征2的贡献权重

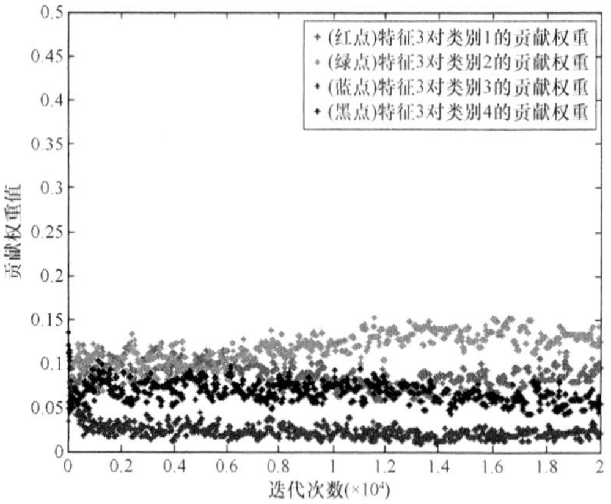

(c3) 图5.37(c)特征3的贡献权重

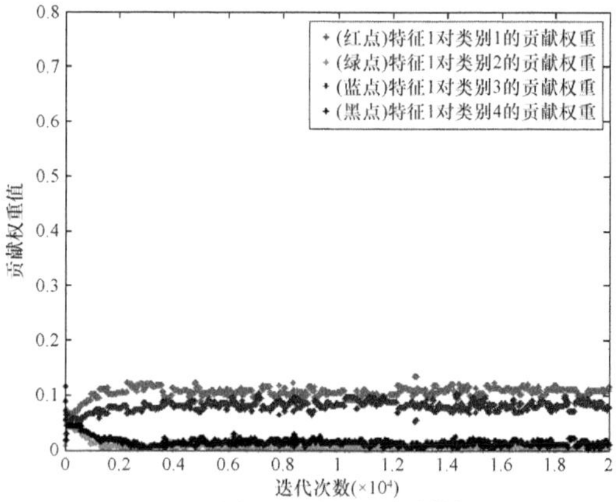

(d1) 图5.37(d)特征1的贡献权重

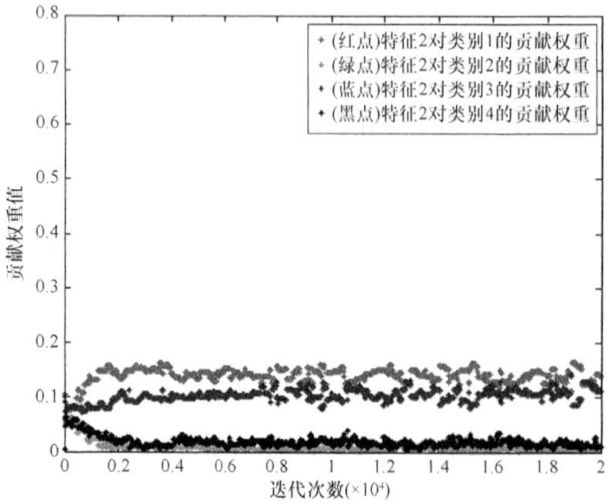

(d2) 图5.37(d)特征2的贡献权重

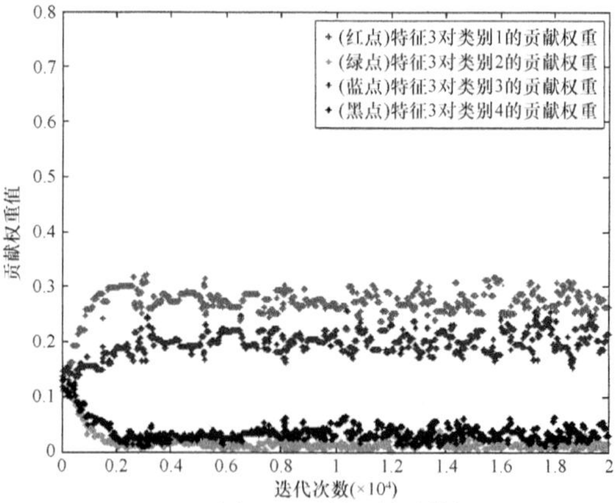

(d3) 图5.37(d)特征3的贡献权重

图 5.43 特征加权能量分割算法的彩色图像贡献权重值变化

表 5.13　特征加权能量分割算法的全色遥感图像贡献权重近似值

图　像	光谱特征				纹理特征				边缘特征			
	1	2	3	4	1	2	3	4	1	2	3	4
图 5.37(a)	0.249	0.11	0.001		0.249	0.11	0.001		0.199	0.08	0.001	
图 5.37(b)	0.05	0.12	0.19		0.05	0.12	0.19		0.16	0.08	0.04	
图 5.37(c)	0.10	0.15	0.02	0.08	0.10	0.15	0.02	0.08	0.09	0.13	0.02	0.06
图 5.37(d)	0.10	0.01	0.08	0.01	0.13	0.01	0.11	0.01	0.30	0.01	0.20	0.03

5.2　光谱特征能量分割算法

该对比算法是以光谱特征为依据，结合能量函数理论提出的光谱特征分割算法。首先，利用规则划分技术将图像域划分成若干个子块，并设子块个数为随机变量；然后，在划分的图像域中，利用 K-S 距离定义同质区域间异质性势能函数，并以该函数之和作为特征场模型；利用邻域标号势能函数定义标号场模型；结合特征场模型和标号场模型定义图像分割的全局势能函数，并利用非约束 Gibbs 概率分布刻画该全局势能函数，以建立基于能量函数的光谱特征分割模型；再利用 RJMCMC 算法对分割模型进行模拟，以实现子块个数的确定及 SAR 图像分割；在 RJMCMC 算法中，根据基于能量函数的光谱特征分割模型，设计更新标号场和更新规则子块个数两个移动操作。为了验证提出算法的有效性，利用提出算法对高分辨率遥感图像进行分割实验，并对其分割结果进行定性及定量评价。

5.2.1　光谱特征能量分割算法描述

1. 光谱特征能量分割模型的建立

给定高分辨率遥感图像 $\boldsymbol{f}=\{f_s=f(r_s,c_s);\ s=1,\cdots,S\}$，可以看作特征场 $\boldsymbol{F}=\{F_s=F(r_s,c_s);\ s=1,\cdots,S\}$的一个实现，其中，$f_s$是像素 s 的光谱值，F_s是像素 s 的光谱变量。

该对比算法利用规则划分将图像域 $\boldsymbol{P}$ 划分成一系列规则子块，表示为 $\boldsymbol{P}=\{P_i;\ i=1,\cdots,I\}$，其中，$i$ 为规则子块索引，P_i 为第 i 个规则子块，I 为规则子块个数，设为随机变量。每个规则子块的行数或列数为 2 的倍数，且最小子块像素数为 2×2。

每个规则子块 P_i 对应一个标号变量 Y_i，$Y_i\in\{1,\cdots,O\}$，O 为图像类别数，设其为已知量。每个同质区域都是由一个或多个规则子块拟合而成的。显然，所有规则子块的标号变量形成一个随机标号场 $\boldsymbol{Y}=\{Y_i;\ i=1,\cdots,I\}$。标号场的一个实现 $\boldsymbol{y}=\{y_i;\ i=1,\cdots,I\}$为高分辨率遥感图像 $\boldsymbol{f}$ 对应的分割结果。利用邻域关系能量函数来定义 $\boldsymbol{y}$，以构建标号场模型，可表示为(Duan et al.,2016)

$$U_Y(\boldsymbol{y})=\sum_{i=1}^{I}\left\{-\gamma\left[\sum_{P_r\in \mathrm{NP}_i}2\delta(y_i,y_r)-1\right]\right\}\tag{5.16}$$

其中，γ 为邻域子块的空间作用参数；NP_i 为规则子块 P_i 的邻域规则子块 P_r 的集合，若 $y_i = y_r$，则 $\delta(y_i, y_r) = 1$，否则 $\delta(y_i, y_r)$ 为 0。

在划分图像域上，高分辨率遥感图像 $\boldsymbol{f}$ 也可表示为 $\boldsymbol{f} = \{\boldsymbol{f}_i;\ i = 1, \cdots, I\}$，其中，$\boldsymbol{f}_i$ 为规则子块 P_i 内所有像素光谱值的集合，可表示为 $\boldsymbol{f}_i = \{\boldsymbol{f}_s;\ s \in P_i\}$。利用异质性能量函数之和定义特征场模型 $U_f(\boldsymbol{f})$，可表示为

$$U_f(\boldsymbol{f}) = \sum_{i=1}^{I} U_f(\boldsymbol{f}_i) \tag{5.17}$$

其中

$$U_f(\boldsymbol{f}_i) = V(\boldsymbol{f}_i, \boldsymbol{f}_{y_i}) \tag{5.18}$$

其中，$\boldsymbol{f}_{y_i} = \{\boldsymbol{f}_i;\ i \in \boldsymbol{P}_{y_i}\}$，$\boldsymbol{P}_{y_i}$ 表示标号为 y_i 的所有规则子块的集合，$V(\boldsymbol{f}_i, \boldsymbol{f}_{y_i})$ 为异质性能量函数，利用 K-S 距离定义该函数(Kervrrann et al.，1995)，可表示为

$$V(\boldsymbol{f}_i, \boldsymbol{f}_{y_i}) = d_{\mathrm{KS}}(\boldsymbol{f}_i, \boldsymbol{f}_{y_i}) = \max_h \left| \hat{F}_{f_i}(h) - \hat{F}_{f_{y_i}}(h) \right| \tag{5.19}$$

其中，d_{KS}代表 K-S 距离，即直方图 $\hat{F}_{f_i}$ 和 $\hat{F}_{f_{y_i}}$ 的最大间距，$\hat{F}_{f_i}$ 和 $\hat{F}_{f_{y_i}}$ 分别代表数据集合 $\boldsymbol{f}_i$ 和 $\boldsymbol{f}_{y_i}$ 的采样分布累计直方图，$\hat{F}_{f_i}$ 和 $\hat{F}_{f_{y_i}}$ 分别表示为(赵泉华，2015b)

$$\hat{F}_{f_i}(h) = \frac{1}{n_1} \# \{s \mid f_s \leqslant h\} \tag{5.20}$$

$$\hat{F}_{f_{y_i}}(h) = \frac{1}{n_2} \# \{s \mid f_{y_i} \leqslant h\} \tag{5.21}$$

其中，n_1 和 n_2 分别为数据集合 $\boldsymbol{f}_i$ 和 $\boldsymbol{f}_{y_i}$ 中元素的总个数，h 为特征值索引，对于 H 位图像，$h \in \{0, 2^H - 1\}$。

结合特征场模型和标号场模型，定义无权重特征分割的全局能量函数，可表示为

$$U(\boldsymbol{f}, \boldsymbol{y}) = U_y(\boldsymbol{y}) + U_x(\boldsymbol{f}) = \sum_{i=1}^{I} \Big\{-\gamma \Big[\sum_{P_r \in NP_i} 2\delta(y_i, y_r) - 1\Big]\Big\} + \sum_{i=1}^{I} V(\boldsymbol{f}_i, \boldsymbol{f}_{y_i}) \tag{5.22}$$

为了建立特征加权能量分割模型，利用非约束 Gibbs 概率分布刻画上述全局能量函数 $U(\boldsymbol{x}, \boldsymbol{y})$，可表示为

$$\begin{aligned} G(\boldsymbol{f}, \boldsymbol{y}) &= \frac{1}{Z} \exp\{-U(\boldsymbol{f}, \boldsymbol{y})\} \\ &= \frac{1}{Z} \prod_{i=1}^{I} \Big\{\exp\Big\{\gamma \Big[\sum_{P_r \in NP_i} 2\delta(y_i, y_r) - 1\Big]\Big\} \times \{\exp[-V(\boldsymbol{f}_i, \boldsymbol{f}_{y_i})]\}\Big\} \end{aligned} \tag{5.23}$$

其中，Z 为归一化常数。

2. 光谱特征能量分割模型的模拟

分割模型建立完成后，利用 RJMCMC 算法模拟该分割模型〔式(5.23)〕。在 RJMCMC 算法中，根据光谱特征能量分割模型，设计更新标号场和更新规则子块个数两个移动操作，具体操作如下。

(1) 更新标号场

在当前图像域 $\boldsymbol{P}=\{P_1,\cdots,P_i,\cdots,P_I\}$ 中随机选取 P_i，其对应标号为 y_i；然后在 $\{1,\cdots,O\}$ 中随机选取一候选标号 y_i^*，且满足 $y_i^* \neq y_i$，其他规则子块对应标号不变。则更新标号场的接受率为

$$a_o(y_i, y_i^*) = \min\{1, R_o\} \tag{5.24}$$

其中

$$R_o = \frac{\prod_{j=1}^{J}\{\exp[-V(\boldsymbol{f}_i, \boldsymbol{f}_{y_i^*})]\}}{\prod_{j=1}^{J}\{\exp[-V(\boldsymbol{f}_i, \boldsymbol{f}_{y_i})]\}} \times \frac{\prod_{i=1}^{I}\exp\left\{\gamma\left[\sum_{P_r \in NP_i} 2\delta(y_i^*, y_r) - 1\right]\right\}}{\prod_{i=1}^{I}\exp\left\{\gamma\left[\sum_{P_r \in NP_i} 2\delta(y_i, y_r) - 1\right]\right\}} \tag{5.25}$$

(2) 更新规则子块个数

该操作是通过分裂或合并规则子块来实现的。分裂操作就是将一个规则子块分解为两个标号不同的规则子块。具体过程如下。

① 在当前图像域 $\boldsymbol{P}=\{P_1,\cdots,P_i,\cdots,P_I\}$ 中随机选择一规则子块 P_i，其对应标号为 y_i。

② 判断该规则子块是否可实现分裂操作，并在满足最小子块约束条件下，计算分裂方式数。

③ 随机选择一种分裂方式将规则子块 P_i 分成两个新的子块 P_i^* 和 P_{I+1}^*，对应标号分别为 y_i^* 和 y_{I+1}^*，并满足条件 $y_i^*=y_i$ 且 $y_i^* \neq y_{I+1}^*$；而分裂后图像域划分为 $\boldsymbol{P}^*=\{P_1,\cdots,P_i^*,\cdots,P_I,P_{I+1}^*\}$，其接受率可表示为

$$a_{f_I}(\boldsymbol{P},\boldsymbol{P}^*) = \min\{1, R_{f_I}\} \tag{5.26}$$

其中

$$R_{f_I} = \frac{\prod_{i=1}^{I+1}\prod_{j=1}^{J}\{\exp[-V(\boldsymbol{f}_i,\boldsymbol{f}_{y_i^*})]\} \times \prod_{i=1}^{I+1}\exp\left\{\gamma\left[\sum_{P_r\in NP_i} 2\delta(y_i^*, y_r) - 1\right]\right\} \times r_{h_{I+1}}(\boldsymbol{\Theta}^*)}{\prod_{i=1}^{I}\prod_{j=1}^{J}\{\exp[-V(\boldsymbol{f}_i,\boldsymbol{f}_{y_i})]\} \times \prod_{i=1}^{I}\exp\left\{\gamma\left[\sum_{P_r\in NP_i} 2\delta(y_i, y_r) - 1\right]\right\} \times r_{f_I}(\boldsymbol{\Theta})q(\boldsymbol{u})} \left|\frac{\partial \boldsymbol{\Theta}^*}{\partial(\boldsymbol{\Theta},\boldsymbol{u})}\right| \tag{5.27}$$

其中，$r_{f_I}=f_I/I$，$r_{h_{I+1}}=h_{I+1}/(I+1)$，$f_I$ 和 h_{I+1} 分别为选择分裂和合并操作的概率；$\boldsymbol{\Theta}^*=(\boldsymbol{Y}^*, I+1, \boldsymbol{\omega})$，$\boldsymbol{\Theta}=(\boldsymbol{Y}, I+1, \boldsymbol{\omega})$；$\boldsymbol{Y}^*=\{Y_1,\cdots,Y_i^*,\cdots,Y_I,Y_{I+1}^*\}$，$\boldsymbol{Y}=\{Y_1,\cdots,Y_i,\cdots,Y_I\}$；$\boldsymbol{u}=Y_{I+1}^*$；式(5.27)的雅克比项为1。

合并操作是分裂操作的对偶操作，其接受率为

$$a_{h_{I+1}}(\boldsymbol{P},\boldsymbol{P}^*) = \min\{1, 1/R_{f_I}\} \tag{5.28}$$

5.2.2 光谱特征能量分割算法实例

利用该对比算法对上节所有高分辨率遥感图像进行分割实验，图5.44为对应的规则划分结果，图5.45为对应的分割结果。通过图5.44和图5.45可以看出，该对比算法可以较好地分割区域内部，但是，高分辨率遥感图像的本身特点导致单一光谱特征不能较好地实现区域边缘分割。

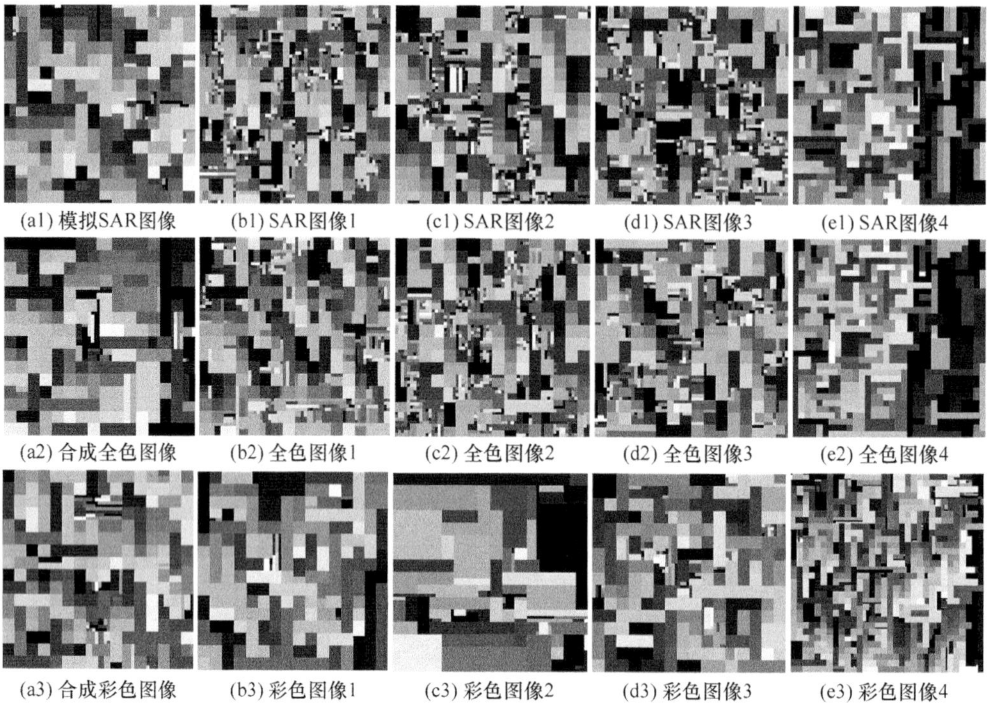

图 5.44　基于能量函数的光谱特征分割算法的规则划分结果

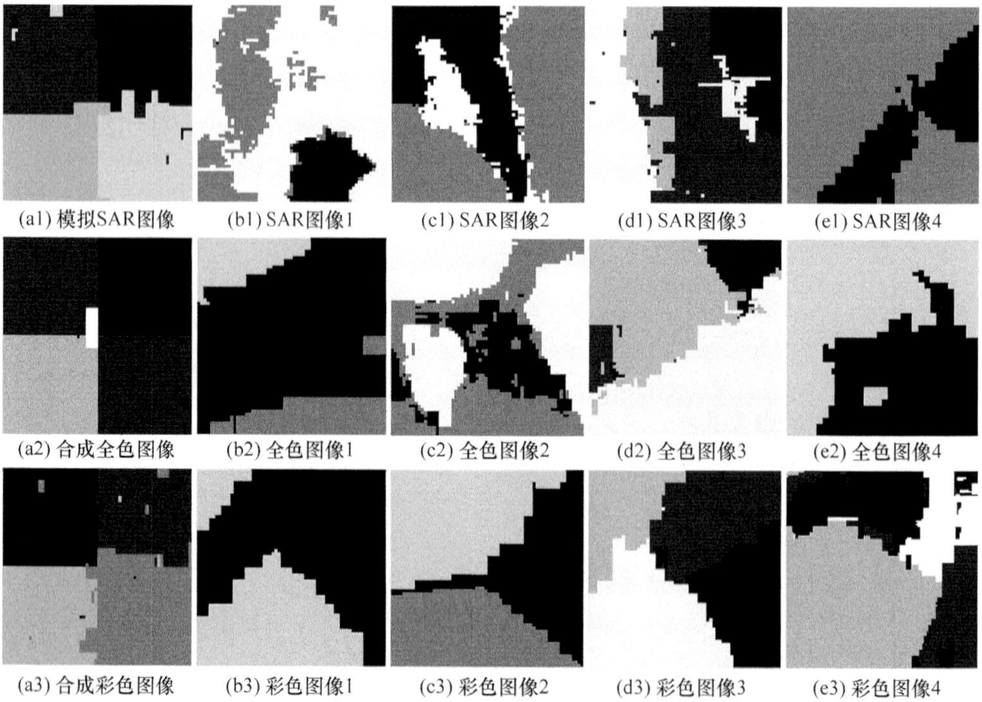

图 5.45　基于能量函数的光谱特征分割算法的分割结果

提取分割结果的轮廓线，并将其分别叠加到规则划分结果（图 5.44）和原图上，如图 5.46和图 5.47 所示。另外，将图像的实际边缘与提取的轮廓线叠加到原图上，如图 5.48所示。通过图 5.46、图 5.47、图 5.48 可以看出，该对比算法虽能较好地实现区域分割，但区域边缘分割不甚理想，分割边缘不能较好地与实际边缘吻合。通过与上节相应定性评价结果的比较可以看出，该提出算法可更好地实现高分辨率遥感图像分割。

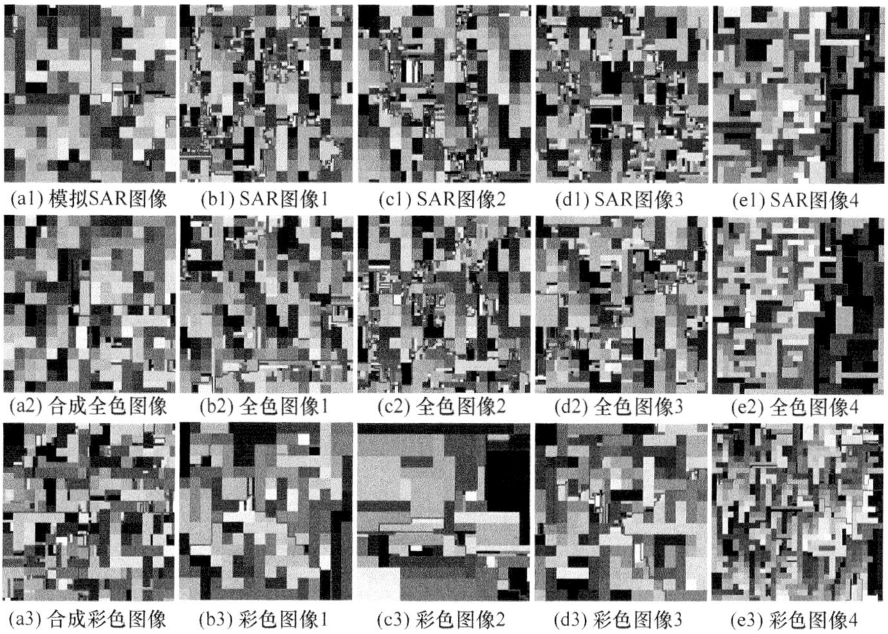

(a1) 模拟SAR图像　(b1) SAR图像1　(c1) SAR图像2　(d1) SAR图像3　(e1) SAR图像4

(a2) 合成全色图像　(b2) 全色图像1　(c2) 全色图像2　(d2) 全色图像3　(e2) 全色图像4

(a3) 合成彩色图像　(b3) 彩色图像1　(c3) 彩色图像2　(d3) 彩色图像3　(e3) 彩色图像4

图 5.46　基于能量函数的光谱特征分割算法的轮廓线与规则划分结果叠加

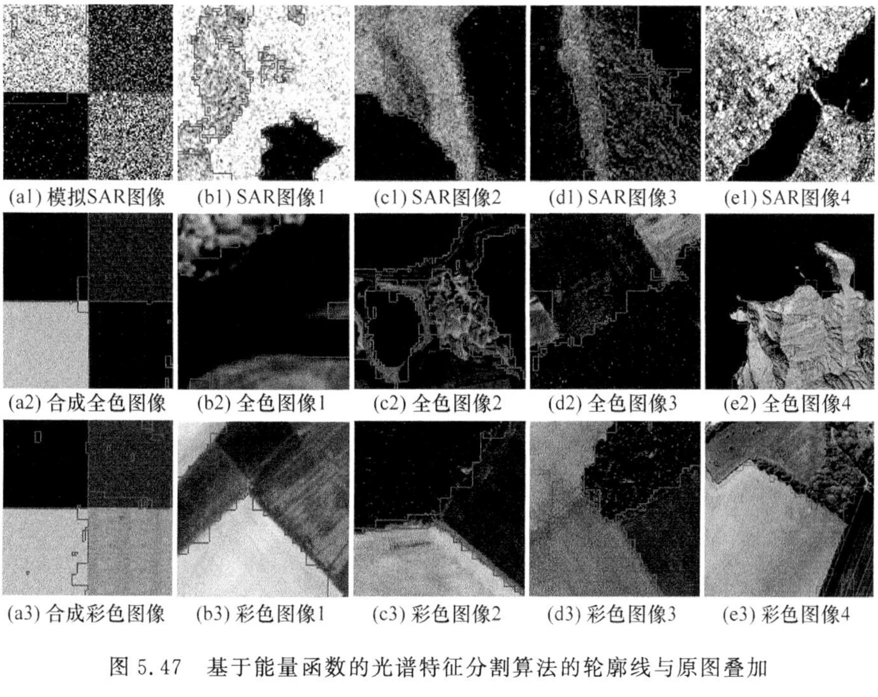

(a1) 模拟SAR图像　(b1) SAR图像1　(c1) SAR图像2　(d1) SAR图像3　(e1) SAR图像4

(a2) 合成全色图像　(b2) 全色图像1　(c2) 全色图像2　(d2) 全色图像3　(e2) 全色图像4

(a3) 合成彩色图像　(b3) 彩色图像1　(c3) 彩色图像2　(d3) 彩色图像3　(e3) 彩色图像4

图 5.47　基于能量函数的光谱特征分割算法的轮廓线与原图叠加

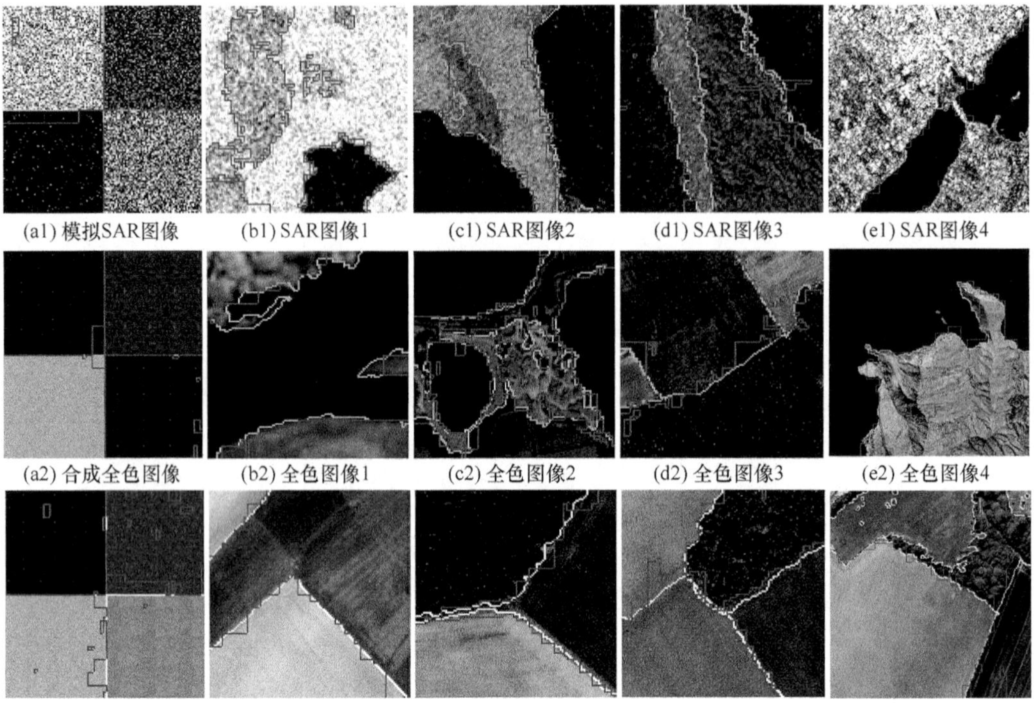

(a1) 模拟SAR图像　(b1) SAR图像1　(c1) SAR图像2　(d1) SAR图像3　(e1) SAR图像4

(a2) 合成全色图像　(b2) 全色图像1　(c2) 全色图像2　(d2) 全色图像3　(e2) 全色图像4

(a3) 合成彩色图像　(b3) 彩色图像1　(c3) 彩色图像2　(d3) 彩色图像3　(e3) 彩色图像4

图 5.48　基于能量函数的光谱特征分割算法的轮廓线叠加

为了验证提出算法的优越性，以模板为标准分割数据，求分割结果(图 5.45)的混淆矩阵，并根据所求的混淆矩阵计算对应的产品精度、用户精度、总精度和 Kappa 值，见表 5.14。通过表 5.14 计算得到平均 Kappa 值(所有 Kappa 值求和取平均)为 0.869。而上节提出的特征加权能量分割算法的平均 Kappa 值高达 0.956。通过比较可以看出，特征加权能量分割算法的分割精度明显高于该对比算法，从而验证了特征加权能量分割算法的优越性。

表 5.14　基于能量函数的光谱特征分割算法的定量评价

图　像	产品精度(%)				用户精度(%)				总精度(%)	Kappa 值
	1	2	3	4	1	2	3	4		
图 5.45(a1)	93.1	96.0	97.7	90.6	95.5	88.2	96.6	97.8	94.3	0.924
图 5.45(b1)	94.4	91.7	86.0		96.6	93.8	80.7		90.5	0.822
图 5.45(c1)	97.9	72.9	91.2		97.7	69.6	93.0		92.7	0.873
图 5.45(d1)	95.7	74.8	91.3	88.3	91.0	87.2	86.2	89.3	88.5	0.835
图 5.45(e2)	93.6	96.8			91.3	97.7			95.9	0.896
图 5.45(a2)	98.4	3.5	100	98.3	50.5	69.2	98.5	100	75.1	0.667
图 5.45(b2)	98.6	84.0	76.1		91.6	99.3	92.6		92.9	0.844
图 5.45(c2)	83.4	87.1	94.7		80.9	86.2	96.8		89.8	0.840
图 5.45(d2)	89.4	95.7	91.9	79.8	91.8	94.9	94.1	64.4	93.0	0.885

续表

图 像	产品精度(%)				用户精度(%)				总精度(%)	Kappa 值
	1	2	3	4	1	2	3	4		
图 5.45(e2)	94.6	96.7			95.9	95.7			95.8	0.915
图 5.45(a3)	99.9	98.7	86.4	93.6	84.4	98.2	99.4	99.4	94.7	0.929
图 5.45(b3)	97.8	95.3			97.1	96.5			96.8	0.933
图 5.45(c3)	97.0	94.0	91.6		95.2	89.2	99.6		94.6	0.916
图 5.45(d3)	91.5	97.2	86.8	98.6	97.4	90.0	98.4	92.1	94.0	0.919
图 5.45(e3)	89.3	67.7	93.7	95.3	76.6	90.9	77.9	99.0	89.5	0.844

5.3 无权重特征能量分割算法

无权重特征能量分割算法结合了曲波变换、能量函数和 RJMCMC 算法对实验数据进行区域分割。首先,利用第 3 章提出的算法提取实验数据的纹理特征和边缘特征,并将其与实验数据的光谱特征相结合,构成特征集合;然后,利用规则划分技术将图像域划分成若干个规则子块,设规则子块个数为随机变量;再在划分的图像域上,利用邻域关系势能函数定义标号场模型;利用 K-S 距离定义类属异质性势能函数,以建立特征场模型;再结合这两个模型定义图像分割的全局势能函数,并利用非约束 Gibbs 概率分布刻画该势能函数,以实现基于能量函数的无权重特征分割模型的建立;最后,利用 RJMCMC 算法求解该分割模型,以实现图像分割及规则子块个数确定。在 RJMCMC 算法中,根据基于能量函数的无权重特征能量分割模型,设计两个移动操作,分别为更新标号场和更新规则子块个数。为了验证本节算法,选择 SAR 图像、全色遥感图像和彩色遥感图像作为实验数据进行分割实验,并对其分割结果进行定性及定量评价。

5.3.1 无权重特征能量分割算法描述

1. 无权重特征能量分割模型的建立

给定高分辨率遥感图像 $\boldsymbol{f}=\{f_s=f(r_s,c_s);\ s=1,\cdots,S\}$,提取其纹理特征、边缘特征,与原有的光谱特征构成特征集合 $\boldsymbol{x}=\{\boldsymbol{x}_s;\ s=1,\cdots,S\}$,其中,$\boldsymbol{x}_s=\{x_{js};\ j=1,\cdots,J\}$为像素 s 的特征矢量值,x_{js} 为像素 s 的第 j 个特征值。特征集合 $\boldsymbol{x}$ 可以看作定义在图像域 $\boldsymbol{P}$ 上特征矢量场 $\boldsymbol{X}=\{\boldsymbol{X}_s;\ s=1,\cdots,S\}$的实现,其中,$\boldsymbol{X}_s=\{X_{js};\ j=1,\cdots,J\}$为定义在图像域 $\boldsymbol{P}$ 上表示像素 s 的特征矢量,X_{js} 为对应像素 s 第 j 个特征的随机变量。

本节以子区域为处理单元,即利用规则划分技术将图像域 $\boldsymbol{P}$ 划分成一系列规则子块,表示为 $\boldsymbol{P}=\{P_i;\ i=1,\cdots,I\}$,其中,$i$ 为规则子块索引,P_i 为第 i 个规则子块,I 为规则子块个数,设为随机变量。每个规则子块的行数或列数为 2 的倍数,且最小子块像素数为 2×2。

每个规则子块 P_i 都对应一个标号变量 Y_i,$Y_i \in \{1,\cdots,O\}$,O 为图像类别数,设其为已知量。每个同质区域都是由一个或多个规则子块拟合而成的。显然,所有规则子块的标号变量形成一个随机标号场 $\boldsymbol{Y}=\{Y_i;\ i=1,\cdots,I\}$。标号场的一个实现 $\boldsymbol{y}=\{y_i;\ i=1,\cdots,I\}$ 为特征集合 $\boldsymbol{x}$ 对应的分割结果。利用邻域关系能量函数来定义 $\boldsymbol{y}$,以构建标号场模型,可表示为(Duan et al., 2016)

$$U_y(\boldsymbol{y}) = \sum_{i=1}^{I}\left\{-\gamma\left[\sum_{P_r \in \mathrm{NP}_i} 2\delta(y_i, y_r) - 1\right]\right\} \tag{5.29}$$

其中,γ 为邻域子块的空间作用参数;NP_i 为规则子块 P_i 的邻域规则子块 P_r 的集合,若 $y_i=y_r$,则 $\delta(y_i,y_r)=1$;否则 $\delta(y_i,y_r)$ 为 0。

在划分图像域上,特征集合 $\boldsymbol{x}$ 也可表示为 $\boldsymbol{x}=\{\boldsymbol{x}_i;\ i=1,\cdots,I\}$,其中,$\boldsymbol{x}_i$ 为规则子块 P_i 内所有像素特征值矢量的集合,可表示为 $\boldsymbol{x}_i=\{\boldsymbol{x}_s;\ s \in P_i\}=\{x_{js};\ j=1,\cdots,J, s \in P_i\}=\{\boldsymbol{x}_{ji};\ j=1,\cdots,J\}$。利用异质性能量函数之和定义特征场模型 $U_x(\boldsymbol{x})$,可表示为

$$U_x(\boldsymbol{x}) = \sum_{i=1}^{I} U_x(\boldsymbol{x}_i) = \sum_{i=1}^{I}\sum_{j=1}^{J} U_x(\boldsymbol{x}_{ji}) \tag{5.30}$$

其中

$$U_x(\boldsymbol{x}_{ji}) = V(\boldsymbol{x}_{ji}, \boldsymbol{x}_{jy_i}) \tag{5.31}$$

其中,$\boldsymbol{x}_{jy_i}=\{\boldsymbol{x}_{ji};\ i \in \boldsymbol{P}_{y_i}\}$,$\boldsymbol{P}_{y_i}$ 表示标号为 y_i 的所有规则子块的集合,$V(\boldsymbol{x}_{ji},\boldsymbol{x}_{jy_i})$为异质性能量函数,利用 K-S 距离定义该函数(Kervrrann et al.,1995),可表示为

$$V(\boldsymbol{x}_{ji}, \boldsymbol{x}_{jy_i}) = d_{\mathrm{KS}}(\boldsymbol{x}_{ji}, \boldsymbol{x}_{jy_i}) = \max_h \left|\hat{F}_{\boldsymbol{x}_{ji}}(h) - \hat{F}_{\boldsymbol{x}_{jy_i}}(h)\right| \tag{5.32}$$

其中,d_{KS}代表 K-S 距离,即直方图 $\hat{F}_{\boldsymbol{x}_{ji}}$ 和 $\hat{F}_{\boldsymbol{x}_{jy_i}}$ 的最大间距,$\hat{F}_{\boldsymbol{x}_{ji}}$ 和 $\hat{F}_{\boldsymbol{x}_{jy_i}}$ 分别代表数据集合 $\boldsymbol{x}_{ji}$ 和 $\boldsymbol{x}_{jy_i}$ 的采样分布累计直方图,$\hat{F}_{\boldsymbol{x}_{ji}}$ 和 $\hat{F}_{\boldsymbol{x}_{jy_i}}$ 分别表示为(赵泉华,2015b)

$$\hat{F}_{\boldsymbol{x}_{ji}}(h) = \frac{1}{n_1}\#\{s \mid x_{js} \leqslant h\} \tag{5.33}$$

$$\hat{F}_{\boldsymbol{x}_{jy_i}}(h) = \frac{1}{n_2}\#\{s \mid x_{jy_i} \leqslant h\} \tag{5.34}$$

其中,n_1 和 n_2 分别为数据集合 $\boldsymbol{x}_{ji}$ 和 $\boldsymbol{x}_{jy_i}$ 中元素的总个数,h 为特征值索引,对于 H 位图像,$h \in \{0, 2^H - 1\}$。

结合特征场模型和标号场模型,定义无权重特征能量分割的全局能量函数,可表示为

$$\begin{aligned} U(\boldsymbol{x},\boldsymbol{y}) &= U_y(\boldsymbol{y}) + U_x(\boldsymbol{x}) \\ &= \sum_{i=1}^{I}\left\{-\gamma\left[\sum_{P_r \in \mathrm{NP}_i} 2\delta(y_i, y_r) - 1\right]\right\} + \sum_{i=1}^{I}\sum_{j=1}^{J} V(\boldsymbol{x}_{ji}, \boldsymbol{x}_{jy_i}) \end{aligned} \tag{5.35}$$

为了建立无权重特征能量分割模型,利用非约束 Gibbs 概率分布刻画上述全局能量函数 $U(\boldsymbol{x},\boldsymbol{y})$,可表示为

$$G(\boldsymbol{x},\boldsymbol{y}) = \frac{1}{Z}\exp\{-U(\boldsymbol{x},\boldsymbol{y})\}$$
$$= \frac{1}{Z}\prod_{i=1}^{I}\left\{\exp\left\{\gamma\left[\sum_{P_r\in \mathrm{NP}_i}2\delta(y_i,y_r)-1\right]\right\}\times\prod_{j=1}^{J}\left\{\exp\left[-V(\boldsymbol{x}_{ji},\boldsymbol{x}_{jy_i})\right]\right\}\right\} \tag{5.36}$$

其中,Z 为归一化常数。

2. 无权重特征能量分割模型的模拟

无权重特征能量分割模型建立完成后,本节利用 RJMCMC 算法实现该分割模型〔式(5.36)〕的模拟。在 RJMCMC 算法中,根据无权重特征能量分割模型,设计两个移动操作,分别为更新标号场、更新规则子块个数,具体操作如下。

(1) 更新标号场

在当前图像域中随机选取一规则子块 P_i,其对应标号为 y_i;然后在$\{1,\cdots,O\}$中随机选取一候选标号 y_i^*,且满足 $y_i^*\neq y_i$,其他规则子块对应标号不变。则更新标号场的接受率为

$$a_o(y_i,y_i^*)=\min\{1,R_o\} \tag{5.37}$$

其中

$$R_o = \frac{\prod_{j=1}^{J}\left\{\exp\left[-V(\boldsymbol{x}_{ji},\boldsymbol{x}_{jy_i^*})\right]\right\}}{\prod_{j=1}^{J}\left\{\exp\left[-V(\boldsymbol{x}_{ji},\boldsymbol{x}_{jy_i})\right]\right\}}\times\frac{\prod_{i=1}^{I}\exp\left\{\gamma\left[\sum_{P_r\in \mathrm{NP}_i}2\delta(y_i^*,y_r)-1\right]\right\}}{\prod_{i=1}^{I}\exp\left\{\gamma\left[\sum_{P_r\in \mathrm{NP}_i}2\delta(y_i,y_r)-1\right]\right\}} \tag{5.38}$$

(2) 更新规则子块个数

该操作是通过分裂或合并规则子块来实现的。分裂操作就是将一个规则子块分解为两个标号不同的规则子块。具体过程如下。

① 在当前图像域 $\boldsymbol{P}=\{P_1,\cdots,P_i,\cdots,P_I\}$ 中随机选择一规则子块 P_i,其对应标号为 y_i。

② 判断该规则子块是否可实现分裂操作,并在满足最小子块约束条件下,计算分裂方式数。

③ 随机选择一种分裂方式,将规则子块 P_i 分成两个新的子块 P_i^* 和 P_{I+1}^*,对应标号分别为 y_i^* 和 y_{I+1}^*,并满足条件 $y_i^*=y_i$ 且 $y_i^*\neq y_{I+1}^*$;而分裂后图像域划分为 $\boldsymbol{P}^*=\{P_1,\cdots,P_i^*,\cdots,P_I,P_{I+1}^*\}$,其接受率可计算为

$$a_{f_I}(\boldsymbol{P},\boldsymbol{P}^*)=\min\{1,\ R_{f_I}\} \tag{5.39}$$

其中

$$R_{f_I} = \frac{\prod_{i=1}^{I+1}\prod_{j=1}^{J}\left\{\exp\left[-V(\boldsymbol{x}_{ji},\boldsymbol{x}_{jy_i^*})\right]\right\}\times\prod_{i=1}^{I+1}\exp\left\{\gamma\left[\sum_{P_r\in \mathrm{NP}_i}2\delta(y_i^*,y_r)-1\right]\right\}\times r_{h_{I+1}}(\boldsymbol{\Theta}^*)}{\prod_{i=1}^{I}\prod_{j=1}^{J}\left\{\exp\left[-V(\boldsymbol{x}_{ji},\boldsymbol{x}_{jy_i})\right]\right\}\times\prod_{i=1}^{I}\exp\left\{\gamma\left[\sum_{P_r\in \mathrm{NP}_i}2\delta(y_i,y_r)-1\right]\right\}\times r_{f_I}(\boldsymbol{\Theta})q(\boldsymbol{u})}\left|\frac{\partial\boldsymbol{\Theta}^*}{\partial(\boldsymbol{\Theta},\boldsymbol{u})}\right| \tag{5.40}$$

其中，$r_{f_I}=f_I/I$，$r_{h_{I+1}}=h_{I+1}/(I+1)$，$f_I$ 和 h_{I+1} 分别为选择分裂和合并操作的概率；$\boldsymbol{\Theta}^*=(\boldsymbol{Y}^*,I+1)$，$\boldsymbol{\Theta}=(\boldsymbol{Y},I)$；$\boldsymbol{Y}^*=\{Y_1,\cdots,Y_i^*,\cdots,Y_I,Y_{I+1}^*\}$，$\boldsymbol{Y}=\{Y_1,\cdots,Y_i,\cdots,Y_I\}$；式(5.40)的雅克比项为 1。

合并操作是分裂操作的对偶操作，其接受率为

$$a_{h_{I+1}}(\boldsymbol{P},\boldsymbol{P}^*)=\min\{1,\ 1/R_{f_I}\} \tag{5.41}$$

(3) 无权重特征能量分割算法的流程

综上所述，基于能量函数的无权重特征能量分割算法的具体流程如下。

① 建立无权重特征能量分割模型。具体步骤为：

S1，利用规则划分技术划分图像域；

S2，在划分的图像域上，利用能量函数建立特征场模型和标号场模型；

S3，根据 S2 建立的特征场模型和标号场模型定义图像分割的全局能量函数，再利用非约束 Gibbs 概率分布刻画该全局能量函数，以实现无权重特征能量分割模型的建立。

② 无权重特征能量分割模型的模拟。

无权重特征能量分割模型建立完成后，利用 RJMCMC 算法模拟该模型。在模拟过程中，实现 N 次迭代，以求解总参数矢量 $\boldsymbol{\Theta}=\{\boldsymbol{Y},I\}$。具体步骤为：

S1，初始化总参数矢量 $\boldsymbol{\Theta}_0=\{\boldsymbol{Y}_0,I_0\}$；

S2，在第 1 次迭代过程中，以 $\boldsymbol{\Theta}_0$ 为初始总参数矢量，利用 RJMCMC 算法求解 $\boldsymbol{\Theta}_1$。在 RJMCMC 算法中，设计更新标号场和更新规则子块个数两个移动操作。每次迭代都遍历所有移动操作，进而获得该次迭代的分割结果 $\boldsymbol{Y}_1$ 和规则子块个数 I_1，故得到第一次迭代的总参数矢量 $\boldsymbol{\Theta}_1=\{\boldsymbol{Y}_1,I_1\}$。

S3，循环步骤 S2，直到完成 N 次迭代，求解的总参数矢量为最优结果，即获得最优分割结果 $\boldsymbol{Y}$ 和规则子块个数 I。

5.3.2 无权重特征能量分割算法实例

利用上节提出的算法对 5.1 节中所有高分辨率遥感图像进行分割实验，图 5.49 为对应的规则划分结果，图 5.50 为对应的分割结果。通过图 5.49 和图 5.50 可以看出，大部分实验数据可较好地实现区域分割，但是，特征集合中存在冗余特征，导致有些区域内部及边缘出现误分割现象。

为了对基于能量函数的无权重特征能量分割算法进行定性评价，提取分割结果的轮廓线，并将其分别叠加到规则划分结果(图 5.49)和原图上，如图 5.51 和图 5.52 所示。另外，将图像的实际边缘与提取的轮廓线叠加到原图上，如图 5.53 所示。通过图 5.51、图 5.52、图 5.53 可以看出，大部分图像的分割边缘与实际边缘相吻合，但有少部分由于特征冗余导致区域边缘出现误分割现象。通过与提出算法的视觉评价结果进行比较可以看出，提出算法可以更好地实现区域边缘分割。

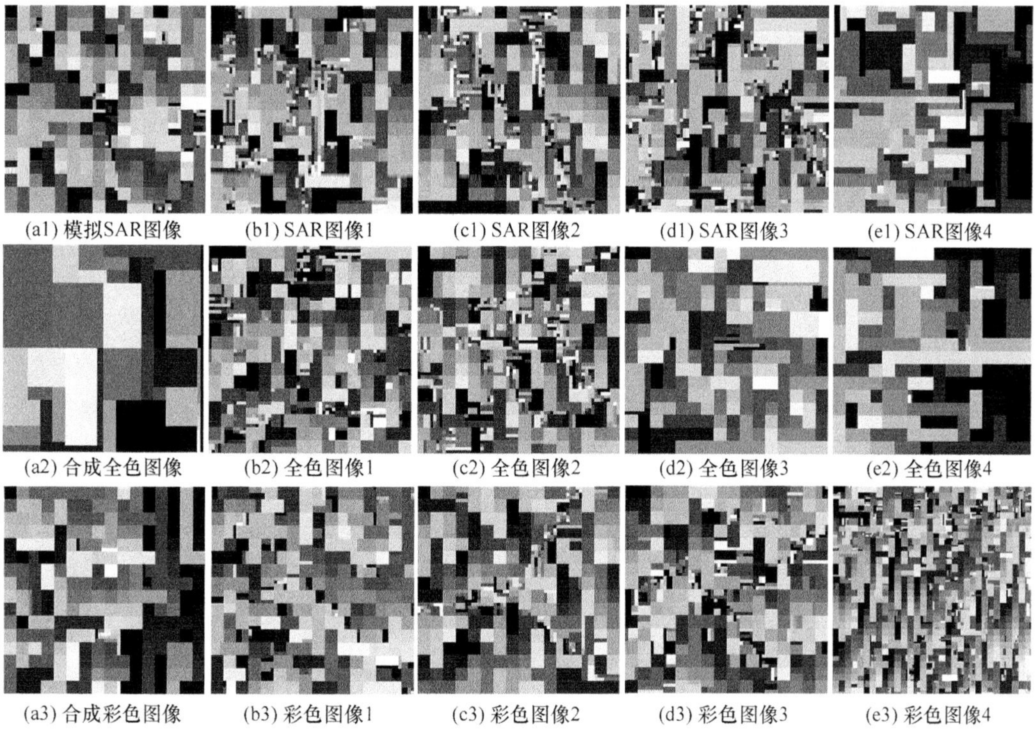

图 5.49 基于能量函数的无权重特征能量分割算法的规则划分结果

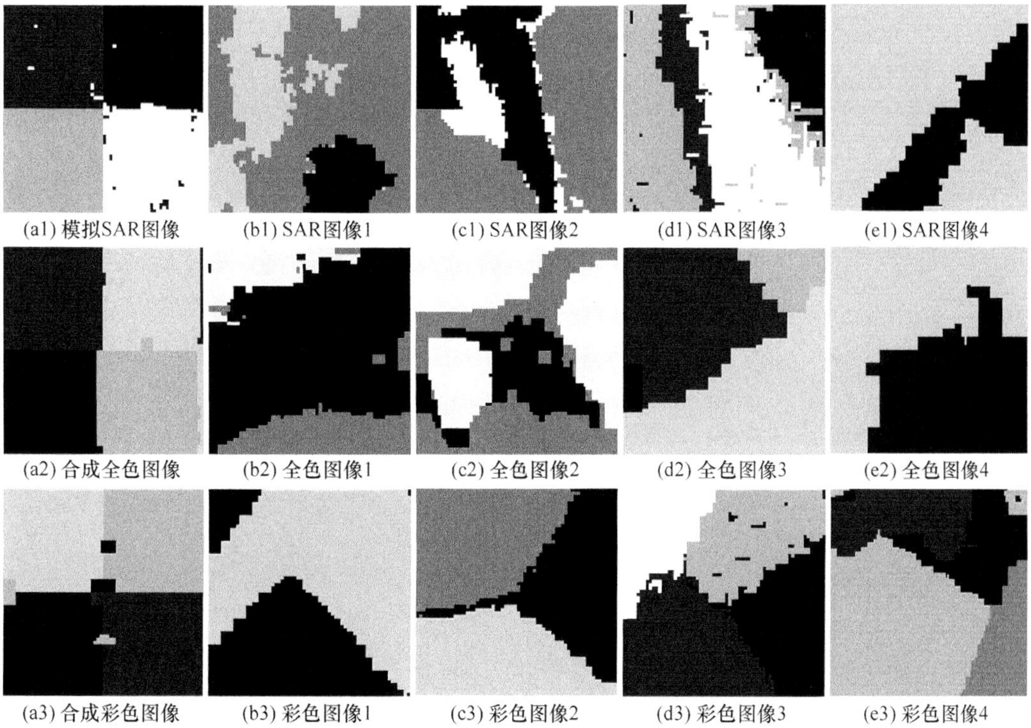

图 5.50 基于能量函数的无权重特征能量分割算法的分割结果

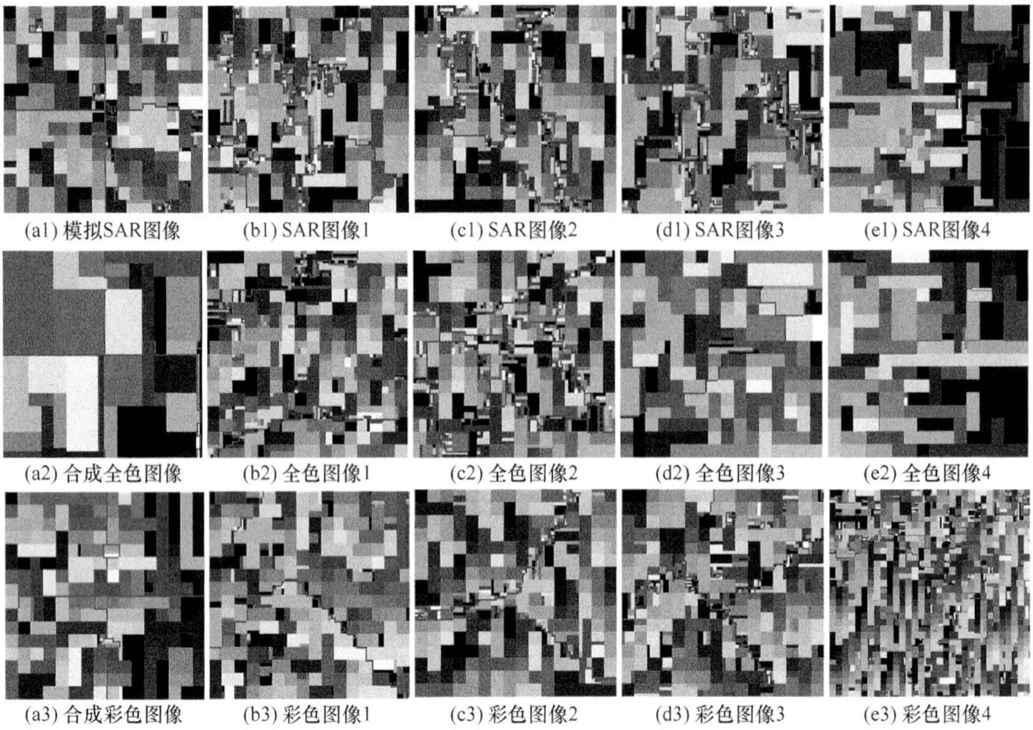

图 5.51　基于能量函数的无权重特征能量分割算法的轮廓线与规则划分结果叠加

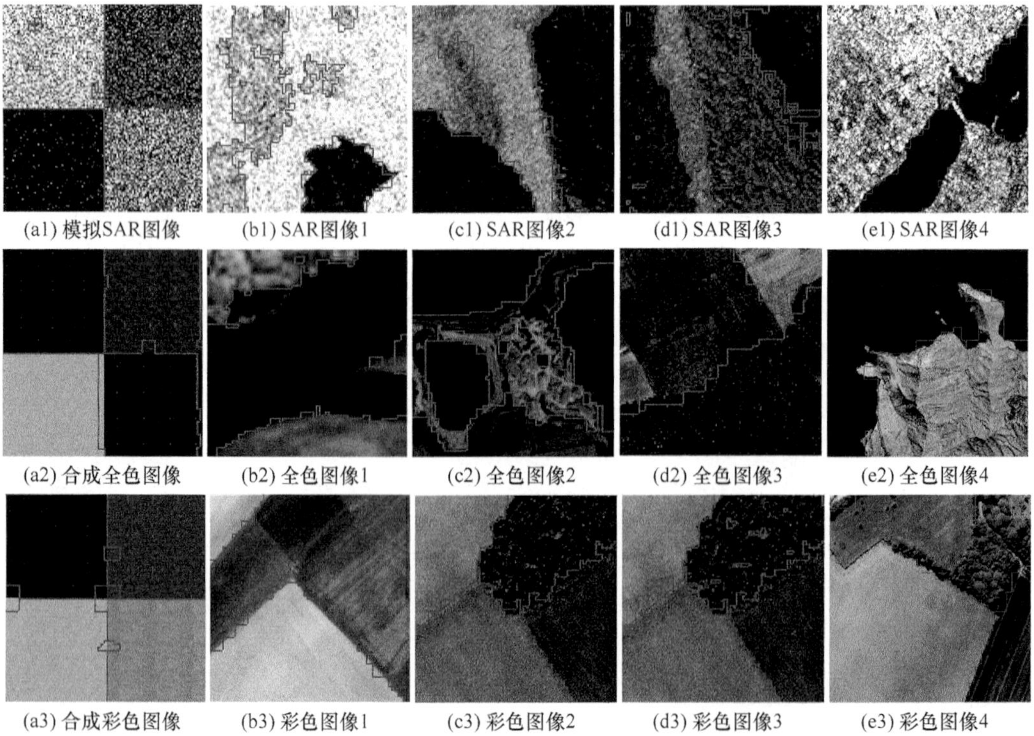

图 5.52　基于能量函数的无权重特征能量分割算法的轮廓线与原图叠加

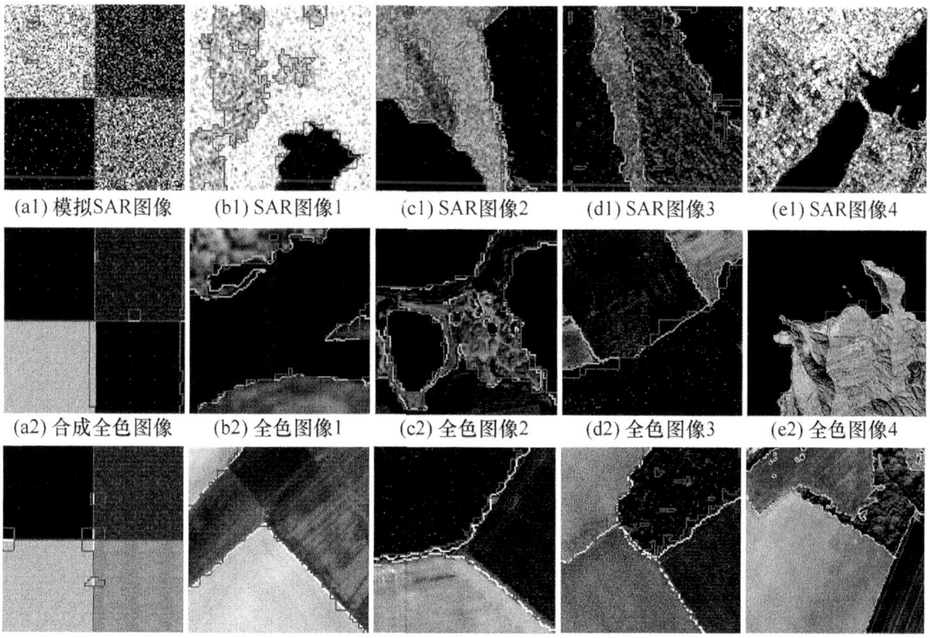

(a1) 模拟SAR图像 (b1) SAR图像1 (c1) SAR图像2 (d1) SAR图像3 (e1) SAR图像4

(a2) 合成全色图像 (b2) 全色图像1 (c2) 全色图像2 (d2) 全色图像3 (e2) 全色图像4

(a3) 合成彩色图像 (b3) 彩色图像1 (c3) 彩色图像2 (d3) 彩色图像3 (e3) 彩色图像4

图 5.53 基于能量函数的无权重特征能量分割算法的轮廓线与图像实际的边缘、原图叠加

为了对对比算法进行定量评价，以模板为标准分割数据，求分割结果〔图 5.50〕的混淆矩阵，并求各精度值及 Kappa 值，见表 5.15。通过表 5.15 可计算得到，平均 Kappa 值为 0.917，而提出算法的平均 Kappa 值高达 0.956。通过比较可以看出，提出算法的分割精度更高，这进一步说明了提出算法的优越性。

表 5.15 基于能量函数的无权重特征能量分割算法的定量评价

图　像	产品精度(%)				用户精度(%)				总精度(%)	Kappa 值
	1	2	3	4	1	2	3	4		
图 5.50(a1)	95.9	97.1	97.1	100	95.8	97.5	96.8	100	97.5	0.966
图 5.50(b1)	95.5	93.7	92.8		93.2	96.2	88.2		93.7	0.882
图 5.50(c1)	98.2	81.6	91.5		97.8	73.9	95.6		94.0	0.896
图 5.50(d1)	92.8	89.0	97.2	91.4	95.0	94.2	84.3	98.3	92.9	0.898
图 5.50(e1)	95.6	96.3			90.4	98.4			96.1	0.902
图 5.50(a2)	94.5	100	94.9	87.1	86.7	96.6	94.6	100	94.1	0.922
图 5.50(b2)	97.1	91.9	79.1		95.0	89.7	92.3		93.7	0.867
图 5.50(c2)	93.6	93.6	96.0		89.4	93.7	97.9		94.7	0.916
图 5.50(d2)	89.0	94.3	96.5	51.4	88.1	96.4	92.0	78.3	93.3	0.889
图 5.50(e2)	97.2	96.0			95.1	97.7			96.5	0.929
图 5.50(a3)	99.0	96.5	96.9	96.3	98.5	100	95.4	95.0	97.2	0.962
图 5.50(b3)	97.6	98.2			98.9	96.3			97.8	0.955
图 5.50(c3)	94.0	95.9	98.8		99.6	92.2	96.2		96.1	0.941
图 5.50(d3)	88.8	98.5	89.4	98.0	98.4	86.5	99.4	93.3	93.9	0.917
图 5.50(e3)	96.1	87.7	89.5	97.9	94.7	84.6	93.7	97.8	94.3	0.914

参 考 文 献

白光宇,田磊,张德强,2016. SPOT5 卫星影像在矿山环境调查中的应用[J]. 城市地质,11(3):83-86.

曹容菲,张美霞,王醒策,等,2014. 基于高斯-马尔科夫随机场模型的脑血管分割算法研究[J]. 电子与信息学报,36(9):2053-2060.

曹亮,2011. 基于分数傅立叶变换的纹理影像分割方法研究[D]. 哈尔滨:哈尔滨工程大学.

陈景广,佘江峰,黄海涛,2012. 基于形态学的多尺度遥感影像分割方法[J]. 地理与地理信息科学,28(4):22-24.

陈杰,邓敏,肖鹏峰,等,2011. 利用小波变换的高分辨率多光谱遥感影像多尺度分水岭分割[J]. 遥感学报,15(5):908-926.

程春田,李向阳,2007. 三水源新安江模型参数不确定性分析 PAM 算法[J]. 中国工程科学,(9):49-53.

程三友,李英杰,2010. SPOT 系列卫星的特点与应用[J]. 地质学刊,34(4):400-405.

初庆伟,张洪群,吴业炜,等,2013. Landsat-8 卫星数据应用探讨[J]. 遥感信息,28(4):110-114.

代华兵,李春干,2005. 森林资源监测中 SPOT5 数据融合方法的比较[J]. 林业资源管理,34(3):76-79.

邓锟,2016. 神府矿区采空区塌陷 IKONOS 遥感影像特征[J]. 能源环境保护,30(3):54-56.

狄宇飞,2019. 基于多频多极化 SAR 数据的岗更诺尔湖湿地覆盖类型分类研究[D]. 呼和浩特:内蒙古师范大学.

刁智华,赵春江,郭新宇,等,2010. 分水岭算法的改进方法研究[J]. 计算机工程,36(17):4-6.

段延超,2019. 基于 SIFT 和小波变换的遥感影像配准融合算法研究[D]. 郑州:河南大学.

东方星,2015. 我国高分卫星与应用简析[J]. 卫星应用,(3):44-48.

方刚,郭文浩,陈真,等,2015. 基于 SPOT6 影像的渔沟地区植被覆盖度定量估算[J]. 河北北方学院学报(自然科学版),31(6):48-50.

高鹏,查良松,高超,2011. 利用 Landsat 7 反演的亮温与土地覆盖类型相关性分析[J]. 资源开发与市场,27(11):965-967.
高仁强,欧阳建,陈亮雄,等, 2019. 鹤地水库 SPOT7 影像分类研究[J]. 测绘科学,44(9):90-99.
葛世国,2014. 基于数学形态学的遥感影像分割算法研究[D]. 成都:成都理工大学.
葛哲学,沙威,2007. 小波分析理论与 MATLAB R2007 实现[M]. 北京:电子工业出版社,9-39.
关健,韩飞,杨善秀,2013. 基于粒子群优化和判别熵信息的基因选择算法[J]. 计算机工程,39(11):187-190.
管争荣,2014. 基于 D-S 证据理论的多模型融合齿轮早期故障智能诊断方法研究[D]. 西安:西安建筑科技大学.
贺晓建,王福明,2010. 基于灰度共生矩阵的纹理分析方法研究[J]. 山西电子技术,(4):489-493.
胡嘉骏,侯丽丽,王志刚,等, 2016. 基于模糊 C 均值隶属度约束的影像分割算法[J]. 计算机应用,36(S1):126-129.
黄国祥,2002. RGB 颜色空间及其应用研究[D]. 长沙:中南大学.
蒋建国,郭艳蓉,郝世杰,等, 2011. 贝叶斯框架下的非参数估计 Graph Cuts 分割算法[J]. 中国图象图形学报,16(6):947-952.
蒋圣,汪闽,张星月,2009. 基于模糊形态学梯度的高分辨率遥感影像分割方法[J]. 计算机应用研究,26(8):3140-3142.
江怡,梅小明,邓敏,等, 2013. 一种结合形态滤波和标记分水岭变换的遥感影像分割方法[J]. 地理与地理信息科学,29(2):17-21.
净亮,邵党国,相艳,等,2019. BP 神经网络在医学超声图像去噪中的应用研究[J]. 数据通信,(5):18-21.
柯兰德,2006. 合成孔径雷达:系统与信号处理[M]. 韩传钊,等译. 北京:电子工业出版社.
李傲,皇甫润,2019. 北京二号遥感影像平面精度分析[J]. 北京测绘,33(5):518-523.
李波,覃征,石美红,2005. 利用小波变换和 FCM 算法进行多特征纹理分割[J]. 计算机工程,31(24):148-150.
李娥,2016. 基于 Adaboost 算法和不同颜色空间的人脸检测研究[D]. 济南:山东师范大学.
李晗,陈新云,白彦锋,等, 2019. 基于 SPOT-5 光谱和纹理信息的湘西森林生态功能指数遥感预测模型构建[J]. 西北林学院学报,34(5):147-153.
李恒凯,李芹,王秀丽,2019. 基于 QuickBird 影像的离子型稀土矿区土地利用及景观格局分析[J]. 稀土,40(5):73-83.
李静和,何展翔,杨俊,等,2019. 曲波域统计量自适应阈值探地雷达数据去噪技术[J]. 物理学报,68(9):090501.

李明亮,2002. 基于贝叶斯统计的水文模型不确定性研究[D]. 北京：清华大学.
李旗,魏楚,2019. 基于分水岭算法的遥感图像分割方法研究[J]. 无线互联科技,(13)：103-104.
李伟,陈红斌,2019. 结合 Curvelet 变换和模糊聚类的图像融合算法[J]. 电子技术与软件工程,(16)：62-63.
李先锋,2010. 基于特征优化和多特征融合的杂草识别算法研究[D]. 镇江：江苏大学.
李晓彤,覃先林,刘树超,等, 2019. 基于 GF-1WFV 数据森林叶面积指数估算[J]. 国土资源遥感,31(3)：80-86.
栗敏光,邓喀中,赵银娣,2009. 基于改进分水岭变换的遥感图像分割方法[J]. 遥感信息,(6)：3-6.
梁忠民,李彬权,余钟波,等, 2009. 基于贝叶斯理论的 TOPMODEL 参数不确定性分析[J]. 河海大学学报(自然科学版),(2)：5-8.
刘保生,2016. 基于高分辨率 IKONOS 影像的城市植被信息提取方法浅析[J]. 测绘通报,(S1)：182-184.
刘春国,谭文刚,2016. 基于 Landsat7 ETM+图像提取蛤蟆沟林场浅覆盖区蚀变遥感异常[J]. 河南理工大学学报(自然科学版),35(1)：59-64.
刘寒,祝晓坤,左琛,等, 2017. 基于时序 SPOT6 遥感影像的审批土地监测应用[J]. 北京测绘,(6)：150-152.
刘嘉焜,王公恕,2004. 应用随机过程[M]. 北京：科学出版社.
刘丽,匡纲要,2009. 图像纹理特征提取方法综述[J]. 中国图象图形学报,14(4)：622-635.
刘佩,朱海鑫,连鹏宇,等, 2019. 基于环境振动和贝叶斯定理的有限元模型自动修正方法及应用[J]. 华南理工大学学报(自然科学版),47(7)：49-57.
刘一超,全吉成,王宏伟,等, 2011. 基于模糊 C 均值聚类的遥感影像分割方法[J]. 微型机与应用,30(1)：34-37.
刘昶,2019. 基于 QuickBird 卫星影像的平地矿区 1:2 000 比例尺地形图快速更新方法[J]. 城市勘测,(3)：109-114.
陆春玲,王瑞,尹欢,2014. "高分一号"卫星遥感成像特性[J]. 航天返回与遥感,(4)：67-73.
罗博,2013. 高分辨率遥感影像分割方法研究[D]. 成都：电子科技大学.
罗列,2017. 小波变换在变形监测数据去噪和信息提取中的应用研究[D]. 成都：西南交通大学.
毛承胜,2016. 基于贝叶斯决策理论的局部分类方法研究及其应用[D]. 兰州：兰州大学.
梅新,聂雯,刘俊怡,2019. 基于 Radarsat-2 全极化数据的多种雷达植被指数差异分析[J]. 中国农业资源与区划,40(3)：21-28.
聂荣娟,2019. 基于 WorldView3 数据的浅海水深反演研究[J]. 北京测绘,33(9)：

1081-1086.

朴慧,2010. 基于小波变换技术的纹理特征提取技术的研究[D]. 沈阳：沈阳航空工业学院.

彭顺风,李凤生,黄云,2008. 基于 RADARSAT-1 影像的洪涝评估方法[J]. 水文,28(2)：34-37.

乔虹,冯全,赵兵,等, 2019. 基于 MaskR-CNN 的葡萄叶片实例分割[J]. 林业机械与木工设备,47(10)：15-22.

Samuel K,吴喜之,2000. 现代贝叶斯统计学[M]. 北京：中国统计出版社.

尚东,2009. WorldView-2 高分辨卫星发射成功[J]. 环境保护与循环经济,29(10)：13.

苏晓爽,2016. 基于灰色模型和贝叶斯定理的统计过程质量控制研究[D]. 沈阳：沈阳大学.

孙颖,何国金,2008. 基于标记分水岭算法的高分辨率遥感影像分割方法[J]. 科学技术与工程,8(11)：2776-2781.

童庆禧,卫征,2007. 北京一号小卫星及其数据应用[J]. 航天器工程,62(2)：1-5.

汤少杰,黄魁东,吴青,等, 2015. 基于双侧滤波与短时傅里叶变换的改进双域滤波[J]. 计算机科学与探索,9(11)：1371-1381.

田小林,焦李成,缑水平,2008. 基于 ICA 优化空间信息 PCM 的 SAR 图像分割[J]. 电子与信息学报,30(7)：1751-1755.

汪凌,卜毅博,2006. 高分辨率遥感卫星及其应用现状与发展[J]. 测绘技术与装备,8(4)：3-5.

王春艳,徐爱功,姜勇,等, 2017. 基于区间二型模糊神经网络的高分辨率遥感影像分割方法[J]. 信号处理,33(5)：711-720.

王得芳,2019. 基于小波变换的藏族唐卡图像压缩技术研究[J]. 电脑知识与技术,15(26)：198-199.

王芳,杨武年,王建,等, 2019. GF-2 影像城市地物分类方法探讨[J]. 测绘通报,(7)：12-16.

王芳,杨武年,邓晓宇,等, 2018. 高分二号数据的城市生态用地分类方法探讨[J]. 测绘科学, 43(3)：71-76.

王贵彬,2014. 基于 Canny 算子与形态学融合的边缘检测算法[D]. 哈尔滨：哈尔滨理工大学.

王华翔,丁家纪,王旭,2015. 基于信息论的影像分割算法研究[J]. 黑龙江科技信息,(25)：89.

王惠明,史萍,2006. 图像纹理特征的提取方法[J]. 中国传媒大学学报(自然科学版),13(1)：49-52.

王菁,2010. 基于颜色空间剖分的彩色图像分割算法研究[D]. 济南：曲阜师范大学.

王李冬,邰晓英,巴特尔,2006. 基于小波变换纹理分析的医学图像检索[J]. 中国医疗器械杂志,30(2): 102-103.

王睿馨,宋小宁,马建威,等, 2018. 基于 Radarsat-2 全极化数据的张掖地区土壤水分的反演[J]. 中国科学院大学学报,35(3): 327-335.

王水璋,冀小平,闫文娟,2008. 基于小波变换的纹理特征提取[J]. 科技情报开发与经济,18(11):149-150.

王相海,王金玲,方玲玲,2015. 灰度差能量函数引导的影像分割自适应 C-V 模型[J]. 模式识别与人工智能,28(3): 214-222.

王晓红,聂洪峰,杨清华,等, 2004. 高分辨率卫星数据在矿山开发状况及环境监测中的应用效果比较[J]. 国土资源遥感,2004,16(1): 15-18.

王小鹏,张永芳,王伟,等, 2018. 基于自适应滤波的快速广义模糊 C 均值聚类图像分割[J]. 模式识别与人工智能,31(11): 1040-1046.

王玉,李玉,赵泉华,2014. 利用 RJMCMC 算法的可变类 SAR 影像分割[J]. 信号处理,30(10): 1193-1203.

王玉,李玉,赵泉华,2015. 基于规则划分和 RJMCMC 的可变类图像分割[J]. 仪器仪表学报,36(6): 1388-1396.

王玉,李玉,赵泉华,2016a. 结合规则划分和 M-H 算法的 SAR 影像分割[J]. 武汉大学学报信息科学版,41(11): 1491-1497.

王玉,李玉,赵泉华,2016b. 可变类多光谱遥感图像分割[J]. 遥感学报,20(6): 1381-1390.

王玉,李玉,赵泉华,2017. 多尺度曲波分解下的可变类 SAR 图像分割[J]. 信号处理,33(8): 1046-1057.

王玉,李玉,赵泉华,2018. 基于区域的多尺度全色遥感图像分割[J]. 控制与决策,33(3): 535-541.

王宇宙,赵宗涛,王旭红,2004. 基于数学形态学的遥感影像分割算法[J]. 微电子学与计算机,21(4):35-36.

王彤,2006. 基于形态学的彩色影像分割算法研究[D]. 长春: 吉林大学.

王植,贺赛先,2004. 一种基于 Canny 理论的自适应边缘检测算法[J]. 中国图象图形学报,9(8):957-962.

韦玉春,汤国安,汪闽,等,2007. 遥感数字图像处理教程[M]. 北京: 科学出版社.

韦琪,2019. 基于颜色与形状特征融合的物体识别方法研究[D]. 长春: 东北师范大学.

吴芳,2014. 基于 GeoEye-1 卫星数据的矿山开发环境问题研究[J]. 地质力学学报,20(3): 317-323.

席颖,孙波,李鑫,2013. 利用船测数据以及 Landsat-7ETM+影像评估南极海冰区 AMSR-E 海冰密集度[J]. 遥感学报,17(3): 514-526.

谢世朋,2006. 纹理的特征提取与分类研究[D]. 合肥: 安徽大学.

谢新辉，唐立军，宋海吒，等，2012. 傅里叶变换在指纹影像增强中的应用[J]. 计算机工程与应用，48(8)：197-199.

徐涵秋，唐菲，2013. 新一代 Landsat 系列卫星：Landsat8 遥感影像新增特征及其生态环境意义[J]. 生态学报，33(11)：3249-3257.

徐涵秋，2015. 新型 Landsat8 卫星影像的反射率和地表温度反演[J]. 地球物理学报，58(3)：741-747.

徐小军，邵英，郭尚芬，2007. 基于灰度共生矩阵的火焰图像纹理特征分析[J]. 计算技术与自动化，26(4)：64-67.

许晓丽，2012. 基于聚类分析的影像分割算法研究[D]. 哈尔滨：哈尔滨工程大学.

薛存金，2005. 基于空间尺度的海洋信息提取[D]. 武汉：武汉大学.

杨秉新，2002. 美国 IKONOS 和 QuickBird2 卫星相机的主要性能和特点分析及看法[J]. 航天返回与遥感，23(4)：14-16.

杨会，2018. 基于 Curvelet 变换的地震资料噪声压制研究[D]. 南昌：东华理工大学.

杨建国，2005. 小波分析及其工程应用[M]. 北京：机械工业出版社.

杨垚婷，2017. 基于小波变换的数字水印算法的研究与实现[D]. 成都：成都理工大学.

杨魁，杨建兵，江冰茹，2015. Sentinel-1 卫星综述[J]. 城市勘测，145(2)：24-27.

杨希，2009. 基于神经网络的高分辨率遥感影像分类研究[D]. 成都：西南交通大学.

姚敏，2006. 数字图像处理[M]. 北京：机械工业出版社：205-206.

易佳思，2017. 基于多源遥感数据的不透水面提取[D]. 武汉：武汉大学.

于守超，翟付顺，赵红霞，等，2016. 基于 IKONOS 影像的聊城市主城区绿地景观格局分析[J]. 园林绿化，(2)：121-123.

云菲，2016. WorldView-4 卫星[J]. 卫星应用，(11)：81.

曾接贤，王军婷，符祥，2013. *K* 均值聚类分割的多特征图像检索算法[J]. 计算机工程与应用，49(2)：226-230.

詹曙，胡德凤，蒋建国，2014. 结合 GLWT 和 LBP 提取纹理特征的图像分割[J]. 电子测量与仪器学报，28(2)：198-202.

张海涛，贾光军，虞欣，2010. 基于 GeoEye-1 卫星影像的立体测图技术研究[J]. 测绘通报，(12)：43-46.

张柯南，阚明哲，2010. GeoEye-1 卫星简介及其遥感影像处理技术实践[J]. 城市勘测，(3)：80-81.

张建梅，孙志田，李香玲，2012. 基于改进的离散傅里叶变换影像分割算法研究[J]. 计算机仿真，29(3)：300-302.

张建廷，张立民，2017. 结合光谱和纹理的高分辨率遥感影像分水岭分割[J]. 武汉大学学报(信息科学版)，42(4)：449-455.

张繁，2009. Curvelet 变换在数字图像处理中的应用研究[D]. 西安：西安理工大学.

张庆君，2017. 高分三号卫星总体设计与关键技术[J]. 测绘学报，46(3)：269-277.

张一行，王霞，方世明，等，2011. 基于空间信息的可能性模糊 C 均值聚类遥感影像分割[J]. 计算机应用，31(11)：3004-3007.

张新野，2012. 基于聚类分析的影像分割方法研究[D]. 大连：大连海事大学.

张跃宏，严广乐，2009. 基于 Gibbs 抽样的随机波动模型族的贝叶斯研究[J]. 统计与决策，(12)：29-34.

赵庆平，于力刚，王耀，等，2018. 基于 Radarsat-1 数据的北极海冰 SAR 图像自动分割研究[J]. 唐山学院学报，31(6)：13-17.

赵泉华，李玉，何晓军，等，2013a. 基于 Voronoi 几何划分和 EM/MPM 算法的多视 SAR 影像分割[J]. 遥感学报，17(4)：841-854.

赵泉华，李玉，何晓军，2013b. 结合 EM/MPM 算法和 Voronoi 划分的影像分割方法[J]. 信号处理，29 (4)：503-512.

赵泉华，李玉，何晓军，2013c. 结合几何划分技术和最大期望值/最大边缘概率算法的彩色影像分割[J]. 中国图象图形学报，18(10)：1270-1278.

赵泉华，李玉，何晓军，等，2014. 基于 Voronoi 几何划分和层次化建模的纹理影像分割[J]. 通信学报，35(6)：82-91.

赵泉华，高郡，李玉，2015a. 基于区域划分的多特征纹理图像分割[J]. 仪器仪表学报，36(11)：2519-2530.

赵泉华，张洪云，李玉，2015b. 利用 Kolmogorov-Smirnov 统计的区域化影像分割[J]. 中国图象图形学报，20(5)：678-686.

赵泉华，李晓丽，李玉，2016a. 基于空间约束 Student's-T 混合模型的模糊聚类影像分割[J]. 控制与决策，31(11)：2065-2070.

赵泉华，赵雪梅，李玉，2016b. 结合 HMRF 模型的模糊 ISODATA 高分辨率遥感影像分割[J]. 信号处理，32(2)：157-166.

赵泉华，王玉，李玉，2016c. 利用 SAR 影像区域分割方法提取海洋暗斑特征[J]. 地理科学，36(1)：121-127.

赵泉华，石雪，李玉，2017a. 可变类空间约束高斯混合模型遥感影像分割[J]. 通信学报，38(2)：34-43.

赵泉华，张洪云，赵雪梅，等，2017b. 邻域约束高斯混合模型的模糊聚类影像分割[J]. 模式识别与人工智能，30(3)：214-223.

赵泉华，赵雪梅，李玉，2017d. 基于双随机场能量函数的区域化图像分割[J]. 模式识别与人工智能，30(1)：32-42.

赵文宇，2017. 基于 Curvelet 变换的图像融合算法研究[D]. 哈尔滨：哈尔滨理工大学.

赵雪梅，李玉，赵泉华，2014. 结合高斯回归模型和隐马尔可夫随机场的模糊聚类影像分割[J]. 电子与信息学报，36(11)：2730-2736.

甄春相，2002. IKONOS卫星遥感数据及其应用[J]. 铁路航测，(1)：35-37.

周家香，朱建军，梅小明，等，2012. 多维特征自适应 Meanshift 遥感图像分割算法[J]. 武汉大学学报(信息科学版)，37(4)：419-422.

周长英，2011. 基于改进的模糊 BP 神经网络影像分割算法[J]. 计算机仿真，28(4)：287-290.

周鹏飞，2014. 基于改进的模糊 BP 神经网络的影像分割方法研究[D]. 太原：太原理工大学.

朱彬彬，2018. 基于 MCMC 的贝叶斯统计方法在分层正态模型中的应用——以对青少年新陈代谢数据的分析研究为例[D]. 兰州：兰州大学.

朱慧明，韩玉启，2006. 贝叶斯多元统计推断理论[M]. 北京：科学出版社.

朱倩，李霞，2013. 基于快速离散曲波变换的 TH-1 卫星影像融合算法[J]. 中国科学技术大学学报，43(8)：639-644.

ABDI H，WILLIAMS L J，2010. Principal component analysis[J]. Wiley Interdisciplinary Reviews Computational Statistics，2(4)：433-459.

AHMED M，YAMANY S，MOHAMED N，et al，2002. A modified fuzzy c-means algorithm for bias field estimation and segmentation of MRI data [J]. IEEE Transactions on Medical Imaging，21(3)：193-199.

AKBARIZADEH G，2012. A new statistical-based kurtosis wavelet energy feature for texture recognition of SAR images[J]. IEEE Transactions on Geoscience and Remote Sensing，50(11)：4358-4368.

ALZUBI S，ISLAM N，ABBOD M，2011. Multiresolution analysis using wavelet，ridgelet，and curvelet transforms for medical image segmentation[J]. International Journal of Biomedical Imaging，(4)：1-18.

ASKARY G，XU A G，LI Y，et al，2013. Automatic determination of number of homogenous regions in SAR images utilizing splitting and merging based on a reversible jump MCMC algorithm [J]. Journal of the Indian Society of Remote Sensing，41(3)：509-521.

BAYES T，1763. An essay towards solving a problem in the doctrine of chances [J]. Philosophical Transactions of the Royal Society of London，(53)：370-418.

BESAG J E，MORAN P A，1975. On the estimation and testing of spatial interaction in Gaussian lattice processes[J]. Biometrika，62(3)：555-562.

BERGER J O，MORENO E，PERICCHI L R，et al，1994. An overview of robust Bayesian analysis[J]. Test，3(1)：5-124.

BERGER J O，2000. Bayesian analysis：a look at today and thoughts of tomorrow[J]. Journal of the American Statistical Association，95(452)：1269-1276.

BEZDEK J C, 1981. Pattern recognition with fuzzy objective function algorithms [M]. New York: Plenum.

CAI W, CHEN S, ZHANG D Q, 2007. Fast and robust fuzzy c-means clustering algorithms incorporating local information for image segmentation [J]. Pattern Recognition, 40(3): 825-838.

CANDES E J, DOBOHO D L, 1999. Curvelets: a surprisingly effective nobadaptive representation for objects with edges[R]. DTIC Document.

CANDES E J, DEMANET L, DOBOHO D L, et al, 2006. Fast discrete curvelet transform [J]. Multiscale Modeling & Simulation, 5(3): 861-899.

CASELLA G, BERGER R L, 2002. Statistical inference[J]. Technometrics, 33(4): 328.

CHATZIS S P, VARVARIGOU T A, 2008. A fuzzy clustering approach toward hidden Markov random field models for enhanced spatially constrained image segmentation [J]. IEEE Transactions on Fuzzy Systems, 16(5): 1351-1361.

CLAUSI D A, 2002. An analysis of co-occurrence texture statistics as a function of grey level quantization [J]. Canadian Journal of Remote Sensing, 28(1): 45-62.

COMER M L, DELP E J, 2000. The EM/MPM algorithm for segmentation of texture images: analysis and future experimental results [J]. IEEE Transactions on Image Processing, 9(10): 1731-1744.

DASH M, LIU H, 1997. Feature seleetion for classification[J]. Intelligent Data Analysis, (3): 131-156.

DUAN Y P, LIU F, JIAO L C, 2016. Skecching model and higher order neighborhood markov random field-based SAR image segmentation[J]. IEEE Geoscience and Remote Sensing Letter, 13(11): 1686-1690.

FISHER R A, 1922. On the mathematical foundations of theoretical statistics [J]. Philosophical Transactions of the Royal Society of London (Series A), 222: 309-368.

FREEDMAN D, ZHANG T, 2004. Active contours for tracking distribution [J]. IEEE Transactions on Image Processing, 13(4): 518-526.

GEMAN D, GEMAN S, 1984. Stochastic relaxation, Gibbs distributions and the Bayesian restoration of images [J]. IEEE Transactions on Pattern Analysis and Machine Intelligence, 6(6): 721-741.

GONZALES R C, WOODS R E, 2002. Digital Image Processing[M]. 2nd ed. London: Prentice Hall.

GREEN P, 1995. Reversible jump MCMC computation and Bayesian model determination [J]. Biometrika, 82(4): 711-732.

HASTINGS W K, 1970. Monte Carlo sampling methods using Markov chains and their application [J]. Biometrika,57(1): 97-109.

HAYKIN S,2008. Neural Networks and Learning Machines[M]. 3rd ed. London:Prentice Hall.

HINTON G E,SALAKHUTDINOV R R,2006. Reducing the dimensionality of data with neural networks [J]. Science,313(5786): 504-507.

HORNUNG A,KOBBELT L,2006. Hierarchical Volumetric Multi-view Stereo Reconstruction of Manifold Surfaces Based on Dual Graph Embedding[C]//IEEE Conference on Computer Vision and Pattern Recognition. New York:IEEE,503-510.

IRONS J R,DWYER J L,BARSI J A,2012. The next Landsat satellite: the Landsat data continuity mission[J]. Remote Sensing of Environment,122(4): 11-21.

KAPUR J N,SAHOO P K,WONG A K C,1985. A new method for gray-level picture thresholding using the entropy of the histogram [J]. Computer Vision,Graphics,and Image Processing,29(3): 273-285.

KATO Z,2006. Segmentation of color images via reversible jump MCMC sampling [J]. Journal Image and Vision Computing,26(3): 361-371.

KERVRRANN C,HEITZ F,1995. A markov random field model-based approach to unsupervised texture segmentation using local and global spatial statistics[J]. IEEE Transactions on Image Processing,4(6): 856-862.

KUMAR M P, TURKI H, PRESTON D, et al, 2015. Parameter estimation and energy minimization for region-based semantic segmentation [J]. IEEE Transactions on Pattern Analysis and Machine Intelligence,37(7):1373-1386.

LAND E H,MCCANN J J,1971. Lightness and Retinex Theory [J]. Journal of the Optical Society of America,61(1): 1-11.

LAKSHMANAN S,DERIN H,1989. Simultaneous parameter estimation and segmentation of Gibbs random fields using simulated annealing [J]. IEEE Transactions on Pattern Analysis and Machine Intelligence,11(8): 799-813.

LI S Z,2009. Markov Random Field Modeling in Image Analysis [M]. 3rd ed. Berlin: Springer.

LI H L,ZHANG M L,WU Y Z,et al,2013. Application of adaptive MRF based on region in segmentation of microscopic image [J]. Wseas Transactions on Systems,4(12): 240-249.

LI Y,LI J,CHAPMAN M,2010. Segmentation of SAR intensity imagery with voronoi tessellation,Bayesian inference,and reversible jump MCMC algorithm [J]. IEEE Transactions on Geoscience and Remote Sensing,48(4): 1872-1881.

MACKAYDJ C, 2003. Information Theory, Inference, and Learning Algorithms [M].

Cambridge: Cambridge University Press.

MACQUEEN J B, 1967. Some methods for classification and analysis of multivariate observations [C]// Proceedings of 5th Berkeley Symposium on Mathematics Statistics and Probability. Berkeley: California Press, 281-297.

MCCULLOCH W S, PITTS W, 1943. A logical calculus of the ideas immanent in nervous activity [J]. The Bulletin of Mathematical Biophysics, 5(4): 115-133.

MCLACHLAN G J, PEEL D, 2000. Finite mixture models [M]. New York: John Wiley & Sons.

METROPOLIS N, ROSENBLUTH A W, ROSENBLUTH M N, et al, 1953. Equation of state calculations by fast computing machines [J]. The Journal of Chemical Physics, 21(6): 1087-1092.

MICHEL P, 1910. Contribution a l'etude de la representation d'une fonction arbitraire par les integrales définies [J]. Rendiconti Del Circolo Matematico Di Palermo, 30(1): 298-335.

MORAN E F, 2010. Land cover classification in a complex urban-rural landscape with quickbird imagery[J]. Photogramm Eng Remote Sensing, 76(10): 1159-1168.

MORTENSEN E N, BARRETT W A, 1999. Toboggan-based intelligent scissors with a four- parameter edge model [C]//Proceedings of IEEE Computer Society Conference On Computer Vision and Pattern Recognition. Fort Collins: IEEE, 452-458.

NARELLDRA P M, FUKUNAGA K, 1977. A branch and bound algorithm for feature selection[J]. IEEE Transactions on Computers, 26(9): 917-922.

SAYED U, MOFADDEL M A, ABD-ELHAFIEZ W M, et al, 2013. Image object extraction based on curvelet transform[J]. Applied Mathematics and Information Sciences, 7(1): 133-138.

SCHNEIDER R, 2010. Vertex numbers of weighted faces in Poisson hyperplane mosaics weighted faces [J]. Discrete and Computational Geometry, 44: 1-8.

SILVA R D D, SCHWARTA W R, MINGHIM R, et al, 2011. Construction of triangle meshes from images at multiple scales based on median error metric[J]. Chilean Journal of Statistics, 2(2): 61-68.

TARABALKA Y, CHANUSSOT J, BENEDIKTSSON J A, et al, 2010. Segmentation and classification of hyper-spectral data using watershed [J]. Pattern Recognition, 43(7): 2367-2379.

TOUTIN T, CHENG P, 2002. QuickBird—a milestone for high-resolution mapping [J]. Earth Observation Magazine, 11(4): 14-18.

VANDERGHEYNST P, GOBBERS J F, 2002. Directional dyadic wavelet transforms: design and algorithm[J]. IEEE Transactions on Image Processing, 11(4): 363-372.

VINCENT L, SOILLE P, 1991. Watersheds in digital spaces: an efficient algorithm based on immersion simulations [J]. IEEE Transactions on Pattern Analysis & Machine Intelligence, 13(6): 583-598.

WANG Y, ZHOU G Q, YOU H T, 2019. An energy-based SAR image segmentation method with weighted feature[J]. Remote Sensing, 11(10): 1169.

YANG Y, SUN H, HE C, 2006. Supervised SAR image MPM segmentation based on region-based hierarchical model[J]. IEEE Geoscience and Remote Sensing Letters, 3(4): 517-521.

ZHAO Q H, LI Y, WANG Y, 2016a. SAR image segmentation with unknown number of classes combined Voronoi tessellation and RJMCMC algorithm [J]. ISPRS Annals of the Photogrammetry, Remote Sensing and Spatial Information Sciences, III-7: 119-124.

ZHAO Q H, WANG Y, LI Y, 2016b. Voronoi tessellation based regionalized segmentation for color texture image [J]. IET Computer Vision, 10(7): 613-622.

ZHAO Q H, LI X L, LI Y, et al, 2016c. A fuzzy clustering image segmentation algorithm based on hidden Markov random field models and Voronoi tessellation [J]. Pattern Recognition Letters, 85(1): 49-55.

附录A　变量注释表

$\in$	属于
$\notin$	不属于
$\subset$	包含
$\Leftrightarrow$	等价于
$\mid$	条件
$/$	除
∂	偏导
$\propto$	正比
$\lceil\rceil$	向上取整符
$\lfloor\rfloor$	向下取整符
$\prod$	连乘
$\sum$	连加
Γ	Gamma函数
$\{\}$	集合
$()$	矢量
$\boldsymbol{\Xi}$	随机场
γ	邻域标号的作用强度
s	像素索引
$\boldsymbol{N}$	邻域系统
N_s	像素s的邻域像素集合
$\boldsymbol{P}$	图像域

$\boldsymbol{P}_o$	所有标号为 o 的规则子块的集合
h	强度值索引
$\boldsymbol{X}$	特征场
$\boldsymbol{x}$	特征场的实现
$\boldsymbol{X}_s$	像素 s 的特征矢量
X_{js}	像素 s 的第 j 个特征变量
$\boldsymbol{x}_s$	像素 s 的特征矢量值
x_{js}	像素 s 的第 j 个特征值
$\boldsymbol{X}_i$	第 i 个规则子块内所有像素的特征矢量集合
$\boldsymbol{Y}$	标号场
Y_s	第 s 个像素的标号变量
Y_i	第 i 个规则子块的标号变量
y_s	第 s 个像素的标号
$\boldsymbol{y}$	标号场的实现
y_i	第 i 个规则子块的标号
δ	指数函数
$\boldsymbol{\theta}$	参数矢量
$\boldsymbol{\mu}$	Gaussian 分布或多值 Gaussian 分布的均值矢量
$\boldsymbol{\sigma}$	Gaussian 分布的标准差
$\boldsymbol{\Sigma}$	多值 Gaussian 分布的协方差矩阵
a	小波的尺度参数
b	小波的平移系数
$\boldsymbol{\alpha}$	Gamma 分布的形状参数
$\boldsymbol{\beta}$	Gamma 分布的尺度参数
$\boldsymbol{\Theta}$	总参数矢量(状态)
i	规则子块索引

I	规则子块的总个数
P_i	第 i 个规则子块
NP_i	规则子块 P_i 的邻域规则子块集合
$\boldsymbol{f}$	高分辨率遥感图像
f_s	像素 s 的光谱测度值
S	图像总像素数
O	图像类别数
o	类别索引
m_1	图像的总行数
m_2	图像的总列数
r_s	像素 s 所在行数
c_s	像素 s 所在列数
φ_j	母曲波
$C(j,l,k)$	曲波系数
$\boldsymbol{z}$	空间域矢量
$\boldsymbol{\chi}$	频率域矢量
l	角度参数
k	位置参数
j	尺度参数(在不致混淆的情况下,亦可作为特征索引)
J	尺度总个数(在不致混淆的情况下,亦可作为特征总个数)
$\boldsymbol{\omega}$	贡献权重集合
ω_{jo}	特征 j 对类别 o 的贡献权重值
$\boldsymbol{w}$	贡献特征图像
$\boldsymbol{w}_s$	像素 s 的特征加权矢量值
$\boldsymbol{W}$	贡献特征场
$\boldsymbol{W}_s$	像素 s 的特征加权矢量

$\boldsymbol{W}_i$	规则子块 P_i 内所有像素的特征加权矢量的集合
Z	归一化常数
n	泛指迭代次数
$\hat{\boldsymbol{F}}$	数据集合的采样分布函数
τ	均匀旋转角度序列
H	图像位数
h	光谱测度值索引

附录 B 缩略语清单

MSS	Multispectral Scanner
RBV	Return Beam Vidicon
DEM	Digital Elevation Model
DOM	Digital Orthophoto Map
ETM+	Enhanced Thematic Mapper
OLI	Operational Land Imager
TIRS	Thermal Infrared Sensor
HRS	High Resolution Stereoscopic
HRG	High Resolution Geometric
VGT	Vegetation
2D	2 Dimension
3D	3 Dimension
ED	Euclidean Distance
HRV	High Resolution Visible Remote Sensor
PCA	Principal Component Analysis
ICA	Independent Component Analysis
GA	Genetic Algorithm
IA	Immune Algorithm
SA	Simulated Annealing
EM	Expectation Maximization

RJMCMC	Reversible Jump Markov Chain Monte Carlo
SVM	Support Vector Machine
SAS	Synthetic Aperture Sonar
GLCM	Grey Level Co-occurrence Matrix
FT	Fourier Transform
DFT	Discrete Fourier Transform
NSCT	Nonsubsampled Contourlet Transform
MS	Mean Shift
FCM	Fuzzy C Means
GLWT	Generalized Local Walsh Transform
LBP	Local Binary Pattern
D-S	Dempster-Shafer
SAR	Synthetic Aperture Radar
MCMC	Markov Chain Monte Carlo
USFFT	Unequally-Spaced Fast Fourier Transform
MAP	Maximum A Posterior
MRF	Markov Random Field
K-S	Kolmogorov-Smirnov
K-L	Kullback-Leibler
MC	Monte Carlo
M-H	Metropolis-Hastings